聚焦三农：农业与农村经济发展系列研究（典藏版）

生态用地结构优化与湿地保护利用

——以湖北省为例

黄朝禧 等 著

科学出版社

北 京

内 容 简 介

本书第一篇为生态用地结构优化专题，以生态用地为研究对象，在论述生态用地概念的基础上，分析了湖北省生态用地的现状及问题，探讨了武汉市生态用地结构优化对城市社会经济发展的影响，建立了区域生态用地规模预测模型，提出了城镇扩张区生态用地结构优化的原则与路径，进行了生态用地结构优化的经济学分析与生态用地的生态服务价值评估。第二篇为湿地保护利用实证研究，内容包括武汉市涨渡湖湿地生态服务价值评价、武汉市湿地生态旅游发展研究、富水水库消落区湿地两栖林业利用模式的理论与实践、湖北省湿地保护利用政策绩效评价等。

本书可供高等院校相关专业的师生、土地管理干部、城镇规划科技工作者、土地生态和湿地资源研究人员等参考使用。

图书在版编目(CIP)数据

生态用地结构优化与湿地保护利用：以湖北省为例／黄朝禧等著. —北京：科学出版社，2012.4（2017.3重印）

（聚焦三农：农业与农村经济发展系列研究：典藏版）

ISBN 978-7-03-033843-3

Ⅰ.①生… Ⅱ.①黄… Ⅲ.①生态环境–土地利用–研究–湖北省②沼泽化地–环境保护–研究–湖北省 Ⅳ.①F321.1②P942.630.78

中国版本图书馆 CIP 数据核字（2012）第 043699 号

责任编辑：林　剑／责任校对：赵桂芬
责任印制：钱玉芬／封面设计：王　浩

科学出版社 出版

北京东黄城根北街 16 号
邮政编码：100717
http://www.sciencep.com

北京京华虎彩印刷有限公司 印刷
科学出版社发行　各地新华书店经销

*

2012 年 3 月第　一　版　开本：B5（720×1000）
2012 年 3 月第一次印刷　印张：16 3/8
2017 年 3 月印　　刷　字数：318 000

定价：**99.00** 元
（如有印装质量问题，我社负责调换）

总　　序

农业是国民经济中最重要的产业部门，其经济管理问题错综复杂。农业经济管理学科肩负着研究农业经济管理发展规律并寻求解决方略的责任和使命，在众多的学科中具有相对独立而特殊的作用和地位。

华中农业大学农业经济管理学科是国家重点学科，挂靠在华中农业大学经济管理学院和土地管理学院。长期以来，学科点坚持以学科建设为龙头，以人才培养为根本，以科学研究和服务于农业经济发展为己任，紧紧围绕农民、农业和农村发展中出现的重点、热点和难点问题开展理论与实践研究；21 世纪以来，先后承担完成国家自然科学基金项目 23 项，国家哲学社会科学基金项目 23 项，产出了一大批优秀的研究成果，获得省部级以上优秀科研成果奖励 35 项，丰富了我国农业经济理论，并为农业和农村经济发展作出了贡献。

近年来，学科点加大了资源整合力度，进一步凝练了学科方向，集中围绕"农业经济理论与政策"、"农产品贸易与营销"、"土地资源与经济"和"农业产业与农村发展"等研究领域开展了系统和深入的研究，尤其是将农业经济理论与农民、农业和农村实际紧密联系，开展跨学科交叉研究。依托挂靠在经济管理学院和土地管理学院的国家现代农业柑橘产业技术体系产业经济功能研究室、国家现代农业油菜产业技术体系产业经济功能研究室、国家现代农业大宗蔬菜产业技术体系产业经济功能研究室和国家现代农业食用菌产业技术体系产业经济功能研究室等四个国家现代农业产业技术体系产业经济功能研究室，形成了较为稳定的产业经济研究团队和研究特色。

为了更好地总结和展示我们在农业经济管理领域的研究成果，出版了这套农业经济管理国家重点学科《农业与农村经济发展系列研究》丛书。丛书当中既包含宏观经济政策分析的研究，也包含产业、企业、市场和区域等微观层面的研究。其中，一部分是国家自然科学基金和国家哲学社会科学基金项目的结题成果，一部分是区域经济或产业经济发展的研究报告，还有一部分是青年学者的理论探索，每一本著作都倾注了作者的心血。

本丛书的出版，一是希望能为本学科的发展奉献一份绵薄之力；二是希望求教于农业经济管理学科同行，以使本学科的研究更加规范；三是对作者辛勤工作的肯定，同时也是对关心和支持本学科发展的各级领导和同行的感谢。

李崇光

2010 年 4 月

前　言

　　本书是在完成国家社科基金项目"库区贫困现象的特点及反贫困战略研究"、国家星火计划项目"库区两栖林业技术开发与推广"、湖北省自然科学基金"鄂域水库消落区营林基础与配套技术"、湖北省社科基金"湖北生态用地结构优化与调控政策"以及武汉市社科基金"基于湿地生态建设模式的武汉市生态文明建设"等课题研究的基础上，将相关研究报告和论文经过反复修改凝练而成。本书可为生态用地结构调整与优化、湿地生态建设模式与实践等方面提供重要参考，特别是在湿地保护利用的两栖林业实证研究方面弥补了湿地研究的一些空白，部分研究成果已在湖北湖库区得到推广应用，是交叉学科在理论研究与实际应用相结合方面的有益尝试。

　　本书的出版是团队精诚合作的结果。陈中江、周晓熙、赵微三位老师在教学任务繁忙的情况下潜心研究，精心修改课题报告和书稿；我的研究生团队，先后参加了多个课题和项目的研究和实施，无论是农户访谈还是城镇问卷调查，都不辞辛劳；在论文写作过程中，有时通宵达旦，出色地完成了各项任务。他们除本书各章署名的人员以外，还有吴远来、杨丽萍、尚聪敏、胡峰、徐易、张云云、龙丹、苏慧、李坤、程子腾、杨楠楠、王洪跃、岳禧庆、闫广超、顾颖敏、严萍等。借此机会谢谢他们的支持和奉献。

　　在湿地保护利用的实证研究中曾得到许多领导、专家和学者们的大力支持、帮助和指点，使人难以忘怀，他们是：原湖北省社会科学院院长夏振坤、原湖北省科学技术厅领导吕秀山、湖北省水利厅高级工程师刘英杰、原通山县县长助理刘源芳、原通山县扶贫办公室主任吴延林、原通山县水利局副局长徐良久、华中农业大学教授涂炳坤和卢荣安、华中农业大学原生产处处长魏端宏、湖北省水利水电职业技术学院高级工程师柯常青等，在此表示诚挚致谢。

我还要特别感谢华中农业大学经济管理学院和土地管理学院领导的大力支持和学院的出版资助；感谢科学出版社编辑为本书的出版所付出的辛勤劳动。没有这些条件，本书难以成功出版。

限于撰写人员的水平，本书的缺点甚至是错误一定还不少，我们恳切地希望读者多多提出宝贵意见，不胜感激。

黄朝禧

2011 年 11 月 16 日

于南湖狮子山人文楼

目　录

第二篇　湿地保护利用实证

第一篇　生态用地结构优化专题

第1章
湖北生态用地的现状、问题及建议[①]

湖北是中国乃至全球气候多样性、物种多样性及生态多样性较具代表性的地区，近年来，湖北气候与生态环境发生了显著变化，极端气候频繁，生物多样性丧失，生态环境恶化。而同时，森林、湿地及草地等具有重要生态功能的生态用地，却存在数量日益减少和生态功能明显退化的问题。这不仅对生态环境造成不良影响，也严重影响到社会经济的发展，生态用地必须引起重视。

本书以武汉市为研究对象，一是因为国务院 2007 年批准"武汉城市圈"为全国资源节约型和环境友好型社会建设综合配套改革试验区之一，武汉市作为"武汉城市圈"的发展中心承载着更多的期望；二是因为中部崛起战略的提出给湖北及"武汉城市圈"带来了发展机遇。所以研究武汉市生态用地状况既必要又重要，本研究旨在为中部崛起和构建"武汉城市圈"提供重要的政策建议和参考。

1.1　生态用地概念的界定

生态用地的深入研究是近些年才开始的，国内外对生态用地的研究还较少，国内学者石元春院士 2001 年提出"生态用地"一词（张红旗等，2004），之后受到学者的普遍关注和研究，尤以"生态用地"概念研究为多（岳健和张雪梅，2003；周焱等，2006；张颖等，2007；邓红兵等，2009；黄秀兰，2008；唐双娥，2009；韩冬梅，2007），不过至今未达成共识。国内学者对生态用地概念的界定，大致可归为两类，一类是相对广义的理解（岳健和张雪梅，2003；周焱等，2006；张颖等，2007）；一类是相对狭义的理解（张红旗等，2004；周焱等，2006；邓红兵等，2009；黄秀兰，2008；唐双娥，2009；韩冬梅，2007）。一般的，从广义角度来理解生态用地的学者，其更多关注生态用地的数

① 基金项目：武汉市社科基金项目"基于湿地生态建设模式的武汉市生态文明建设研究"（whsk10016）；湖北省社科基金项目"湖北生态用地结构优化与调控政策研究"（[2010]107）。

量；相反，从狭义角度来理解生态用地的学者，更多关注的是生态用地的质量。对生态用地而言，"质"低而"量"大，"质"高而"量"少（"质"即对生态用地质量和功能的要求，"量"即生态用地的数量），即如果生态用地的门槛较低，属于生态用地的地类就多，生态用地的面积就大，相反面积就少。

研究生态用地的直接目的是保护生态用地，根本目的是实现土地的可持续利用及人类的可持续发展。划分生态用地也应凸显这一根本目的，划分时应结合研究区域实际情况。某区域生态用地划得过多或过少均起不到应有的作用，划得过多，就会出现如因经济和社会发展需要扩大建设用地面积时动辄毁坏生态用地的情况；划得太少，会造成本应受到保护的土地而未受保护的后果。故生态用地的划分应遵循适度原则。具体而言，在空间尺度上，大尺度空间划入的范围应小，易于管理与落实；小尺度空间划入的范围可适当扩大，易于全面保护。在时间尺度上，长尺度时间上划入范围应广，便于实现土地的可持续利用；小尺度时间上划入范围可有所缩小，便于突出重点，加强保护。

为便于比较分析，本书将生态用地分为优级生态用地和次优级生态用地。

1.1.1 优级生态用地的界定

优级生态用地指能对生态环境的改善起显著作用、以发挥生态作用为主、受人为干扰程度较小的土地类型，具体包括林地、草地、水域及湿地。

众所周知，森林是陆地生态系统的主体，被誉为"自然之肺"，不仅可调节全球及区域气候，还能为土壤及生物圈提供丰富的有机物质，促进生命系统的更新演替，具有调节气候、涵养水源、保持水土、减少污染和保护生物多样性等功能，对维持陆地生态平衡和改善生态环境具有不可替代的作用（左玉辉等，2008）。

草地在陆地生态系统中起重要作用，可以保护水土，防止土地沙化，固沙防风；能调节气候，涵养水分，改良土壤，培养土壤肥力；保护生物的多样性（马继雄等，2001）。

湿地是分布于陆地生态系统与水生生态系统之间的过渡性生态系统，与森林、海洋并称为全球三大生态系统。湿地具有强大的生态功能，被称为"地球之肾"。湿地具有蓄水、均化径流和调节气候的作用，是天然的生物蓄水库。湿地能维持生物多样性，能降解、富集污染物和缓解温室效应，能保护水禽迁徙和繁育等，具有巨大的生态功能，是重要的生命保障系统（涂方洋等，2004）。

目前学者们对湿地的概念认识尚未统一，湿地与水域的界限更是难以界定。为了方便起见，本书将水域与湿地合为一体，统称"水域及湿地"，也即广义上的湿地。

1.1.2 次优级生态用地的界定

次优级生态用地指能对生态环境的改善起一定作用但以生产作用为主的土地类型，具体包括耕地、园地及养殖水面。耕地主要以生产粮食为主，具有一定的生态功能。由于盲目地开垦耕地会造成水土流失等生态后果，故将耕地划入次优级的生态用地。园地主要种植以采集果、叶、根、茎、汁等为主的集约经营的多年生木本和草本作物，与林地的最主要区别在于园地受人为干扰程度大，生态功能与林地相比相差甚远，所以将园地列入次优级生态用地。同耕地和园地一样，养殖水面也是受人为干扰程度很大，养殖水面的生态功能相对很弱，而且若养殖不当，还对其他水面和环境造成污染，所以将养殖水面列为次优级生态用地。

在此基础上，根据需要将生态用地归类为泛生态用地和纯生态用地。泛生态用地包括优级生态用地和次优级生态用地，即耕地、园地、林地、草地、水域及湿地；纯生态用地仅包括优级生态用地，即林地、草地、水域及湿地，包括的范围相对小。在计算泛生态用地面积时，将养殖水面列入水域及湿地，在计算纯生态用地时则将养殖水面暂列入建设用地及其他农用地中。

本书对泛生态用地和纯生态用地均做研究以便于分析比较。

1.2 湖北生态用地现状及问题

考虑到文献资料的可获得性和湖北省的地域尺度（中尺度），故将湖北省生态用地赋予相对宽泛的内涵，此处生态用地除包括园地、林地和牧草地外，还包括农用地和未利用地。

2008 年，湖北省土地总面积 1858.88 万 hm^2，其中生态用地 1252.43 万 hm^2，建设用地 140.04 万 hm^2，耕地 466.41 万 hm^2，分别占土地总面积的 67.38%、7.53% 和 25.09%。生态用地中，园地 42.45 万 hm^2，林地 793.69 万 hm^2，牧草地 4.44 万 hm^2，其他农用地 158.19 万 hm^2，未利用地 253.67 万 hm^2，占 生 态 用 地 的 比 例 依 次 为 3.39%、63.37%、0.35%、12.64%、20.25%[①]。

由此可见，林地比例最高，牧草地最低，当然，水域及湿地包含在未利用地和其他农用地中，无法提取出，但所占比例一定小于 32.88%。

[①] http：//www.hblr.gov.cn/structure/xxgk/tjsj/tdzytjsjzw_ 6216_ 1.htm.

为较深入了解湖北省主要生态用地，本书对森林及湿地进行深入分析。

1.2.1 湖北森林的现状及问题

1.2.1.1 森林现状

据 1999 年湖北省森林资源二类调查数据，全省天然林面积为 445.8 万 hm², 蓄积量为 14 343.8 万 m³, 分别占全省森林面积、总蓄积量的 73.8% 和 75.0%；人工林面积为 169.6 万 hm², 蓄积量为 4777.2 万 m³, 分别占全省森林面积、总蓄积量的 28.1% 和 25.0%（汤景明等，2008）。

1.2.1.2 森林存在的问题

湖北省林地工作虽取得了一定进展，但仍存在一些问题（汤景明等，2008）。

1）森林资源分布不均，区域之间相差较大。鄂西地区（十堰、神农架、宜昌、恩施）占全省土地总面积的 38.9%，活立木蓄积量占全省的 58.2%；其他地区占全省土地总面积的 61.1%，活立木蓄积量则只占全省的 41.8%。

2）龄组结构比例不合理。在全省森林中，幼、中、近、成、过熟林的面积比例分别为 62：27：7：3：1，蓄积比例分别为 47：36：10：5：2，中、幼龄林比重过大，近、成、过熟林比例太小，可利用资源濒于枯竭。

3）森林生长缓慢，林地生产力低。湖北省森林每公顷年平均生长量为 1.7m³, 平均每公顷蓄积量仅为 31.7m³, 分别为全国平均水平的 54.8% 和 40.6%。森林面积虽较大，但大部分林分质量低劣，用材林单位面积出材率相当低，林地生产力极为低下，森林退化严重。因此，加快森林恢复与重建是湖北省今后林业建设的一项重要任务。

1.2.2 湖北湿地的现状及问题

1.2.2.1 湿地现状

湖北湿地面积为 161.69 万 hm²。其中，湖泊 843 个，水库 5800 座，5km 以上的永久性河流 4228 条（除长江干流和汉江干流之外）；有洪湖、梁子湖群、网湖、龙感湖珍稀水禽湿地等重点湿地 20 余处（庹德政和刘胜祥，2006）。

湖北已建立湿地自然保护（小）区 21 个，占湿地总面积的 18.7%。洪湖湿地、梁子湖群湿地、石首天鹅洲长江故道湿地等 5 处湿地被列入《中国湿地保护行动计划》中的"中国重要湿地名录"，有 9 个保护区被列入"国家湿地自然保护区名录"；长江三峡库区湿地保护与生态建设、洪湖湿地恢复和重建被列入"中国湿地保护行动计划优先项目"（王述华等，2007）。据国务院办公厅 2009 年 9 月 18 日发布的新增 16 处新建国家级自然保护区名单的通知，湖北省龙感湖国家级自然保护区名列其中，这也是湖北省唯一的国家级湿地自然保护区（卢水平，2009）。

1.2.2.2 湿地存在的问题

湖北省在湿地保护方面虽然取得了很大成绩，但仍存在以下问题。

1）湿地面积明显减少。湖北省湿地以湖泊为主，境内湖泊星罗棋布（素有"千湖之省"之称），河流纵横，湿地面积约占土地总面积的 8.7%。据普查，20 世纪 50 年代，面积 6.7 hm^2（约合 100 亩①）以上的湖泊有 1332 个，其中面积 333.3 hm^2（约合 5000 亩）以上的湖泊有 322 个。而根据 2009 年湖北省水利厅发布的《湖北省水资源质量通报》，湖北省现有 6.7 hm^2 以上湖泊仅为 574 个，比 20 世纪 50 年代减少 56.9%。

2）湿地污染非常严重。20 世纪大规模的围湖造田及近年来房地产开发、倾倒垃圾等导致湖泊面积不断萎缩，水质不断恶化。据 2009 年湖北省水利厅发布的《湖北省水资源质量通报》，湖北 6 个较大湖泊中，3 个为中营养状态，3 个为富营养状态。由此看来，湖泊乃至更多湿地的污染非常严重，亟待整治。

3）湿地保护工作亟待加强。湿地存在的问题，与它自身的公共性分不开，长期以来湿地的生态价值没有显化，导致湿地遭到严重破坏。所以，保护湿地首先要显化湿地的生态价值，应该增加植被覆盖、降低耕地坡度以减少雨水对地表土的冲刷，加强农药化肥控制，走生态农业发展道路；其次，政府应该在宣传教育和立法方面多做工作，使人们自觉保护湿地，当然通过强化立法来保护湿地也是势在必行。

1.3 武汉市生态用地结构现状、变化及存在的问题

1.3.1 生态用地结构现状

2008 年，武汉市土地总面积为 85.49 万 hm^2，其中泛生态用地为 67.31 万 hm^2，

---

① 1 亩≈666.7m^2。

建设及其他农用地为 16.60 万 hm²，未利用地为 1.58 万 hm²，占土地总面积的比例分别为 78.74%、19.42% 及 1.84%。若按纯生态用地计算，仅29.24 万 hm²，占土地总面积的 34.21%。

从图 1.1 可知，武汉泛生态用地中耕地最多，占土地总面积的 39.32%；水域及湿地次之，占土地总面积的 26.33%；最少是园地和草地。武汉纯生态用地中，水域及湿地最多，占土地总面积的 22.66%；林地次之，占土地总面积的 10.27%；草地最少，占 1.28%。

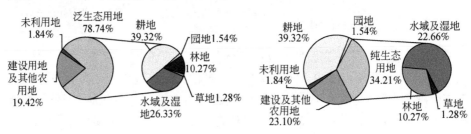

(a) 泛生态用地比例　　　　　　　　　　　　(b) 纯生态用地比例

图 1.1　武汉土地总面积及生态用地面积构成

注：泛生态用地与纯生态用地所包含的水域及湿地和建设及其他农用地所含子类不同，泛生态用地将养殖水面算入水域及湿地，而纯生态用地则没有；相应的，两者的建设及其他农用地所含子类也不同，故面积不同，另外草地包含荒草地

2008 年，武汉市林地面积为 8.779 万 hm²，其中有林地面积为 5.73 万 hm²，灌木林面积为 1241.78 hm²，疏林地面积为 1.37 万 hm²，未成林造林地为 1.16 万 hm²，迹地为 158.94 hm²，苗圃为 3800.35 hm²，分别占林地面积的 65.25%、1.41%、5.58%、13.24%、0.18% 及 4.33%；草地面积为 1.10 万 hm²，其中天然草地为 183.87hm²，改良草地为 64.00 hm²，人工草地为 37.13hm²，荒草为 1.07 万 hm²，分别占草地总面积的 1.68%、0.58%、0.34% 及 97.40%；水域及湿地面积为 19.37 万 hm²，其中坑塘水面为 5.07 万 hm²，水库水面为 6228.47hm²，河流水面为 2.98 万 hm²，湖泊水面为 8.25 万 hm²，苇地为 4012.99hm²，滩涂为 1.78 万 hm²，沼泽地为 2708.30hm²，分别占水域及湿地面积的 26.17%、3.22%、15.39%、42.57%、2.07%、9.18% 及 1.40%。

1.3.2　生态用地结构变化分析

1.3.2.1　生态用地总体结构变化

（1）生态用地结构变化

2002～2008 年，武汉市纯生态用地增加约 1.48 万 hm²，而泛生态用地减少约2.07万 hm² （表1.1），泛生态用地呈下降趋势，而纯生态用地大体呈上升趋势（图1.2）。

表 1.1　武汉市 2003～2008 年生态用地年际间变化情况　　单位：hm²

	地类	2003 年	2004 年	2005 年	2006 年	2007 年	2008 年	合计
纯生态用地	林地	6 175.07	1 335.87	10 277.52	50.36	-120.93	-204.86	17 513.03
	草地	-909.30	-1 111.84	-12 174.50	-110.73	-51.71	-118.91	-14 476.99
	水域及湿地	90.13	-970.04	14 528.62	1 243.04	-2 629.88	-518.66	11 743.21
	小计	5 355.90	-746.00	12 631.64	1 182.66	-2 802.52	-842.43	14 779.25
泛生态用地	耕地	-9 783.58	-3 989.68	-28 449.72	-4 465.18	-2 309.90	-2 236.42	-51 234.48
	园地	2 471.67	-211.15	1 008.94	-6.36	-62.24	-300.97	2 899.89
	养殖水面	181.93	532.40	12 698.26	-344.74	133.33	-359.93	12 841.25
	小计	-1 774.09	-4 414.42	-2 110.88	-3 633.62	-5 041.34	-3 739.74	-20 714.09

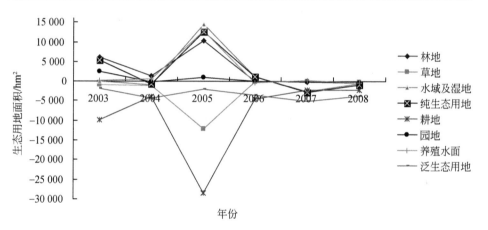

图 1.2　武汉 2003～2008 年生态用地年际间变化图

　　纯生态用地中，林地和水域及湿地面积在增加，草地在减少，增加量大于减少量，导致纯生态用地增加；泛生态用地中，虽然优级生态用地总体上升，但耕地减少量过多，故尽管园地和养殖水面也增加，但减少量超过增加量，导致泛生态用地下降（数据见表 1.1）。不难分析，林地多由退耕补充，加上城市化、工业化也占用不少耕地，故导致耕地大量减少，而草地减少主要由荒草地减少引起，荒草地减少意味着林地等优级生态用地的后备资源的减少，而耕地等次级生态用地作为补充纯生态用地的潜力有限，这导致纯生态用地数量增加的可能较小，提升生态用地的生态功能只能依靠提高生态用地的质量来实现。

（2）生态用地各地类的动态变化程度

研究生态用地问题不仅要分析现状，还要分析历年的变化，此处选用变化幅度和动态度来刻画生态用地的变化情况。

土地利用变化幅度的公式（刘俊和董平，2009）为

$$F = \frac{U_b - U_a}{U_a} \times 100\%$$

式中，F 为土地利用变化幅度；U_a、U_b 分别为研究期初和研究期末某一土地利用类型的面积。

土地利用动态度的公式（刘俊和董平，2009）为

$$K = \frac{U_b - U_a}{U_a} \times \frac{1}{T} \times 100\%$$

式中，K 为研究时段内某一土地利用类型动态度；U_a、U_b 定义同前；T 为研究时段长。

由表 1.2 可知，养殖水面正变化幅度最大，其次是园地和林地，而负变化幅度最大是草地，其次是耕地。林地增加是由于近年来退耕还林的力度加大，而养殖水面的增加是人们饮食结构的调整所致，耕地和草地比较效益低下导致被其他地类占用很多。

表 1.2　2002～2008 年武汉生态用地各地类的面积变化、变化幅度及动态度

单位:%

	林地	草地	水域及湿地	耕地	园地	养殖水面
变化幅度	0.25	−0.57	0.06	−0.13	0.28	0.69
动态度	0.04	−0.08	0.01	−0.02	0.04	0.10

从动态度看，草地和耕地属于负值且绝对数较大，说明近年来耕地和草地减少较剧烈，而林地和园地的最大，各地类变化情况与现实经济与政策驱动一致。

1.3.2.2　各生态用地内部结构变化

（1）林地结构的变化

2002 年至 2008 年，武汉市林地增加约 1.97 万 hm^2，其中有林地、灌木林、疏林地、未成林造林地、迹地、苗圃分别增加 5127.19hm^2、162.87hm^2、2853.99hm^2、8616.23hm^2、50.51hm^2、2848.62hm^2（表 1.3）。林地的增加是由于 2000 年以来实施的退耕还林、天然林保护工程及 1989 年长江防护林工程的实施引起的。

表 1.3 武汉市 2002～2008 年林地的变化

林地类型	2002 年		2008 年		变化	
	面积/hm²	比例/%	面积/hm²	比例/%	面积/hm²	比例/%
有林地	52 142	76.56	57 269.43	65.25	5 127.187	−11.31
灌木林	1 078.90	1.58	1 241.78	1.41	162.873 3	−0.17
疏林地	10 820	15.89	13 673.83	15.58	2 853.987	−0.31
未成林造林地	3 006.30	4.41	11 622.51	13.24	8 616.227	8.83
迹地	108.43	0.16	158.94	0.18	50.513 33	0.02
苗圃	951.73	1.40	3 800.353	4.33	2 848.62	2.93
合计	68 107	100.00	87 766.85	100.00	19 659.41	0

但林地利用率（有林地面积与林地总面积之比）由 76.56%（2002 年）降为 65.25%（2008 年），降低 11.31%。灌木林和疏林地的比例也有小幅减小；疏林地是不合理采伐和经营管理的产物，属重点改造对象，应逐年下降，2002～2008 年虽有减少但还不够，疏林地仍占林地 15% 以上；从幅度看未成林造林地比例增加最多，未成林造林地是林地抚育管理的关键时期，该林地的增加，意味着幼、中龄林的增多，应重点保护。

（2）草地结构的变化

武汉市草地减少 1.45 万 hm²，其中荒草地和天然草地均大幅减少，改良草地和人工草地略有增加。从比例看，天然草地绝对值变化量最大，减少比例达 25.18%；荒草地比例提高是因为荒草地的净减少小于草地的净减少；改良草地和人工草地虽有增加但幅度很小。草地的大幅减少说明草地还未引起足够重视。草地的结构也很不均匀，草地的质量有待提高，如表 1.4 所示。

表 1.4 武汉市 2002～2008 年草地的变化

草地类型	2002 年		2008 年		变化	
	面积/hm²	比例/%	面积/hm²	比例/%	面积/hm²	比例/%
天然草地	6 836.41	26.86	183.87	1.68	−6 652.54	−25.18
改良草地	30.83	0.12	64.00	0.58	33.17	0.46
荒草地	18 560.64	72.92	10 690.78	97.40	−7 869.86	24.48
人工草地	24.89	0.10	37.13	0.34	12.24	0.24
合计	25 452.77	100.00	10 975.78	100.00	−14 476.99	0

（3）水域及湿地结构的变化

2002 年以来，武汉市水域及湿地的面积有所增加，从各子地类变化比例看，变化均较均匀，在 1% 左右，其中坑塘水面增加最多，水库水面减少最多。从结构看，湖泊面积最大，其次是坑塘和河流水面，尽管各地类均有不同程度的增减，但变化幅度不大，如表 1.5 所示。对湖泊、河流应控制数量减少和防止污染。

表 1.5　武汉市 2002～2008 年水域及湿地的变化

地类	2002 年		2008 年		变化	
	面积/hm²	比例/%	面积/hm²	比例/%	面积/hm²	比例/%
坑塘水面	46 289.93	25.36	50 686.47	26.17	4 396.53	0.81
水库水面	7 753.37	4.25	6 228.47	3.22	−1 524.89	−1.03
河流水面	26 300.55	14.41	29 808.66	15.39	3 508.11	0.98
湖泊水面	78 131.21	42.80	82 463.24	42.57	4 332.03	−0.23
苇地	4 220.03	2.31	4 012.99	2.07	−207.05	−0.24
滩涂	16 657.64	9.13	17 789.51	9.18	1 131.87	0.06
沼泽地	3 187.61	1.75	2 708.30	1.40	−479.31	−0.35
合计	182 540.35	100.00	193 697.63	100.00	11 157.29	0

注：此处未将养殖水面算进去

1.3.3　武汉生态用地存在的问题

1.3.3.1　生态用地总量增加有限，节地意识亟待提升

2002～2008 年，武汉市纯生态用地增加了，但泛生态用地却在减少。纯生态用地的增加很大程度上依赖于耕地的转用，所以，纯生态用地增加有限。生态用地的增加必须走节约挖潜的道路，合理优化各生态用地内部结构，努力提高各地类生产力，实现单位生态用地生态功能的最大化。

1.3.3.2　人均生态用地减少较多，生存环境愈显恶化

武汉人均生态用地在 2002～2008 年减少幅度较大，纯生态用地由 361.49 hm²/人减为 326.02 hm²/人，减少 35.47 hm²/人，年均减少 5.07 hm²/人；泛生态用地由 903.31 hm²/人减为 750.41 hm²/人，减少 152.90 hm²/人，年均减

少21.84 hm²/人。

人均生态用地减少一方面是由于人口不断增加，另一方面是由于生态用地增加幅度小于人口增加幅度（对于纯生态用地）或在减少（泛生态用地）。未来几年甚至十年、二十年，人口增长趋势仍难以避免，人口对生态用地造成的压力还会逐渐增大，如何同时实现生态用地和人均生态用地的增加，将极具挑战性。

1.3.3.3　生态用地结构不够合理，亟须调整

各生态用地面积相差很大，从泛生态用地看，耕地是草地的 30 余倍；从纯生态用地看，水域及湿地是草地的 20 余倍。而且各生态用地内部结构不够合理，导致生态用地功能的弱化。以草地为例，2008 年天然草地仅占草地总面积的 1.68%，而在 2002 年还为 26.86%，严重影响了草地的质量和草的质量。

1.3.3.4　生态用地污染严重，尤以水域及湿地为重（武汉市环境保护局，2009）

生态用地面临着数量减少和污染严重的问题，尤其是水域及湿地的污染更应引起人们的关注。以河流和湖泊为例，2008 年，武汉市 11 条主要河流 25 个监测断面的水质类别比例为：Ⅱ类 4.0%，Ⅲ类 72.0%，Ⅳ类 12.0%，Ⅴ类 4.0%，劣Ⅴ类 8.0%；全市 70 个主要湖泊水质营养状态为：无、贫营养状态的湖泊和中营养状态的湖泊有 21 个；富营养状态的湖泊有 49 个。而在 2002 年，湖泊还没有劣Ⅴ类，营养化尚不严重。

河流和湖泊的严重污染，不仅对生态环境造成了不良影响，而且还严重影响到人们的生活和生产，从而影响到社会和经济的良性发展。所以，对水域污染除采取事后治理外，更重要的是预防，要坚决杜绝可能造成河流和湖泊污染的行为。

1.4　结论与建议

（1）运用土地生态伦理思想进行教育，使人们自觉保护土地

人们常说，思想决定行动，如果将此运用于保护生态用地，效果会更好。一个有生态保护意识的人不会去破坏环境，更不会去毁坏生态用地。而要想让人们有生态意识，必须要进行生态伦理教育，使人们认识到生态用地的重要性及其在生态环境保护等方面所起的至关重要的生态作用，从而让人们自觉地形

成良好的素养和习惯，最终达到保护生态用地的目的。

（2）保护生态用地与保护环境相结合，两者共同管理才会卓有成效

保护生态用地就是保护环境，保护环境就要保护生态用地，两者出发点是一致的，共同管理能加强效果。众所周知，温室效应已成为全球性问题，在很多地域已逐渐显现温室效应的严重性及后果的可怕性，人类必须警醒和加强防范。

温室效应是由于大气中排放了过多以 CO_2 为主的有害气体，尤以汽车尾气和工业废气为主要排放源。在中国，随着人们生活水平的提高，汽车成为很多家庭的必需品，汽车保有量逐年上涨，如何让人们自觉地环保出行成为一件令国家头疼的事，试想如果能将燃气与植树造林相结合，那么环境和生态用地的保护就简单多了。比如，政府在车主买油时根据油的含碳量课征一定比例的环境治理费，同时保证一年内在就近指定植树区内植一定数量的树，这样排碳量和吸碳源同步增长，既能有效减缓汽车尾气的温室效应，又能使生态用地增加。

（3）加强对农业用水和工业废水的排放管理，避免将废水直接排入河湖

农业用水和工业废水均有一定的污染性，若直接排入河湖，会对河湖造成严重污染。很多清澈的河湖如今变为死水一潭，这样的惨痛教训很多。以南湖为例，据一些知情人介绍，以前南湖水清澈可鉴，可入内游泳且水也可以饮用，如今常见死鱼翻一片，湖面还散发着难闻的气味。

避免将农业用水和工业废水排入河湖，是一个很好的保护水域及湿地的办法，应按照水利部令第 22 号《入河排污口监督管理办法》、《武汉市城市排水条例》、武汉市政府令第 165 号《武汉市湖泊保护条例实施细则》等相关法规来加强对水域及湿地的保护和管理，严格贯彻并认真执行。此外，政府应通过多渠道融资以建设足够多的污水处理厂，并引入竞争机制来运行。另外，还要定期监督污水排放的污水处理情况。

（4）加快脱贫进程，缩小城乡差距，共建和谐社会

生态用地的破坏很大程度上是由贫困人们所为，因为这些人缺乏经济来源，衣食不保，又缺乏技能，工作难以找到，为了生存只好开荒种地或者变卖林木。如果贫困问题能解决，生态用地的主要破坏源头就能制止。通过脱贫从而制止破坏源头最终达到生态用地的保护，比起生态用地已受破坏再想尽方法治理更彻底。这样，减贫不仅解决了社会问题，而且还解决了生态问题，可谓一举两得。

郭玲霞（华中农业大学经济管理学院和土地管理学院）

第2章
武汉市湿地资源现状及湿地变化
驱动力分析[①]

武汉市的地理位置是东经113°41′~115°05′，北纬29°58′~31°22′，位于长江中游与汉水交汇处。气候属于亚热带湿润季风气候，雨量充沛，日照充足，四季分明。地形以平原为主，丘陵为辅，且市内湖泊塘堰众多。武汉享有"百湖之市"的美誉，水资源得天独厚，全市河港沟渠交织，湖泊塘库棋布，水陆交通十分发达，拥有"九省通衢"的美称。随着人口增长、水资源污染、开发过度等一系列原因，武汉市湿地资源面临着巨大的挑战和威胁。因此，本章通过研究分析武汉市湿地资源现状和湿地面积变化的驱动力，找出武汉市湿地面临的问题，揭示湿地变化的原因，提出相应的保护对策，以期对武汉市湿地资源保护与合理利用和城市生态发展提供指导帮助。

2.1 武汉市湿地类型及分布

通过对武汉市湿地资源的特点分析，将武汉市湿地划分为河流湿地、湖泊湿地、沼泽类湿地、库塘湿地和稻田湿地五种类型（向闿等，2006）。根据笔者所搜集的众多数据，其中2002年的数据较为详尽，以此数据为例，得出武汉市湿地资源分类系统及各类型湿地面积（表2.1）。由表2.1可知，武汉市湿地面积为3195.71km²，占武汉市面积的37.62%。

表2.1 2002年武汉市湿地类型及面积

湿地类型	面积/km²	占武汉市面积比例/%
河流湿地	438.42	5.16
湖泊湿地	960.94	11.31
沼泽类湿地	39.26	0.46

[①] 基金项目：武汉市社科基金项目"基于湿地生态建设模式的武汉市生态文明建设研究"（whsk10016）。

湿地类型	面积/km²	占武汉市面积比例/%
库塘	462.49	5.44
水稻田	1294.60	15.24
合计	3195.71	37.62

资料来源：根据《武汉统计年鉴（2003年）》整理计算得出

2.1.1 河流湿地

河流湿地可分为永久性河流、季节性河流和洪泛平原湿地（卢会娟等，2010）。武汉市河流密布，是一个以汉江和长江为轴线的向心水系，长江东西横贯，汉江由西北向东南流入长江，其他河流顺势流入长江和汉江。长江从武汉市汉南区穿越市区，在新洲区出境，流程为145km。汉江从武汉市蔡甸区汇入长江，流程为62km。武汉市河流湿地总面积有438.42km²，占武汉市土地面积的5.16%。其中永久性河流面积为241.48km²，洪泛平原湿地面积为196.94km²。

2.1.2 湖泊湿地

武汉市常年性淡水湖泊居多。根据《武汉市湖泊保护条例》，全市有湖泊147个（中心城区湖泊加上远城区面积大于0.1km²以上的湖泊），总面积有960.94km²，占武汉市面积的11.31%。梁子湖、斧头湖、鲁湖等7个湖泊属于大型湖泊，其水域面积达到33.33km²以上。武汉市中型湖泊有21个，水域面积在5km²以上。大中型湖泊主要用于水禽栖息和水产养殖，属于草型湖居多。武汉市中心城区38个湖泊湿地面积及其分布如表2.2所示。

表2.2　武汉市中心城区湖泊面积及分布

地区	湖泊数量/个	湖泊面积/km²	代表性湖泊
汉口	10	1.56	西湖、后襄湖
汉阳	7	16.90	月湖、墨水湖
武昌	21	158.89	东湖、南湖

资料来源：根据《武汉市湖泊保护条例》整理计算得出

2.1.3 沼泽类湿地

沼泽类湿地即沼泽和沼泽化草甸湿地，沼泽具有特殊的植被和成土过程。沼泽类湿地可以分为藓类沼泽、草本沼泽、灌丛沼泽和森林沼泽（王学雷等，2002）。武汉市沼泽类湿地大多属于草本沼泽，以草本植物为主，又可分为莎草沼泽、禾草沼泽和杂类草沼泽，主要分布在长江和汉江洪泛平原、江汉湖群的湖漫滩、江心洲、旧河道及冲积扇缘等地貌部位。在各类湿地中，沼泽类湿地总面积最小，仅有 39.26km² ，占武汉市面积的 0.46%（卢会娟等，2010）。

2.1.4 库塘湿地

库塘湿地是一种人工湿地，主要用于蓄水、灌溉、发电、供水、防洪等，包括塘堰和水库，规模小的是塘堰，规模大的是水库。武汉市库塘面积是 462.49km² ，占武汉市面积的 5.44%。武汉市大中型水库有 9 座，承雨面积 850.76km² ，实际灌溉面积为 665.07km² ，占武汉市耕地面积的 30.31%（王学雷等，2002）。库塘的建造既获得了经济收益，又为武汉市生态环境的改善和优化作出了贡献。库塘在全市均有分布，多分布在长江、汉江间岗地、丘陵和江汉泛滥平原外围，主要集中在长江以北（马振兴，1998）。

2.1.5 稻田湿地

稻田是依靠人类的修复、挖凿而形成的水域，是人工湿地的重要组成部分，也是中国湿地类型中除河流湿地外的第二大湿地。武汉市有着丰富的稻田湿地，面积达 1294.60km² ，占武汉市面积的 37.62%。稻田湿地可以种植粮食，调节气候，还可以栖息水生动植物。据调查，东西湖区从 2007 年开始在水稻田里套养小龙虾，不但水稻丰收，而且小龙虾也得到了大丰收，虾身干净，肉质鲜美，获得了丰厚的经济收益。水稻田在武汉市各区均有分布，在江夏区、新洲区、蔡甸区分布较多，在城区分布较少，江汉区没有分布。武汉市各区水稻田面积如表 2.3 所示。

表 2.3　2002 年武汉市各区的水稻田面积

	江汉区	桥口区	江岸区	汉阳区	汉南区	洪山区	东西湖区	蔡甸区	新洲区	江夏区	黄陂区	其他
面积/km²	0	0.5	1.0	1.0	28.2	33.0	72.4	151.2	273.2	282.5	442	9.6
比例/%	0	0.04	0.08	0.08	2.18	2.37	5.59	11.68	21.10	21.82	3.41	0.74

资料来源：根据《武汉统计年鉴（2003 年）》整理计算得出

2.2 武汉市湿地变化驱动力分析

2.2.1 数据来源与研究方法

数据主要来源于武汉市 2000～2009 年统计年鉴和相关文献资料。运用 SPSS 软件采用主成分分析法分析得出影响武汉市湿地变化的驱动力。采用多元回归分析方法研究出湿地面积与驱动因子之间的定量关系。

武汉市湿地面积 2000 年为 3148.24km^2，一直到 2006 年增长到 3375.82km^2，2006～2009 年逐年递减。为了研究武汉市湿地面积变化的主要因素，设 Y 为因变量，表示湿地面积；X 为自变量。结合现有资源和预分析情况，选择以下 13 项指标：X_1 表示总人口数（万人）；X_2 表示非农业人口比值（%）；X_3 表示 GDP（亿元）；X_4 表示第一产业比重（%）；X_5 表示第二产业比重（%）；X_6 表示第三产业比重（%）；X_7 表示固定资产投资额（亿元）；X_8 表示城市居民人均可支配收入（元）；X_9 表示居民消费价格指数（点）；X_{10} 表示耕地面积（km^2）；X_{11} 表示人均耕地面积（km^2）；X_{12} 表示建设用地（km^2）；X_{13} 表示城市建设用地占市区面积比重（%）。

首先对自变量 X 的 13 项指标进行主成分分析。运用主成分分析方法得出武汉市湿地面积变化的驱动力。

2.2.2 驱动力分析

根据 2000～2009 年武汉市综合数据，应用统计分析软件 SPSS 进行主成分分析，得出每个指标的特征值、主成分贡献率和累计贡献率（表 2.4），从而分析出武汉市湿地变化驱动力。

表 2.4　特征值及主成分贡献率

主成分序号	特征值	贡献率/%	累计贡献率/%
1	9.358	71.983	71.983
2	1.490	11.464	83.447
3	1.173	9.027	92.471
4	0.591	4.543	97.014
5	0.265	2.042	99.056

主成分序号	特征值	贡献率/%	累计贡献率/%
6	0.084	0.643	99.699
7	0.028	0.216	99.916
8	0.010	0.076	99.991
9	0.001	0.009	100.00
10	4.434E-16	3.411E-15	100.00
11	2.268E-16	1.745E-15	100.00
12	-6.787E-17	-5.220E-16	100.00
13	-4.859E-16	-3.738E-15	100.00

根据表 2.4 显示结果，我们可以取得每个主成分的方差，即特征值，它的大小表示了对应主成分能够描述原来所有信息的多少，由方差贡献率来反映。由于特征值大于 1 的成分有三个：第一个特征值方差贡献率为 71.983%；第二个为 11.464%；第三个为 9.027%。三者累计贡献率是 92.471%，根据累计贡献率大于 85% 的原则，故选取前三个特征值。因此可以分成三个主成分，用三个新变量来代替原来的 13 个变量。

对于特征值 $\lambda_1 = 9.358$，$\lambda_2 = 1.490$，$\lambda_3 = 1.173$ 分别求出其特征向量 e_1、e_2、e_3，并计算各变量 x_1，x_2，$\cdots$，x_{13} 在各主成分上的载荷得到主成分载荷矩阵（表 2.5）。

表 2.5　主成分载荷矩阵

变　量	第一主成分	第二主成分	第三主成分
总人口数	0.956	-0.162	-0.087
非农业人口比重	0.972	-0.179	0.009
GDP	0.985	0.099	0.005
第一产业比重	-0.990	0.071	0.080
第二产业比重	0.115	0.030	0.934
第三产业比重	0.703	0.611	-0.204
固定资产投资额	0.971	0.187	0.021
城市居民人均可支配收入	0.981	0.100	0.062
居民消费价格指数	0.988	0.083	0.006
耕地面积	0.405	-0.851	0.183
人均耕地面积	-0.614	0.501	0.392
建设用地面积	0.962	0.085	0.107
城市建设用地占市区面积比重	0.831	0.092	0.205

从表2.5可知：第一主成分与总人口数、非农业人口比重、GDP、固定资产投资额、城市居民人均可支配收入和建设用地面积成较大的正相关，与第一产业比重成较大负相关；第二主成分与耕地面积成较大负相关；第三主成分与第二产业比重成较大正相关。因此可以归纳为三个驱动力因素，分别是人口因素（总人口数、非农业人口比重）、经济发展因素（GDP、固定资产投资额、城市居民人均可支配收入、三大产业比重）和土地利用变化因素（耕地面积、建设用地面积）。

2.2.3　驱动因素定量分析

经过分析，与主成分有较大相关性的指标有：X_1 表示总人口数（万人）；X_2 表示非农业人口比值（%）；X_3 表示 GDP（亿元）；X_4 表示第一产业比重（%）；X_5 表示第二产业比重（%）；X_6 表示第三产业比重（%）；X_7 表示固定资产投资额（亿元）；X_8 表示城市居民人均可支配收入（元）；X_9 表示居民消费价格指数（点）；X_{10} 表示耕地面积（km²）；X_{12} 表示建设用地（km²）。设湿地面积是因变量 Y，X 为自变量，包括上述的 11 项指标，采用 SPSS 进行多元线性回归分析。

由于 X_1 总人口数（万人）和 X_9 居民消费价格指数（点）的 F 统计量的 p 值大于或等于 0.05 被删除，同时进行显著性检验，显著性水平均小于 0.05，可以认为方程有效。经过计算得出武汉湿地面积变化与驱动因子的多元线性回归模型为

$$Y = -4218.836 + 1.634X_2 + 2.093X_3 + 0.622X_4 + 0.095X_5 + 0.631X_6$$
$$- 4.304X_7 + 2.058X_8 - 0.365 X_{10} - 0.312 X_{12}$$

由上式可知，湿地面积的变化与非农业人口比重成正相关，可以归纳为，与人口因素成正相关关系；与 GDP、三大产业比重、城市居民人均可支配收入成正相关，归纳为与经济发展因素正相关关系；与耕地面积、建设用地成负相关，归纳为与土地利用变化因素成负相关关系。

2.2.4　结果分析

影响武汉市湿地变化的主要驱动力是人口因素、经济发展因素和土地利用结构因素。

2.2.4.1 人口因素

人口因素对湿地变化的影响是双向的。一方面，由于人口增长和非农业人口比重的增加，对农产品和水产品的需求将增加。武汉的湿地资源极其丰富，由于需求增加，水产养殖业随之振兴，企业从长远的角度，会消耗资金用于改造养殖塘，从而增加产量，提高收益，湿地面积也相应增加。武汉市众多养殖单位为了增加效益，加强了养殖基地建设，进行了河滩开发、狠抓生态环境保护一系列对策，不仅有效改善了养殖塘生产条件，完善了经营机制，而且提高了水产品的质量安全，改善了农村生态环境。另一方面，人口的增加会增加居住、交通用地的需求，从而导致围湖造田等将湿地转化为耕地和建设用地的行为（王晓等，2009）。总体而言，武汉市人口因素对湿地面积是正相关关系，人口增加导致的湿地资源需求的增加高于将湿地转化为耕地和建设用地的需求。

2.2.4.2 经济发展因素

通过分析，经济越发展，湿地资源越是增加的。湿地拥有着较大的经济效益，除了提供丰富的动植物食品资源，部分湖泊还可提供包括食盐、天然碱、石膏等多种工业原料，以及硼、锂等多种稀有金属矿藏；湿地还有多种可用于工农业生产加工原料的生物产品，如造纸、饲料、药材、原料加工等为工业社会的发展注入了强大活力。正是这些重要的经济功能，经济发展与湿地面积才存在正相关关系。

2.2.4.3 土地利用变化因素

新中国成立之初至今，武汉中心城区湖泊数已由 100 多个锐减至目前的 38 个；近 10 年，武汉市中心城区湖泊面积由原来的约 6000 km^2 缩减到约 5333 km^2。耕地、建设用地的增加，减少了湖泊面积，降低了储水能力，易引起城市内涝等问题。土地利用造成湿地盐碱化和草甸化过程是湿地减少的重要原因之一，造成湿地景观分割、破碎和景观迅速减少，对生物多样性安全、水资源安全和人类健康安全产生威胁（臧淑英等，2004）。

2.3 湿地保护与利用对策建议

湿地作为重要的自然资源，有着巨大的经济、生态和社会效益，是实现可持续发展的重要基础（高宇等，2006），对维持生态平衡、涵养水源、蓄洪防旱、调节气候、观光旅游和保障湿地区域经济、社会可持续发展，有着重要作用。然而，围湖造田、滩涂开发、环境污染以及生物资源的过度利用等，已经造成湿地面积减少，湿地利用不合理，湿地功能降低等一系列问题，湿地面临着巨大的威胁。为了更为合理地保护利用湿地，实现生态、社会、经济三效合一，本章结合武汉湿地驱动力因素分析，提出了以下建议。

2.3.1　建设城市湿地公园，提高湿地生态效益

湿地公园是指利用自然湿地或人工湿地，运用湿地生态学原理和湿地恢复技术，借鉴自然湿地生态系统的结构、特征、景观和生态过程进行规划设计、建设和管理的绿色空间（董国政等，2006）。城市湿地公园可以改善城市生态环境，调节区域气候，保护生物多样性，调控城市环境污染，净化空气，为动植物提供丰富多样的栖息地，为城市居民提供休闲娱乐的场所，维护城市生态平衡。因此，发展建设城市湿地公园是扩大湿地保护面积和落实湿地保护政策的有效途径之一。应该合理规划湿地公园，控制外来物种入侵，协调土地开发和国家宏观调控之间的关系，平衡投资与回报之间的利益冲突，以及培养专业人才，组织管理好湿地公园的日常工作。武汉市目前共有东湖、杜公湖、涨渡湖等 10 个国际、省级、市级湿地公园（保护区），其中省级以上湿地公园总面积达 52.07 km^2。

2.3.2　提高湿地保护意识，加强立法建设

为了提高湿地保护意识，相关部门应当广泛开展宣传教育活动，将湿地保护的概念深入人心。除了提高意识，政府还应该针对湿地保护行为制定相关的法律法规。例如，湿地境内哪些资源可以利用，如何利用；如何管理和使用湿地的保护性开发创收所得等问题（高宇等，2006）。预防为主，对违法乱纪行为应当严格处置，部门之间互相协调，避免管理混乱和经费浪费等行为。除了国家立法保护，还必须制定一系列地方性法规，确定开发、利用、治理、保护的管理办法，使水资源开发、环境保护、生态旅游和文化景观有法可依。

2.3.3　建立湿地监测系统，完备湿地资源数据库体系

利用"3S"等先进技术，建立和完备武汉城市圈湿地数据库，及时进行湿地资源调查、湿地动态监测、湿地景观格局变化等。目前中国已有的是沼泽

湿地数据库，数据库的建立，实现了信息共享，避免了科研工作者的重复投入，也为湿地研究由定性转向定量奠定基础。武汉市湿地资源丰富且变化不断，为了更为有效地保护利用湿地资源，应利用信息化手段，建立完备的数据库管理体系（卢会娟等，2010）。

2.3.4　合理规划土地利用结构，降低湿地生态威胁

土地利用的变化，导致湿地景观生态过程的变化，威胁湿地生态安全，造成温度升高，降雨量减少，自然灾害多，湿地污染加剧，水质净化功能减弱等问题（臧淑英等，2004）。因此，应该合理规划土地利用结构，土地沙化、盐碱化现象。相关部门除了缓解耕地与建设用地之间的矛盾，也要处理湿地与耕地及建设用地之间的用地矛盾。在城市土地开发之前进行合理规划，制定城市土地利用规划，对于划为自然保护区的湿地，严格限制开发利用。

顾颖敏　黄朝禧（华中农业大学经济管理学院和土地管理学院）

第 3 章
武汉市生态用地结构变化的价值评估

生态系统的功能与效益是地球生命保障系统的重要组成部分和社会经济与环境可持续发展的基本要素，生态用地作为全球或区域生态系统的子系统，其结构的变化会影响到全球或区域生态系统功能的完善与效益的形成。对其进行价值评价是将其纳入社会经济体系考量、完善可持续发展决策体系的必要条件，也是使环境与生态系统保育引起社会重视的重要措施。

生态系统对人类社会生存及经济发展的作用功能可以概略地分为两大类，一类是生态系统产品，如为人类提供食物、工业原材料、药品等可以商品化的功能，因此在效益上多表现为直接价值；第二类是支撑与维持人类赖以生存的环境，如生态系统对气候调节、水源涵养、水土保持、土壤肥力的更新与维持、营养物的循环、二氧化碳的固定、生物多样性的产生与维持、环境净化与有害有毒物质的降解等难以商品化的功能，从而在效益上一般表现为间接价值。

3.1 生态系统服务功能及其价值评价的意义

生态系统服务功能是指生态系统与生态过程所形成及所维持的人类赖以生存的自然环境条件与效用。它不仅为人类提供了食物、医药及其他工农业生产的原料，更重要的是创造、支撑与维持了地球的生命保障系统，形成了人类生存所必需的环境条件，维持生命物质的生物地化循环与水文循环，维持生物物种与遗传多样性，净化环境，维持大气化学的平衡与稳定。同时还为人类的生活提供了休闲、娱乐与美学享受。人们逐步认识到，地球上的生态系统是人类最重要的自然资产，生态服务功能是人类生存与现代文明的基础，科学技术能影响生态服务功能，但不能替代自然生态系统服务功能。由于人类对生态系统的服务功能及其重要性的不了解，导致了生态环境的破坏，从而对生态系统服务功能造成了明显损害。随着对可持续发展机制研究的深入，人们发现维持与保育生态服务功能是实现可持续发展的基础。分析与评价生态系统服务功能的直接价值与间接价值已成为当前环境、自然资源经济学与生态经济学研究的重要课题（肖玉等，2003；欧阳志云等，1999a；欧阳志云等，1999b）。

生态用地是从土地利用角度界定的一种生态系统范畴。在生态用地结构调整中，对其结构变化的价值评估可以深化人们对变化结果的认知、完善对结构变化动因性质及效果的判断。因为生态服务功能的价值尚不能直接纳入到现行通用的国民经济核算体制上，但据已有的研究成果表明，它们的价值可能大大超过通行的国民经济核算认可的经济产品与服务的直接价值。在人类追求的经济价值与自然保育两目标之间存在较大的选择矛盾状况下，忽视分析与评价生态系统服务功能的直接价值与间接价值正是近几十年来人类生存环境部分退化的重要原因之一。

3.2 生态系统服务功能及其价值评价内涵及方法

3.2.1 生态系统服务功能的内涵

生态系统服务功能的内涵可以包括以下几个方面：

1）太阳能的固定。植物通过光合作用固定太阳能，而有机质的合成与生产为所有物种包括人类提供生命维持物质。

2）调节气候，包括对温度、降水和气流的影响从而可以缓冲极端气候对人类的不利影响。

3）涵养水源及稳定水文。在集水区内发育良好的植被具有调节径流的作用。

4）保护土壤。凡有发育良好植被的地段，由于植被和枯枝落叶层的覆盖，可以减少雨水对土壤的直接冲击，保护土壤减少侵蚀，保持土地生产力。

5）营养物质储存与循环。生物从土壤、大气、降水中获得必需的营养元素，并通过元素循环，维持生态过程。

6）维持进化过程。生态系统的功能包括传粉、基因流、异花受精的繁殖功能以及生物之间、生物与环境之间的相互作用。这些功能对生物多样性的产生与维持进化过程和环境效益有重要意义。

7）对污染物质吸收和分解作用及指示作用。某些生物对污染物质有抗性，它们能吸收和分解污染物。另一些生物对有机废物、农药以及空气和水的污染物有降解作用。有些生物对污染物敏感，因而对环境污染具有指示意义。

8）维护地球生命系统的稳定与平衡。从全球生态看，人类生存的合适环境——大气的组分、地球表面的温度、地表沉积层的氧化还原电势以及 pH 都是由生物生长和代谢所积极地控制。

9）提供自然环境的娱乐、美学、社会文化科学、教育、精神和文化的价值（欧阳志云等，1999c）。

3.2.2　生态系统服务功能的价值分类

（1）直接利用价值

直接利用价值主要是指生态系统所产生的可直接消费的产品，如食物、生物质、医药及其他工农业生产原料、健康、景观娱乐等带来的直接价值。

（2）间接利用价值

间接利用价值主要是指无法商品化的生态系统服务功能，如维持生命物质的生物地化循环与水文循环、防洪，维持生物物种与遗传多样性，保护土壤肥力，净化环境，维持大气化学的平衡与稳定等支撑与维持地球生命保障系统的功能。

（3）选择价值

选择价值是人们为了将来能直接利用与间接利用某种生态系统服务功能的支付意愿。人们常把选择价值喻为保险公司，即人们为自己确保将来能利用某种资源或效益而愿意支付的一笔保险金。选择价值又可分为三类：自己将来利用；为子孙后代将来保留使用价值和准使用价值的价值，如生境利用，又称为遗产价值；以及别人将来利用，也称为替代消费。

（4）存在价值

存在价值亦称内在价值，即认识到继续存在的价值，是人们为确保生态系统服务功能能继续存在的支付意愿。存在价值是生态系统本身具有的价值，是一种与人类利用无关的经济价值。换句话说，即使人类不存在，存在价值仍然有，如生境、濒危物种或生态系统中的物种多样性与涵养水源能力等。存在价值是介于经济价值与生态价值之间的一种过渡性价值，它可为经济学家和生态学家提供共同的价值观（欧阳志云等，1999a；谢高地等，2001）。

3.2.3　生态服务功能价值评估方法

自生态系统服务功能概念提出以来，许多生态学家与经济学家从物理量和价值量两个方面分析和探讨生态系统服务功能的价值，发展了针对不同生态系统服务功能与生物资源的评价方法。

根据生态经济学、环境经济学和资源经济学的研究成果，生态系统服务功能的经济价值评估方法可分为两类：一是替代市场技术，它以"影子价格"和消费者剩余来表达生态服务功能的经济价值，评价方法多种多样，其中有费用支出法、市场价值法、机会成本法、旅行费用法和享乐价格法；二是模拟市场技术（又称假设市场技术），它以支付意愿和净支付意愿来表达生态服务功能的经济价值，其评价方法只有一种，即条件价值法（欧阳志云等，1999a）。

Costanza等（1997）在总结过去几十年生态系统公益价值评价研究的基础上，将生态系统的服务功能作了更为详细的划分，归纳为17种类型，即气体调节、气候调节、干扰调节、水分调节、水分供给、侵蚀控制和沉积物保持、土壤形成、养分循环、废弃物处理、授粉、生物控制、庇护、食物生产、原材料、遗传资源、休闲、文化。而且分别按10种不同生物群区用货币形式进行了测算，并根据生物群区的总面积推算出所有生物群区的服务价值。这为全面评价生态系统服务功能经济价值提供了有力的参考。某些学者将Costanza等的全球生态系统服务功能评价模型应用于某一特定区域、某个物种、群落或生态系统（陈仲新和张新时，2000），如淡水生态系统、城市生态系统、鱼类生态系统等的服务功能及其价值评估（谢高地等，2001）。虽然Costanza等研究的某些数据可能存在较大偏差，如对耕地的估计过低，对湿地又偏高等，为此该研究也受到了不少严厉的批评，但无论如何，Costanza等对生态系统服务功能价值评估进行了非常有意义的尝试（Costanza et al.，1997；陈仲新和张新时，2000）。

自Costanza提出全球生态系统服务功能评价模型以来，中国学者对区域生态系统服务价值也进行了不同生态类型的各种服务价值研究与应用估算，如将这种方法用于评价森林、草地或区域生态系统服务功能的经济价值。特别是谢高地等在Costanza等提出的全球生态系统服务功能评价模型的基础上，总结了气体调节、气候调节、水源涵养、土壤形成与保护、废物处理、生物多样性维持、食物生产、原材料生产、休闲娱乐在内的9项生态系统服务功能，着手对中国200位生态学者进行问卷调查，得到了"中国生态系统服务价值当量因子表"。该表定义1hm² 全国平均产量的农田每年自然粮食产量的经济价值为1，其他生态系统生态服务价值当量因子是指生态系统产生该生态服务的相对于农田食物生产服务的贡献大小。由于该表利用生态系统服务功能之间相互贡献的大小和农田食物生产服务经济价值来评价区域生态系统服务功能经济价值，比以往评价方法更为全面，具有更强的针对性（肖玉等，2003）。

3.3 武汉市生态用地结构变化及价值评估

3.3.1 纯生态用地与泛生态用地的区分

生态用地是指生产性用地和建设性用地以外，以提供环境调节和生物保育等生态服务功能为主要用途，对维持区域生态平衡和持续发展具有重要作用的土地利用类型。生态用地包括广泛分布于农村、城市或者郊区的森林、草地、沼泽、水域、湿地等一切生态功能显著的土地利用类型。从广泛意义上来说，生态用地也可指能对生态环境的改善起一定作用但以生产作用为主的土地类型，具体包括耕地、园地及养殖水面。但是耕地、园地等对地表的破坏较严重，生态保育功能相对较弱，故将包括耕地、园地、养殖水面在内的生态用地定义为泛生态用地较为恰当。同时将森林、草地、水域与湿地视作纯生态用地。

特别需要指出的是，在计算处理生态用地面积时，为研究需要将水域与湿地区分为坑塘、水库、河流、湖泊与沼泽、苇地、滩涂两部分。

3.3.2 分析框架与参数选取

（1）生态系统服务功能价值分析框架与价值参数

这里主要参照 Costanza 分析意义基础上的生态系统服务功能价值和自然资本以及谢高地等提出的服务价值修正体系（Costanza et al.，1997；谢高地等，2001；肖玉等，2003）。

同时，主产品经济效益以武汉市数据为主，并参照国内外相关、相近研究成果经过平均先进修正得到（欧阳志云等，1999a；欧阳志云等，1999b；陈仲新和张新时，2000；彭建等，2005；刘韬等，2007；陈志平等，2009）。

（2）地类结构数据

武汉市各类生态用地统计基础数据如表3.1所示。

表3.1 武汉市各类生态用地统计表 单位：hm²

地 类	2002 年	2003 年	2004 年	2005 年	2006 年	2007 年	2008 年
林地	70 253.82	76 428.89	77 764.76	88 042.28	88 092.64	87 971.71	87 766.85
草地	25 452.77	24 543.47	23 431.63	11 257.13	11 146.40	11 094.69	10 975.78

地　类	2002 年	2003 年	2004 年	2005 年	2006 年	2007 年	2008 年
水域及湿地	181 954.42	182 044.55	181 074.51	195 603.13	196 846.17	194 216.29	193 697.63
耕地	387 342.33	377 558.75	373 569.07	345 119.35	340 654.17	338 344.27	336 107.85
园地	10 254.54	12 726.21	12 515.06	13 524.00	13 517.64	13 455.40	13 154.43
养殖水面	18 571.50	18 753.43	19 285.83	31 984.09	31 639.35	31 772.68	31 412.75
合计	693 829.38	692 055.29	687 640.87	685 529.99	681 896.37	676 855.03	673 115.29

资料来源：相应年份的武汉市规划国土年鉴等

3.3.3　优化价值分析及扰动效应判例分析

以武汉市 2008 年各类生态用地指标作基础进行优化价值分析及扰动效应判例分析如下：

假设　变更土地类型后，统计稳定的地类经济和生态效益，并作损失项处理。这时的数学模型为

$$\text{MAX} = \alpha \sum_{i=1}^{7} P_{1i} x_i + \beta \sum_{i=1}^{7} P_{2i} x_i - \sum_{i=1}^{7} (P_{1i} + P_{2i}) y_i$$

$$\begin{cases} \sum_{i=1}^{7} x_i = \sum_{i=1}^{7} s_i \\ C_1 s_i \leqslant x_i \leqslant C_2 s_i \quad i = 1, 2, \cdots, 7 \\ y_i = \begin{cases} s_i - x_i & x_i < s_i \\ 0 & \text{else} \end{cases} \\ \alpha + \beta = 1 \end{cases}$$

模型参数解释如下：x_i 为第 i 种地类所占面积，面积之和 $\sum_{i=1}^{7} x_i$ 为 2008 年面积之和 $\sum_{i=1}^{7} s_i$。y_i 为第 i 种地类面积在优化后相对 2008 年所减少的面积，若增加则为 0；若该地类的面积减少，则会损失该地类的生态价值和经济价值。α 为经济效益偏好系数，β 为生态效益偏好系数，可以根据决策者的偏好和取舍进行修改，且 $\alpha + \beta = 1$。由于时间的限制和人类开发能力的限制，每种地类可以改变的面积是有限的，这里设置改变下限 $C_1 = 0.9$，上限 $C_2 = 1.1$，即每种地最多可以改变面积的 10%。P_{1i} 为第 i 种地类的经济价值，P_{2i} 为第 i 种地类的生态价值。

机会成本一般认为是明显的项目。另外，计划期内新生（变迁过渡期）

与成熟生态子系统功能显效上应有所差异；而且，基期既有稳态生态子系统的原生态改变带来的损失属重要因素，故宜特列原生态关联扰动损失项，且此处以权重均分计。

运算结果如下：

1）$\alpha = \beta = 0.5$，考虑经济与生态效益的结构变动（表3.2）。

表3.2　考虑经济与生态效益并重的结构变动　　　单位：hm^2

地　类	优化前	优化后	变化情况
林地	87 766.85	85 723.15	− 2 043.70
草地	10 975.78	9 878.202	− 1 097.58
水域	169 186.80	169 186.80	0
湿地	24 510.80	24 510.80	0
耕地	336 107.90	336 107.80	0
园地	13 154.43	13 154.43	0
养殖水面	31 412.75	34 554.03	3 141.28

2）$\alpha = 0.1, \beta = 0.9$，着重生态效益的结构变动（表3.3）。

表3.3　着重生态效益的结构变动　　　单位：hm^2

地　类	优化前	优化后	变化情况
林地	87 766.85	87 766.85	0
草地	10 975.78	9 878.20	− 1 097.58
水域	169 186.80	169 186.80	0
湿地	24 510.80	26 961.88	2 451.08
耕地	336 107.90	336 069.80	− 38.05
园地	13 154.43	11 838.99	− 1 315.44
养殖水面	31 412.75	31 412.75	0

3.4　结论分析与建议

3.4.1　数据判读分析

在价值评价无偏好变动状态以及兼顾经济与生态效益的结构调整指导思想下，高生态系统服务功能价值的水域、湿地与高经济产品价值的耕地、园地、养殖水面被同时绝对保留，显然这与大量实际经验的样本结果是一致的。而且，养殖水面甚至变成唯一增加面积的地类。这与武汉市水产养殖业的资源优势利用倾向也是一致的。

在价值评价偏好有变动状态以及重生态、轻经济效益的结构调整指导思想下，水域与湿地中以沼泽、苇地、滩涂为代表的"更生态友好"的湿地比一般意义上的水域更被突出重视；草地的低生态系统服务功能价值和园地等人为开发过的土地由于对地表的破坏较严重，生态保育功能相对较弱，故会被降低评价和被大量转用。

3.4.2 价值评价扰动因素及其影响

研究表明，由于土地总量刚性的特点，以及较易经济性开发的各地类已开发殆尽，生态用地的进一步调整，必将更多的是在已有用途的地类间转用。于是，人类追求的经济价值与自然保育两目标之间产生越来越大的张力，这也是近几十年来武汉市乃至湖北省环境部分退化的重要原因之一。因而有必要清醒把握价值评价及决策的影响因素并予以正确处理。

生态用地价值评价取样及偏好扰动因素有：样本选择、市场价格变动、评价主体评价范式及框架的修正或改变、具体样本评价主体支付意愿的变动、替代市场价值的变动等。

生态用地结构调整指导思想倾向性的影响有：政绩评价机制影响、全民共识及影响力或决策权力机制约束、经济维或环境维目标的相对紧迫性、不同产业其利益表达力量的相对强度等。

3.4.3 相关建议

1）选择湖北省、武汉市的不同地域的各地类进行生态系统服务功能价值评价研究，完善样本的代表性与动态数据的跟进。

2）完善政绩评价机制，对环境价值（生态系统服务功能价值）评价予以确认并达成共识，在各相关规划、项目可行性研究的评价中加以贯彻，保证决策的科学性。

3）武汉市资源优势的经济实现与环境保育的扬长避短应并行不悖。这在处理水域与湿地和养殖水面的比例关系上很重要，并重点发展环境友好的养殖方式。

4）正确处理生态用地结构调整中量与质的关系。因为现有的各类用地数量均不能视作富裕而可轻易转用，只不过稀缺程度不同罢了。为此，有必要特别强调"以质补量"的观点。具体体现如下：

草地中占大量的荒草地、林地中郁闭度低的部分适度进行改良，大幅度提高其生态系统服务功能价值。园地等人为干扰对地表的破坏较严重的地类注重生态群落的适当搭配和人工生态工程的完善，使此类地类在获得经济产品的同时提高对生态系统的保育功能。

与大多数相关研究相同，由于生态系统功能与服务的复杂性、价值的多重认识、市场失效及价格空缺、实证的困难与自然资本总价值的无限性等，研究还有许多可深化之处，我们也将继续对研究予以完善。

陈中江　郭玲霞（华中农业大学经济管理学院和土地管理学院）

第4章
区域生态用地规模预测方法研究与应用
——以武汉市为例[①]

4.1 引　言

我国现有的土地分类体系过于纷繁、复杂，不能完全适应土地可持续利用和科学发展观的需要。以我国《土地管理法》为例，将土地利用类型划分为农用地、建设用地、未利用地，以满足城乡区域内具有经济社会功能的土地管理需要。该体系仅仅着眼于土地经济功能和城市经济效益，而没有考虑把具有生态环境调节功能的土地类型（林地、草地等）纳入土地生态调控和区域可持续发展规划体系中。诸多分类体系中"生态用地"的缺失，易导致社会忽视土地类型的生态功能和作用，忽视生态环境建设（梁留科，2006）。

"生态用地"一词最先由石元春院士于2001年考察宁夏回族自治区时提出，随后石玉林院士在中国工程院咨询项目"西北地区水资源配置与生态环境保护"报告中对生态用地概念加以进一步阐述。其基本理念是将生态用地作为干旱区防治和减缓土地荒漠化加速扩展的"缓冲剂"，以达到保护和稳定区域生态系统的目标。生态用地的现实重要性会让更多土地管理领域学者投入精力对其内涵和外延进行更加深入的研究。本章将以武汉市生态用地为研究对象，探讨其发展趋势，以对区域生态用地进行总体平衡和妥善安排，在满足人类社会对土地资源基本需要的同时，为区域自然生态保护提供保障。

4.2 生态用地概念辨析

目前国内学者对生态用地的理解及概念尚未达成共识。岳健和张雪梅（2003）认为生态用地是指除农用地和建设用地以外的土地，包括为人类所利

---

① 基金项目：湖北省社会科学基金项目"十一五"规划资助课题2010（107）。

用但是用于农用和建设用以外的用途，或主要由除人类之外的其他生物所直接利用，或被人类或其他生物间接利用，并主要起着维护生物多样性及区域或全球的生态平衡以及保持地球原生环境作用的土地。

张红旗等（2004）针对西北干旱区特点，将生态用地的概念概括为在干旱区环境内通过维持或改善自身生态环境质量，进而能对主体生态系统良性发育及稳定性、高生产力及其可持续性起到支撑和保育作用，最终达到增加整个区域生态系统生产力目标的土地。

程志光（2007）根据土地具有的粮食生产、居住生活和调控生态的基本功能，将土地划分为耕地、建设用地、生态用地三类。其中生态用地包括林地、园地、牧草地、水域、未利用地等类型。生态用地是以自然生态系统为主的土地类型，是能够直接或间接改良区域生态环境、改善区域人地综合系统的用地类型。不同的区域空间范围内的生态用地包含的地类应有所调整，保护、恢复生态用地的目的是维系区域自然生态功能动态平衡。

邓红兵等（2009）认为生态用地指的是区域或城镇土地中以提供生态系统服务功能为主的土地利用类型，如维护生物多样性、保护和改善环境质量、减缓干旱和洪涝灾害和调节气候等多种生态功能；并将生态用地按照不同生态系统服务分为自然用地、保护区用地、休养与休闲用地和废弃与纳污用地四类。

土地利用结构和方式是土地在其自然空间、经济空间、社会空间、环境空间、技术空间中的综合特性的集中反映，具有明显的地区差异性。按照不同类型土地的本质属性和功能，可将土地利用系统中具有生态调节功能的土地划分为生态用地系统，其主要作用为改善气候条件、提高土地质量、减少水土流失、增强蓄水调水能力等。值得注意的是，部分原有分类体系中的农用地类型，具有较高的生态价值，应将其重新辨识，充分发挥生态效益，为经济社会的可持续发展提供良好的生态环境。根据上述原则和方法，将武汉市生态用地划分为林地、草地、水域及湿地、耕地、园地、养殖水面六大类，构成了一个符合武汉实际的泛生态用地体系（表4.1）。

表4.1　武汉市各类生态用地统计表　　　单位：hm^2

地 类	2002 年	2003 年	2004 年	2005 年	2006 年	2007 年	2008 年
林地	70 253.82	76 428.89	77 764.76	88 042.28	88 092.64	87 971.71	87 766.85
草地	25 452.77	24 543.47	23 431.63	11 257.13	11 146.40	11 094.69	10 975.78
水域及湿地	181 954.42	182 044.55	181 074.51	195 603.13	196 846.17	194 216.29	193 697.63
耕地	387 342.33	377 558.75	373 569.07	345 119.35	340 654.17	338 344.27	336 107.85

地类	2002 年	2003 年	2004 年	2005 年	2006 年	2007 年	2008 年
园地	10 254.54	12 726.21	12 515.06	13 524.00	13 517.64	13 455.40	13 154.43
养殖水面	18 571.50	18 753.43	19 285.83	31 984.09	31 639.35	31 772.68	31 412.75
合计	693 829.38	692 055.29	687 640.87	685 529.99	681 896.37	676 855.03	673 115.29

资料来源：历年《武汉市房地产年鉴》和《武汉市规划国土年鉴》

各种地类的生态功能不尽相同。林地可调节区域气候，为土壤提供丰富的有机物质，具有涵养水源、保持水土、减少污染和保护生物多样性等功能，促进生命系统的更新演替；草地可以保水护土、固沙防风、调节气候，改良土壤、培养土壤肥力，保护生物的多样性；湿地具有蓄水、均化径流和调节气候的作用，能降解、富集污染物和缓解温室效应，保护水禽迁徙和繁育。相对于林地、草地、湿地生态功能的显著表现，耕地和园地的生态效益以"维护"生态系统为主，盲目的开垦和过度的种植会导致水土流失等生态后果；对于养殖水面，若管理不当，会对其他地类和环境造成污染，恶化生态用地系统的健康水平。

4.3　生态用地变化预测方法

区域土地利用格局预测是土地利用规划与管理中一种常规技术。一般采用Markov 链随机模型等方法来模拟未来一段时期内的动态变化情况（刘琼等，2005；宁龙梅等，2004；李红伟等，2008）。它通过对系统不同状态的初始概率以及状态之间的转移概率的研究来确定系统各状态变化趋势，从而达到对未来趋势预测的目的。在该类模型中，系统状态的转移是无后效性的，各个状态的相互转移是普遍可行的。

由于资料的不完备性，生态用地内部各类型之间、生态用地与非生态用地类型之间的相互转换存在无法量化的事实。本节采用人工神经网络来模拟这种变化趋势。人工神经网络（刘希玉和刘弘，2008）是一种采用物理可实现的系统来模仿人脑神经细胞的结构和功能的系统，是一个以有向图为拓扑结构的动态系统，通过对连续或断连续的输入作状态响应而进行信息处理。人工神经网络中最基本的是 BP 网络。其学习过程分两个阶段，即信息的前向传播和误差的反向传播及修正权值的过程。外部输入的信号经输入层、隐层的神经元逐层处理，向前传播到输出层输出结果。误差的反向学习过程则是指如果输出层的输出值和样本值有误差，则该误差沿原来的连接通道反向传播，通过修改各层神经元的连接权值和阈值，使得误差变小，经反复迭代，当误差小于容许值时，网络的训练过程即可结束。

采用三层前馈网络（刘希玉和刘弘，2008）结构描述生态用地变化趋势。该系统中输入层的输入向量 $X = (x_1, x_2, \cdots, x_N)$；隐含层输出向量 $Y = (y_1, y_2, \cdots, y_J)$；输出层的输出向量 $O = (o_1, o_2, \cdots, o_K)$；期望输出向量 $D = (d_1, d_2, \cdots, d_K)$；输入层到隐含层的权重矩阵 $V = (v_{nj})_{N \times J}$，隐含层到输出层的权重矩阵 $W = (w_{jk})_{J \times K}$。则输入层的输入、输出皆为 X；隐含层的输入为 $\mathrm{net}_j = \sum_{n=1}^{N} v_{nj} x_n$，隐含层的输出为 $y_j = f(\mathrm{net}_j)$；输出层的输入 $\mathrm{net}_k = \sum_{j=1}^{J} w_{jk} y_j$，输出层的输出 $o_k = f(\mathrm{net}_k)$。激励函数采用 S 型函数，$f(x) = \dfrac{1}{1 + \exp(-x)}$，则 $f'(x) = f(x)(1 - f(x))$。

BP 网络的整个学习过程的具体步骤如下（苑希民等，2002）：

1）初始化，给连接权 v_{nj}、w_{jk} 赋予随机值。

2）选取一输出值 X 及对应的期望输出值 D 提供给网络。

3）用连接权 v_{nj} 计算隐含层的输入 net_j，然后用激励函数计算隐含层的输出 y_j。

4）用隐含层的输出 y_j、连接权 w_{jk} 计算输出层的输入 net_k，并用激励函数计算输出层的响应 o_k。

5）用期望输出向量计算输出层的校正误差信号为
$$\delta_k^o = (d_k - o_k) o_k (1 - o_k)$$

6）计算隐含层校正误差信号为
$$\delta_j^y = \left(\sum_{k=1}^{K} \delta_k^o w_{jk} \right) y_j (1 - y_j)$$

7）计算隐含层—输出层的连接权调整为
$$w'_{jk} = w_{jk} + \eta \delta_k^o y_j$$

8）计算输入层—隐含层的连接权调整为
$$v'_{nj} = v_{nj} + \eta \delta_j^y x_i$$

9）返回到第2）步，选取新的一组输入向量提供给网络，再次训练。直至网络全局误差函数 $E = \sum_{k=1}^{K} E_k = \sum_{k=1}^{K} \dfrac{(o_k - d_k)^2}{2}$ 小于预先设定的限定值 ε（网络收敛）或学习次数大于预先设定的数值 T（网络无法收敛）。

10）学习结束。

4.4 武汉市生态用地变化预测结果

采用 4.3 节构建的 BP 网络模型对武汉市生态用地进行预测研究。

以 2002 ~ 2007 年生态用地数据为 6 个输入向量，以 2003 ~ 2008 年数据为对应的期望输出向量，进行分组训练，每组训练次数为 6 次。例如，第一组训练中，第 1 个输入向量为 $(0.070\ 254, 0.025\ 453, 0.181\ 954, 0.387\ 342, 0.010\ 255, 0.018\ 572)^T$（2002 年武汉市实际生态用地面积，单位：$10^6 hm^2$），对应的输出变量为 $(0.076\ 429, 0.024\ 543, 0.182\ 045, 0.377\ 559, 0.012\ 726, 0.018\ 753)^T$（2003 年武汉市实际生态用地面积，单位：$10^6 hm^2$）。取 $N = K = 6, J = 1$（即隐含层只有 1 个节点，基本 BP 网络结构），学习系数 $\eta = 9.5$，给定全局误差函数允许值 $\varepsilon = 0.001$，学习次数最大值 $T = 300$。

根据模型演算结果，当完成第 47 组学习，全局误差函数值如表 4.2 所示。

表 4.2 武汉市生态用地预测全局误差函数值表 (E_k)

地 类	2003 年 ($t=277$)	2004 年 ($t=278$)	2005 年 ($t=279$)	2006 年 ($t=280$)	2007 年 ($t=281$)	2008 年 ($t=282$)	v	w
林地	0.000 008	0.000 009	0.000 116	0.000 246	0.000 251	0.000 236	6.430 112	-4.613 312
草地	0.000 010	0.000 018	0.000 017	0.000 005	0.000 005	0.000 005	5.710 937	-7.395 634
水域及湿地	0.000 262	0.000 094	0.000 004	0.000 089	0.000 056	0.000 041	1.645 643	-2.582 910
耕地	0.000 218	0.000 185	0.000 066	0.000 034	0.000 038	0.000 048	-2.279 635	-1.123 554
园地	0.000 001	0.000 000	0.000 001	0.000 007	0.000 007	0.000 006	8.046 975	-8.072 957
养殖水面	0.000 502	0.000 331	0.000 076	0.000 027	0.000 022	0.000 026	0.235 372	-5.610 405
全局误差函数值	0.001 001	0.000 637	0.000 279	0.000 408	0.000 379	0.000 361		

数据显示，经过 47 组训练（每组训练 6 次），得到 BP 网络输入层—隐含层的连接权重为 $v = (6.430\ 112, 5.710\ 937, 1.645\ 643, -2.279\ 635, 8.046\ 975, 0.235\ 372)^T$，隐含层—输出层的连接权重为 $w = (-4.613\ 312, -7.395\ 634, -2.582\ 910, -1.123\ 554, -8.072\ 957, -5.610\ 415)$。此时全局误差函数值小于预定的允许值 $\varepsilon = 0.001$（此后训练的误差均小于该值），并且实际学习次数 $t = 47 \times 6 = 282$，在允许范围内（$T = 300$）。所构建的 BP 网络收敛，说明该数学模型能有效地表达武汉市生态用地的变化趋势。

根据 BP 网络基本构架及训练得到的输入层—隐含层、隐含层—输出层连接权重，可以通过输入第 i 年的实际生态用地面积预测第 $i+1$ 年的变化情况。则武汉市 2003～2008 年和 2009～2014 年生态用地类型及面积分别如图 4.1 和表 4.3 所示。

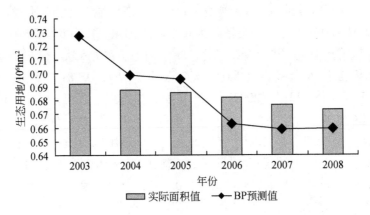

图 4.1　武汉市 2003～2008 年生态用地预测值与实际值比较（单位：$10^6\mathrm{hm}^2$）

表 4.3　武汉市 2009～2014 年各类生态用地预测结果表　单位：$10^6\mathrm{hm}^2$

地　类	2009 年	2010 年	2011 年	2012 年	2013 年	2014 年
林地	0.066 484	0.080 115	0.067 885	0.078 805	0.069 007	0.077 764
草地	0.014 267	0.019 592	0.014 780	0.019 048	0.015 197	0.018 621
水域及湿地	0.185 547	0.203 178	0.187 446	0.201 560	0.188 951	0.200 263
耕地	0.344 468	0.355 616	0.345 698	0.354 617	0.346 668	0.353 814
园地	0.009 725	0.013 773	0.010 109	0.013 354	0.010 422	0.013 025
养殖水面	0.038 679	0.048 878	0.039 702	0.047 875	0.040 526	0.047 082

通过 BP 网络训练得到的连接权重可对武汉市 2003～2008 年生态用地的总量进行校核。如图 4.1 所示，武汉市实际生态用地（含林地、草地、水域及湿地、耕地、园地、养殖水面六类）面积呈递减趋势：从 2003 年 692 055hm² 下降到 2008 年的 673 115hm²，降幅达到 2.74%，生态用地的调控与管理亟须加强；模型预测同时期生态用地总量理论值同样呈下降趋势，分别为 727 291hm²、698 602hm²、695 674hm²、662 718hm²、658 891hm²、659 087hm²，六年间理论预测值与实际值绝对误差代数和为 5169hm²，相对误差率为 0.13%，表明预测模型是符合实际且具有一定科学精度的。

表 4.3 提供了短期内武汉市各类生态用地的消长总体态势。预测短期年份内各生态用地面积数据具有明显的震荡特征。如在 2009～2014 年，水域及湿地面积会保持在 0.18×10^6～$0.20\times10^6\mathrm{hm}^2$；耕地面积会维持在$0.34\times10^6$～

$0.35 \times 10^6 \text{hm}^2$ 的水平浮动。短期预测数据发生较大震荡的根本原因在于 BP 网络的运行机理。人工神经网络是在现有的大脑科学的研究水平上,通过数学模型来分析、理解生物神经元、神经网络的学习和自组织功能。人工神经元只有通过接受外界环境的不断刺激与相互作用,把相关信息储存、记忆在单元体内以实现自组织。因此,外界环境的刺激强弱程度决定了预测模型的精度和有效性。本节构建的模型中,一方面样本数据相对有限(仅有 2002~2008 年数据),另一方面训练样本的异常波动性,如耕地在 2004~2005 年减少了 28 450hm²(-7.62%),而同时期的养殖水面增加了 12 698hm²(65.84%),对预测数据序列的稳态性影响极大。当然,BP 模型的该弱点可随着预测序列的延长而逐步消除。在以 2008 年武汉市实际生态用地统计值的基础上,预测之后 30 年的理论值,结果较为理想:武汉市总生态用地面积预计会稳定在 $0.69 \times 10^6 \text{hm}^2$ 的水平上(表4.4)。

表4.4　武汉市生态用地长期预测结果表　　　　单位：10^6hm^2

年份	2009	2010	2011	2012	2013	2014	2015	2016	2017	2018
面积	0.659 170	0.721 153	0.665 621	0.715 259	0.670 771	0.710 569	0.674 894	0.706 824	0.678 199	0.703 828
年份	2019	2020	2021	2022	2023	2024	2025	2026	2027	2028
面积	0.680 851	0.701 430	0.682 980	0.699 507	0.684 691	0.697 964	0.686 065	0.696 726	0.687 169	0.695 733
年份	2029	2030	2031	2032	2033	2034	2035	2036	2037	2038
面积	0.688 056	0.694 935	0.688 769	0.694 295	0.689 342	0.693 781	0.689 802	0.693 367	0.690 171	0.693 036

4.5　小　　结

在当前国内学者对生态用地的理解及概念尚未达成共识的环境下,本章提出要考虑把具有生态环境调节功能的土地类型(林地、草地等)纳入土地生态调控和区域可持续发展规划体系中。以对区域生态用地进行总体平衡和妥善安排,在满足人类社会对土地资源基本需要的同时,为区域自然生态保护提供保障。本章以武汉市生态用地体系构建为例,分析了历年统计数据,并采用基本 BP 网络技术对数据进行了预测分析,认为武汉市生态用地面积将稳定在 $0.69 \times 10^6 \text{hm}^2$ 的水平上。模型结构收敛、有效,预测结果对于生态用地管理具有一定的参考价值。

赵　微　郭玲霞(华中农业大学经济管理学院和土地管理学院)

第 5 章
关于城镇扩张区生态用地结构优化的初步探讨——以武汉市为例①

5.1 引 言

生态用地结构优化，首先须在一定视角下确定其优化原则，而不同视角的优化有不同的标准；不同区域的生态用地由于其土地利用特点不同，优化原则也不同。以湖北省土地利用变化的区域分异特点为例，鄂西、鄂东北、鄂东南等山区是耕地、林地与草地相互转换区；武汉、鄂州、黄石等沿江城郊区和从宜昌到沙市区沿江带是城镇扩张区；荆州、汉江下游和鄂北岗地丘陵是水域缩减区；江汉平原区是水域扩张区（隋晓丽等，2005）。分析湖北土地利用区域结构，农村经济结构调整和有关耕地政策的出台是耕地、林地与草地相互转换区土地利用变化的主要驱动因素；中心城市对周围区域经济的带动作用和沿江区域特殊的交通优势以及人口的城市化是城镇扩张区的主要驱动因素；经济利益的驱动是水域扩张区的主要驱动因素，耕地政策是水域缩减区的主要驱动因素。

造成驱动因素不同的原因：一是由于自然地理环境因素对土地利用格局的控制；二是由于城市化、工业化及社会经济的发展以及有关土地利用政策对土地利用变化格局的调控。由于不同的驱动因素导致每一地区土地利用原则差异很大，因此进行生态用地结构优化，必须根据各区域发展的特点提出相应的优化原则。

本章主要探讨在区域正常发展趋势下，作为城镇扩张区的武汉生态用地结构的优化原则问题，关于改变驱动因素从而改变生态用地结构的问题不在本章的讨论之列。

① 基金项目：武汉市社科基金项目"基于湿地生态建设模式的武汉市生态文明建设研究"（whsk10016）；湖北省社科基金项目"湖北生态用地结构优化与调控政策研究"（〔2010〕107）；武汉市环保科技项目"武汉市湖库湿地的环保利用研究"（0707）。

5.2　城市生态用地结构的确定

本章将城市生态用地结构按照生态用地对城市不同的贡献分为三部分，即优级生态用地、次级生态用地及文化遗产用地。优级生态用地是指能够对城市生态环境的改善起显著作用，以发挥生态作用为主、受人为干扰程度小的土地类型，具体包括林地、草地、水域及湿地，这类生态用地具有调节气候、涵养水源、保持水土、改良土壤、减少污染和保护生物的多样性等功能，对维持城市生态平衡、改善城市生态环境具有重要作用的土地。次级生态用地即能够对生态环境的改善起一定作用但以生产作用为主的土地，具体包括耕地、园地及养殖水面，这一类生态用地主要是对人们的生产生活产生直接经济影响的用地。文化遗产用地主要是对城市文化及美学价值具有提升作用的用地。由于文化遗产用地一般政府规划有严格规定，因此在结构上已经确定，所以生态用地的结构调整主要针对优级和次级生态用地。

根据研究的需要本章又将优级及次级生态用地划为泛生态用地和纯生态用地。泛生态用地包括优级生态用地和次级生态用地，是将具有生态功能的土地均划入内，即耕地、园地、林地、草地、水域及湿地；纯生态用地仅包括优级生态用地，即林地、草地、水域及湿地，这部分用地仅发挥生态功能。需要说明的是，在计算泛生态用地面积时，将养殖水面列入水域及湿地，在计算纯生态用地时则将养殖水面列入建设用地及其他农用地中。

5.3　城镇扩张区的定位与生态用地结构的变化分析

城镇扩张区的人口增长直接关系到泛生态用地中的耕地变化，而耕地的变化直接影响泛生态用地的结构，探讨生态用地的结构问题应首先从耕地的变化开始。

5.3.1　依据湖北省的人口城市化预测城镇扩张区耕地的变化趋势

根据湖北省人口城市化与耕地数量动态变化趋势研究，随着人口城市化的发展，湖北省人均耕地面积将出现先减少后增加的趋势（刘红丽，2007）。之所以会出现这种情况是由于湖北省在人口城市化进程中经历了从城市化不完全到城市化完全的过程。城市化不完全导致农村剩余劳动力占用耕地，如果让大量农村人口进入城市实现完全的城市化就可以在农村进行村镇布局调整，将分散的、空心化的村庄整合为规模化的、集约化的现代城镇。原有的村庄居住占地被释放，其他建设用地也被释放，这些土地通过复垦成为新的耕地。另外城市化能实现耕地规模经营，规模经营的基础是农民在非农产业上有就业机会和更大的收益。只有存在大量的农村剩余劳动力，才有条件尝试那些以效率为中心的耕地分配和经营制度，实现耕地规模效益。在城市化进程中，各物质要素如资金、人才、耕地等向非农业转移，大量农业人口变为非农业人口向城镇转移，减轻了人口对耕地的压力，从而使耕地由分散到相对集中，对耕地的经营从粗放到集约变为可能。由于农村劳动力的减少，对空余的农村宅基地进行整理，取消不必要的道路和田坎连片耕作和规模经营，增加有效耕地面积。

以上表明，湖北省的城镇扩张区将承担着湖北省人口城市化进程的重要责任，不可避免地，其周边的耕地必然随着人口的增加呈现逐渐减少的趋势，而这一趋势将随着湖北省人口城市化进程的推进持续下去。作为城镇扩张区的武汉，近年来耕地面积的发展趋势也正反映了这一情况。

表 5.1 表明，2000~2005 年武汉耕地面积在逐渐减少，分析原因与武汉这一时间段人口城市化的发展有直接关系。另外需要说明的是，虽然城镇扩张区的耕地面积在下降，但对整个湖北省而言其耕地的总量不会减少，而且耕地在湖北省的区域结构会随着这种变化而改变。这是由于农村人口向城市化转移带来占地面积的减少，通过对这部分释放出的农村土地进行整理使其发展为新的耕地，最终使湖北省的总的耕地面积仍能够保持一定水平不减少。

表 5.1 2000~2005 年武汉耕地面积变化量表

市	2000 年耕地面积/万 hm²	2005 年耕地面积/万 hm²	5 年内净减少（增加）面积/hm²	2000~2005 年耕地演变速率/%
武汉市	21.784	20.679	11 050	101.45

资料来源：《湖北省统计年鉴》（2001~2006 年）

5.3.2 城镇扩张区的定位与对生态用地的要求

以地处城镇扩张区的武汉为例，武汉作为我国中部重要的中心城市，是全国重要的工业基地和交通、通信枢纽。根据武汉市城市总体规划，未来的武汉首先要建设成为具有滨水特色的生态城市，并在此基础上以国际化为目标，建成中国中部地区的中心城市，最终建成为国际性城市。武汉的区域发展和城市定位为"优化主城、壮大市域、辐射省域"，在主城实现繁荣的商贸、发达的金融、先进的科技、快捷的交通和宜人的环境。武汉中心城市及生态都市的定位表明武汉市的人口将进一步增长，同时在人口增长的基础上更加要求生态与人的和谐。城市土地中的生态单元，如山体、水体、绿地等对土地价值或房地产价值具有显著的影响，在城市化进程中，合理利用并发展自然景观，提高生态环境质量，事关城市土地价值的增减和土地的可持续利用（恽如伟等，2009）。这表明武汉中心城市及生态都市的定位决定了其生态用地结构中应该尽可能增加自然景观即优级生态用地的比例。

总结前述分析，可以确定城镇扩张区生态用地的发展方向，城镇扩张区中应逐步扩大泛生态用地中体现自然景观的优级生态用地的比例，而次级生态用地中的耕地将随着城市化进程的推进逐渐缩小。需要说明的是，次级生态用地中的养殖水面由于对自然景观有较大影响，因此应逐渐减小。这并不影响整个湖北省的渔业发展，因为作为水域扩张区的江汉平原将承担更多的渔业生产任务。

5.4 武汉城市化进程中生态用地结构优化原则探讨

5.4.1 关于泛生态用地中优级与次级生态用地结构优化原则分析

优化原则一：泛生态用地中应逐渐提高优级生态用地的质量及数量。

这一优化原则上述已经分析，是由生态城市发展过程中对生态环境的要求所决定。而武汉这几年的实际情况也正是向这方面发展的，2002～2008 年，优级生态用地基本一直处于上升趋势，面积增加了 14 779.25hm²。在提高优级生态用地的质量上应首先合理安排林地、草地及水域的结构比例，在此基础上提高每一类生态用地的单位价值。本节对生态用地的价值的评价主要考虑两个方面，一是防止水土流失的作用，二是维持生物多样性的作用。

优化原则二：泛生态用地中耕地的减少应与人口城市化进程及优级生态用地的发展相协调。

武汉近两年泛生态用地持续下降，这与泛生态用地中耕地的减少有关。泛生态用地中耕地的减少与人口城市化发展及优级生态用地的发展均有关系。但耕地的减少首先应与人口城市化发展相协调，在此基础上考虑优级生态用地的增加量，这样才比较合理。

优化原则三：控制或减少次级生态用地中养殖水域的发展。

在城市扩张区对生态用地的要求中已分析，养殖水域的发展会直接影响自然景观，降低生态型城市发展的价值，因而应尽可能地控制和减少。而近年来武汉的养殖水面却在不断增加（表5.2），这是由于人们饮食结构的调整所致，应制定政策引导水产养殖业向湖北省水域扩张区发展。

表 5.2　2002~2008 年武汉泛生态用地变化量表　　　　　单位：hm^2

地　类		2002 年	2003 年	2004 年	2005 年	2006 年	2007 年	2008 年	变化量
纯生态用地	林地	70 253.82	76 428.89	77 764.76	88 042.28	88 092.64	87 971.71	87 766.85	17 513.03
	草地	25 452.77	24 543.47	23 431.63	11 257.13	11 146.40	11 094.69	10 975.78	-14 476.99
	水域及湿地	181 954.42	182 044.55	181 074.51	195 603.13	196 846.17	194 216.29	193 697.63	11 743.21
	小计	277 661.01	283 016.91	282 270.91	294 902.55	296 085.21	293 282.69	292 440.26	14 779.25
泛生态用地	耕地	387 342.33	377 558.75	373 569.07	345 119.35	340 654.17	338 344.27	336 107.85	-51 234.48
	园地	10 254.54	12 726.21	12 515.06	13 524.00	13 517.64	13 455.40	13 154.43	2 899.89
	养殖水面	18 571.50	18 753.43	19 285.83	31 984.09	31 639.35	31 772.68	31 412.75	12 841.25
	小计	693 829.38	692 055.29	687 640.87	685 529.99	681 896.37	676 855.03	673 115.29	-20 714.09

5.4.2　优级生态用地中林地、草地及水域的结构优化原则分析

优化原则一：以防水土流失及生态多样性景观格局安全为基础，合理安排林地、草地及水域的结构。

武汉市地处长江中下游城市，防洪及防止水土流失是保护城市安全的重要环节，因此合理的纯生态用地结构应最大限度地控制水土流失量；另外，纯生态用地结构还承担着保护生物多样性的职责（俞孔坚等，2009），因而在考虑林地、草地及水域结构时应尽可能地呈现生物多样性的景观。

优化原则二：随着纯生态用地的增加，应加大草地在纯生态用地中的比例。

近年来，武汉市草地急剧减少（表 5.2），主要是由于经济作用驱使人们占用草地发展其他用地，这表明草地的生态作用还没有得到充分认识。从生态学角度来看，草地对防止水土流失、减少地表径流具有显著作用，并且草地防止水土流失的能力明显高于灌丛和林地。生长 3~8 年的林地，拦蓄地表径流的能力为 34%，而生长两年的草地拦蓄地表径流的能力竟达到 54%，高出林地 20%。另外，草地减少径流中的含沙量的能力也比林地高出 33%。武汉地区长江中游的草地主要是低地草甸和沼泽草地，主要分布于长江中游两岸、湖泊四周、江心岛、湖心岛，这部分草地的抗洪作用不可低估，一方面应加大保护力度，另一方面还应重视提高草地的数量和质量。

5.4.3 优级生态各子地类内部结构优化原则分析

1) 林地结构优化原则。林地结构优化在保护有林地、灌木林地及疏林地现有结构不变的情况下，根据生物多样性原则调整未成林造林地质量，对迹地的植被进行恢复，以减少迹地在林地中的比例。这里对武汉 2002~2008 年林地变化分析如表 5.3 所示。

表 5.3 2002~2008 年武汉林地的变化

林地类型	2002 年		2008 年		变化	
	面积/hm²	比例/%	面积/hm²	比例/%	面积/hm²	比例/%
有林地	57 269.43	76.56	52 142.00	65.25	5 127.187	−11.31
灌木林	1 241.78	1.58	1 078.90	1.41	162.873 3	−0.17
疏林地	13 673.83	15.89	10 820.00	15.58	2 853.987	−0.31
未成林造林地	3 006.30	4.41	11 622.51	13.24	8 616.227	8.83
迹地	108.43	0.16	158.94	0.18	50.513 33	0.02
苗圃	951.73	1.40	3 800.353	4.33	2 848.62	2.93
合计	68 107.00	100.00	87 766.85	100.00	19 659.41	0

表 5.3 表明，2002 年以来，武汉林地增加了 19 659.41hm²，但结构发生了很大变化。有林地、疏林地、灌木林地属自然林地，2002~2008 年减少量较大，而未成林造林地、迹地、苗圃在林地结构中的比例增加，这是前几年自然林地砍伐和近年政府加大退耕还林力度的结果。

2) 草地结构优化原则。控制天然草地的减少，增加改良草地及人工草地的数量，如表 5.4 所示。

表 5.4 2002~2008 年武汉草地的变化

草地类型	2002 年		2008 年		变化量	
	面积/hm²	比例/%	面积/hm²	比例/%	面积/hm²	比例/%
天然草地	6 836.41	26.86	183.87	1.68	−6 652.54	−25.18
改良草地	30.83	0.12	64.00	0.58	33.17	0.46
荒草地	18 560.64	72.92	10 690.78	97.40	−7 869.86	24.48
人工草地	24.89	0.10	37.13	0.34	12.24	0.24
合计	25 452.77	100.00	10 975.78	100.00	−14 476.99	0

3) 水域及湿地结构优化原则。保证苇地、沼泽地的数量，控制湖泊面积的减少，如表 5.5 所示。

表 5.5　2002～2008 年武汉市水域及湿地的变化

地　类	2002 年		2008 年		变化	
	面积/hm²	比例/%	面积/hm²	比例/%	面积/hm²	比例/%
坑塘水面	46 289. 93	25. 36	50 686. 47	26. 17	4 396. 53	0. 81
水库水面	7 753. 37	4. 25	6 228. 47	3. 22	− 1 524. 89	− 1. 03
河流水面	26 300. 55	14. 41	29 808. 66	15. 39	3 508. 11	0. 98
湖泊水面	78 131. 21	42. 80	82 463. 24	42. 57	4 332. 03	− 0. 23
苇地	4 220. 03	2. 31	4 012. 99	2. 07	− 207. 05	− 0. 24
滩涂	16 657. 64	9. 13	17 789. 51	9. 18	1 131. 87	0. 06
沼泽地	3 187. 61	1. 75	2 708. 30	1. 40	− 479. 31	− 0. 35
合计	182 540. 35	100. 00	193 697. 63	100. 00	11 157. 29	0

5.5　结　语

　　生态用地优化原则的确定是研究生态用地结构优化模型及制定调控政策、制度安排的基础。本章从城市规划角度及提高城市生态环境角度探讨了生态用地结构优化的原则，生态用地结构调整的经济性的优化原则没有涉及，在建立优化模型中应加入经济型约束条件，这还有待进一步研究。

周晓熙（华中农业大学经济管理学院和土地管理学院）

第6章
武汉市生态用地结构优化对社会
经济发展的影响[①]

随着人口的增长和集聚，城市化、工业化的快速发展，城市周边原本具有重要生态调节功能的农田、森林、湖泊等生态系统不断地遭到破坏和侵占，生态环境退化现象也越来越严重。在这种形势下，2001年由石元春院士提出了"生态用地"的概念（张红旗等，2004），随后生态用地保护、利用和管理成为社会各界关注的焦点和热点，探索生态用地结构演变规律和驱动因素也成为这一课题的重要研究内容。

6.1　生态用地及生态用地结构

生态用地是指生产性用地和建设性用地以外，以提供环境调节和生物保育等生态服务功能为主要用途，对维持区域生态平衡和持续发展具有重要作用的土地利用类型（张红旗等，2004；邓红兵等，2009；岳健和张雪梅，2003；张颖等，2007）。

生态用地包括广泛分布于城市或者郊区的森林、草地、沼泽、水域、湿地等一切生态功能显著的土地利用类型。从广泛意义上来说，耕地、园地也属于生态用地范畴，但是耕地、园地对地表的破坏较严重，而且在现在生态退化、环境污染、土地资源紧缺，尤其是耕地资源和建设用地资源十分紧缺的情况下，无论是基于生态环境的改善，还是土地资源的优化利用考虑，简单地将耕地、园地一同纳入生态用地范畴都是无益于研究的。因此，经过综合考虑将生态用地的类型划分为林地、草地、水域及湿地三大类（即纯生态用地），将包括耕地、园地、养殖水面在内的生态用地定义为泛生态用地（图6.1）。

---

① 本章系武汉市社科基金项目（基于湿地生态建设模式的武汉市生态文明建设研究，项目编号：whsk10016）和湖北省社科基金项目（湖北生态用地结构优化与调控政策研究，项目编号：[2010] 107）的研究成果之一。

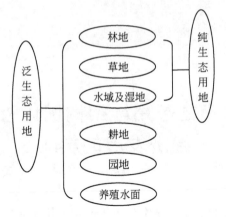

图 6.1　生态用地的分类

生态用地结构是指一定区域内各种生态用地类型之间的比例关系或组成。与生态用地的分类类似,生态用地结构也可以分为纯生态用地结构和泛生态用地结构,纯生态用地结构又可以分为内部结构和外部结构:内部结构指生态用地内部,即林地、草地、水域及湿地三种土地类型之间的数量、质量等比例关系;外部结构指生态用地或其分类与纯生态用地之外的土地利用类型之间的数量、质量等比例关系。同理,基于研究需要,泛生态用地也可以类似划分。

6.2　武汉市生态用地利用现状

6.2.1　生态用地利用现状

统计显示,2008 年武汉市土地总面积为 85.491 万 hm²,其中泛生态用地面积为 67.312 万 hm²,占土地总面积的 78.74%;建设及其他农用地面积为 16.604 万 hm²,占土地总面积的 19.42%;未利用地面积为 1.575 万 hm²,占土地总面积的 1.84%。2008 年武汉市纯生态用地仅为 29.244 万 hm²,占土地总面积的 34.21%,比耕地面积少 4.367 万 hm²。

武汉泛生态用地中最多的是耕地,占土地总面积的 39.32%;其次是水域及湿地,占土地总面积的 26.33%;最少的是园地和草地。纯生态用地远低于泛生态用地,仅占泛生态用地的 43.45%。在纯生态用地中,水域及湿地面积最大,占纯生态用地面积的 69.23%;林地占纯生态用地的 30.02%;草地仅仅占 3.75%。

6.2.2 生态用地利用变化

生态用地结构不是一成不变的,它随着社会的发展和科技的进步不断地发生变化。通过2002年与2008年武汉生态用地利用情况对比,可以清楚地看到这一变化。2002年武汉泛生态用地面积共计97.149万 hm²,纯生态用地面积27.766万 hm²,占泛生态用地总量的28.58%,其中林地为7.025万 hm²,草地为2.545万 hm²,水域及湿地为18.195万 hm²。与2002年相比,2008年泛生态用地总量为96.556万 hm²,减少0.593万 hm²;纯生态用地为29.244万 hm²,增加1.478万 hm²。详细变化如表6.1所示。

表6.1　武汉市土地利用变化　　　　　　　单位:万 hm²

	地类	2002年	2008年	变化量
纯生态用地	林地	7.025	8.777	1.751
	草地	2.545	1.098	−1.448
	水域及湿地	18.195	19.37	1.174
	小计	27.766	29.244	1.478
	比例/%	28.58	30.29	1.71
泛生态用地	耕地	38.734	33.611	−51.23
	园地	10.254	1.315	2.9
	养殖水面	1.857	3.141	12.84
	小计	69.383	67.312	−20.71
	比例/%	71.42	69.71	−1.71
	总计	97.149	96.556	−0.593

如图6.2所示,与2002年武汉市生态用地利用现状相比较,2008年武汉市林地、水域及湿地面积所占比例都有所增加,分别增加2.9个百分点和2.6个百分点,草地减少最严重,总体比例下降了2.1个百分点,减少面积达原来的56.9%。近年,武汉市致力于森林城市的生态建设,相继开展了退耕还林、村湾绿化及"四旁"植树等规划项目,使得林地的比例有了较大幅度的提高。水域及湿地面积增加是由于坑塘水面、河流的增加,分别增加4396.53hm² 和3508.11hm²,增加比例达0.81%和0.98%,而沼泽、湖泊、水库等湿地性用地明显减少,尤其是水库水面减少1524.89hm²,减少比例达1.03%。

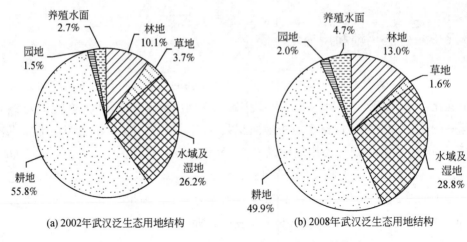

(a) 2002年武汉泛生态用地结构   (b) 2008年武汉泛生态用地结构

图6.2 2002年和2008年武汉市泛生态用地结构对比

6.3 生态用地内部结构之间的相关性

在土地利用演变过程中，各种土地利用类型之间存在转换关系，如在劳动力不足的情况下，农户在耕地上植树、在耕地或草地上开挖鱼塘等现象，使生态用地得内部结构不断地发生变化。表6.2给出了2002～2008年泛生态用地的各用地类型的年变化量。

表6.2 2002～2008年武汉土地利用变化年变化量   单位：hm²

年 份	面积变化量						
	林地	草地	水域及湿地	生态用地	耕地	园地	养殖水面
2003	6 175.07	-909.30	90.13	5 355.90	-9 783.58	2 471.67	181.93
2004	1 335.87	-1 111.84	-970.04	-746.01	-3 989.68	-211.15	532.40
2005	10 277.52	-12 174.50	14 528.62	12 631.64	-28 449.70	1 008.94	12 698.26
2006	50.36	-110.73	1 243.04	1 182.67	-4 465.18	-6.36	-344.74
2007	-120.93	-51.71	-2 629.88	-2 802.52	-2 309.90	-62.24	133.33
2008	-204.86	-118.91	-518.66	-842.43	-2 236.42	-300.97	-359.93

由表6.2可以看出，2002～2008年草地和耕地数量最不乐观，一直处于减少的状态，其他生态用地类型的用地面积都或多或少、或增或减地发生了改变。这些变化之间存在密切的关联性，对生态用地年变化量进行相关关系分析，可以得出引起生态用地结构变化的部分原因。各用地类型数量变化之间的相关系数如表6.3所示。

表6.3 2002~2008年武汉土地利用变化年变化量相关系数

	林地	草地	水域及湿地	耕地	园地	养殖水面	生态用地
林地	1						
草地	−0.861*	1					
水域及湿地	0.840*	−0.976**	1				
耕地	−0.944**	0.973**	−0.967**	1			
园地	0.720	−0.279	0.285	−0.482	1		
养殖水面	0.842*	−0.998**	0.971**	−0.965**	0.251	1	
生态用地	0.963**	−0.892*	0.921**	−0.968**	0.629	0.873*	1

* 表示 $P < 0.05$；** 表示 $P < 0.01$

从表6.3可以看出，林地、草地、水域及湿地和生态用地总量均与耕地呈显著性相关，相关系数达到了0.94以上，与养殖水面也呈现不同程度的相关性，相关系数在0.8以上，而相比之下，与园地之间没有表现出相关性。这说明，生态用地的变化与耕地、养殖水面的变化存在密切联系，用地类型之间发生了相互转化关系，林地等生态用地的增加很可能是"退耕还林"、"围湿造林"等行为的结果。

6.4 生态用地变化与社会经济发展的相关性

生态用地结构的变化与社会经济发展存在着密不可分的相关性。以数据可获取性、指标的反映能力为基本原则，从农业与农村、社会经济水平和人民生活水平、生态环境等方面选取总人口、城市化水平、GDP、城乡居民人均储蓄存款、全社会固定资产投资、第二产业增加值、粮食单产、农业（农林牧副渔）总产值、农村恩格尔系数、农村居民人均纯收入、农林牧渔从业人员、农业机械总动力、人均公共绿地面积、城市区域环境噪音平均值14项指标，分析武汉市2002~2008年的生态用地结构变化与社会经济发展的相关性。

设：y = 生态用地数量（万 hm^2）；y_1 = 林地面积（万 hm^2）；y_2 = 草地面积（万 hm^2）；y_3 = 水域及湿地面积（万 hm^2）；X_1 = 总人口（万人）；X_2 = 城市化水平（%）；X_3 = GDP（亿元）；X_4 = 全社会固定资产投资（亿元）；X_5 = 城乡居民人均储蓄存款（元）；X_6 = 第二产业产值（亿元）；X_7 = 农村居民人均纯收入（元）；X_8 = 粮食单产（kg/ hm^2）；X_9 = 农业机械总动力（kw × 10^4）；X_{10} = 农、林、牧、副、渔从业人员；X_{11} = 农、林、牧、副、渔总产值（亿元）；X_{12} = 农村恩格尔系数（%）；X_{13} = 人均公共绿地面积（m^2）；X_{14} = 城市区域环境噪声平均值（分贝）。各项指标数据如表6.4所示。

采用SPSS软件进行相关性分析，得出生态用地、林地、草地、水域及湿地面积变化与社会经济因素之间的相关系数如表6.5所示。

表 6.4 2002～2008 年武汉生态用地变化及社会经济相关指标

年份	生态用地 y	社会经济因素												
		X_1	X_2	X_3	X_4	X_5	X_6	X_7	X_8	X_9	X_{10}	X_{11}	X_{12}	X_{13}	X_{14}
2002	27.77	768.1	59.8	1 467.8	570.43	14 185	635.5	3 295	5 348	168.41	77.78	141.25	48.2	8.3	54.9
2003	28.30	781.19	60.8	1 622.18	645.06	16 596	701.87	3 497	5 171	172.41	73.2	151.79	49.2	8.6	55.1
2004	28.23	785.9	61.7	1 882.24	822.2	18 550	825.78	3 955	5 528	173.61	71.73	165.65	50	8.9	55.4
2005	29.49	801.36	62.8	2 238.23	1 055.18	21 083	1 019.26	4 341	5 670	179.13	70.08	180.6	47.1	9.22	55
2006	29.61	818.84	63.4	2 590.75	1 325.29	23 302	1 195.74	4 748	5 709	185.98	69.8	191.21	44.4	9.32	55.3
2007	29.33	828.21	63.8	3 141.9	1 732.79	23 659	1 440	5 371	5 778	193.72	67.27	215.92	44.2	9.47	54.5
2008	29.24	833.24	64.5	3 960.08	2 222.91	24 978	1 827.65	6 349	5 861	198.34	62.33	244.64	42.7	9.21	54.4

资料来源：2002～2008 年《武汉市统计年鉴》和《国民经济和社会发展统计公报》

表 6.5 生态用地、林地、草地、水域及湿地面积变化与社会经济因素之间的相关性

		X_1	X_2	X_3	X_4	X_5	X_6	X_7	X_8	X_9	X_{10}	X_{11}	X_{12}	X_{13}	X_{14}
y	CI	0.862*	0.887**	0.703	0.703	0.902**	0.719	0.718	0.798*	0.767*	-0.738	0.734	-0.755*	0.929**	-0.265
	Sig	0.013	0.008	0.078	0.078	0.005	0.069	0.069	0.031	0.044	0.058	0.060	0.050	0.002	0.566
y_1	CI	0.911**	0.946**	0.783*	0.781*	0.951**	0.795*	0.801*	0.852*	0.833	-0.834*	0.817*	-0.763*	0.966**	-0.322
	Sig	0.004	0.001	0.037	0.038	0.001	0.033	0.031	0.015	0.020	0.020	0.025	0.046	0.000	0.468
y_2	CI	-0.912**	-0.925**	-0.808*	-0.810*	-0.931**	-0.822*	-0.819*	-0.895**	-0.895**	-0.852	0.793*	-0.029*	0.854*	-0.920*
	Sig	0.004	0.003	0.028	0.027	0.002	0.023	0.024	0.006	0.006	0.015	0.033	0.021	0.015	0.003
y_3	CI	0.845*	0.849*	0.713	0.717	0.864*	0.731	0.722	0.824*	0.770*	-0.682	0.730	-0.831*	0.865*	-0.371
	Sig	0.017	0.016	0.072	0.070	0.012	0.062	0.067	0.023	0.043	0.091	0.062	0.020	0.012	0.412

注：* 表示显著水平在 0.05 上显著；** 表示显著水平在 0.01 上显著

由表 6.5 可以看出，与生态用地面积变化密切相关的因素有 X_{13}（人均公共绿地面积）、X_5（城乡居民人均储蓄存款）和 X_2（城市化水平），其相关系数在 0.05 显著水平上分别达到 0.929、0.902 和 0.887，而相关系数在 0.01 上比较显著的有 X_1（总人口）、X_8（粮食单产）、X_9（农业机械总动力）和 X_{12}（农村恩格尔系数）；与林地面积变化相关的因素除农业机械总动力和环境噪音外均表现出很强的相关性，其中与人均公共绿地面积的相关系数达到 0.966，相关性密切；草地的面积变化与人口变化、城市化水平、城乡居民人均储蓄存款、粮食单产和农业机械总动力等因素明显相关；与水域及湿地面积变化相关的因素相关系数相对较小，但仍表现出较大相关性，这些因素包括：人口变化、城市化水平、城乡居民人均储蓄存款、粮食单产、农业机械总动力、农村恩格尔系数和人均公共绿地面积。

综上所述，总人口、城市化水平、城乡居民人均储蓄存款、农村恩格尔系数、农业机械总动力、粮食单产等社会经济指标均与生态用地面积变化及用地结构变动存在不同程度的相关性，是影响武汉市生态用地面积变化和结构演变的主要驱动力，与此同时，生态用地面积的变化和结构的演变对武汉市社会经济的发展也产生了显著的影响。因此，推动并实现生态用地结构优化是促进武汉市社会经济发展的重要途径之一。

6.5　生态用地结构优化对社会经济发展的影响

生态用地结构变化除了与其内部各种土地利用类型的数量变化相关外，还与社会经济发展有密切的关联。因此，优化生态用地结构不仅能促进土地利用结构更加合理，更重要的是可以推动社会经济，尤其是农村社会与农村经济的健康发展。生态用地结构优化对社会经济发展的影响和作用主要体现在以下几个方面：

1）生态用地结构优化有利于土地资源的合理、高效配置，使不同土地利用类型的不同土地功能得到充分发挥。

生态用地结构优化最直接的体现是土地利用类型之间的优化组合，恰当的比例结构不仅要充分地满足社会经济发展对各种生产资料的需求，还要满足社会发展、人类生存所必需的居住空间、休闲空间，以及绿色空间和生物多样性需求。通过合理的数量结构形成稳定而有效的功能结构，使土地的生产功能、生活功能、生态功能都能扬己所长，最大限度地服务于社会经济发展。

2）生态用地结构优化的过程也是促进农业结构的调整，提高农业生产效率的过程。

生态用地结构优化的过程是土地资源的高效配置的过程，也是农业生产结构得到调整和改善的过程。林地、草地、水域及湿地等生态用地类型在发挥生态功能的同时，还直接促成林业、牧业、渔业等农业结构的调整，使其与种植业、果树生产等农业产业趋于更加合理的分配，从而整体提高农业生产效率。

3）生态用地结构优化有利于进行合理的土地功能区划。

生态用地结构优化时必须将重点生态功能区划分出来进行重点保护，在农业生产或城市建设过程中都不允许涉及这一区域，以保护其生物的多样性、生态功能的完整性。因此，优化生态用地结构为土地利用规划和城市发展规划中划定功能区划、制定发展策略起到重要的指导作用。

4）生态用地结构优化有利于生态环境保护，改善城市人居环境。

生态用地的主要功能是发挥生态保护功能，如林地具有防风固沙、景观绿化、气候调节等生态功能，草地具有保持水土流失、改善城市人居环境等生态功能，而湿地作为"地球之肾"，其生态功能之强大更是无可比拟。优化生态用地结构不仅可以更好地保护生物多样性，调节局部气候，恢复日益孱弱的生态系统功能，而且可以降低城市热岛效应，提高城市绿化率，从而改善城市人居环境。据国外学者研究，50%以上的城市绿化覆盖率能保持城市良好的生态环境（李贤锋等，2009）。而2008年武汉建成区绿化覆盖率仅为37.42%，森林覆盖率仅为25.12%，因此，生态用地结构优化和布局是目前十分紧迫的任务。

5）生态用地结构优化能够促进生态产业的发展。

优化生态用地结构时，因地制宜发展乡村旅游区、生态旅游区、自然景观风景区等生态型产业，不仅可以带动周边经济发展，促进农民增收，还可以为城市增加绿色风景线，提升城市魅力，使城市绿色产业、生态产业得到迅速发展。

陈建军[1,2]　雷　征[1,2]　郭玲霞[2]（1. 广西壮族自治区国土资源规划院 2. 华中农业大学经济管理学院和土地管理学院）

第二篇　湿地保护利用实证

第 7 章
涨渡湖湿地生态服务价值评价①

7.1 绪　　论

7.1.1 研究背景

党的十七大报告中强调要加强生态环境保护，增强可持续发展能力。湿地作为一种特殊的生境类型，是自然界最富有生物多样性、生态价值最高的生态系统之一，在支撑人类社会可持续发展方面具有不可替代的作用。因此，保护湿地是增强可持续发展能力的必然要求。

湿地的重要性主要表现在其复杂多样的生态服务功能和巨大的生态服务价值。湿地不仅可以为人类生活生产提供直接的物质产品，而且具有蓄洪防旱、调节气候、降解环境污染、维持生物多样性等多种重要功能。不同类型、不同地理位置的湿地，其核心的生态服务功能也各不相同，只有明确了其主要功能才能使湿地资源得到高效利用。20 世纪 90 年代，Maltby、Costanza 等学者关于湿地生态服务价值的论著问世后，湿地生态服务价值逐渐成为研究热点，国内学者崔丽娟、陆健健等也纷纷开展湿地生态服务价值的研究，并取得了相应的成果。湿地生态服务价值评估有助于提高人们对湿地重要性的认识，对国家实行生态补偿、协调区域生态平衡、构建绿色 GDP 体系、发展低碳经济具有重要战略意义。

涨渡湖湿地自然保护区位于武汉市新洲区，是武汉城区与乡村过渡带的一块物华天宝之地。保护区内生物资源丰富，珍稀动植物种类繁多，土地肥沃、农渔发达，自然、人文景观独特，因而享有"武汉后花园"的美誉。近年来，湿地保护区内围垦乱占、破坏湿地的现象十分严重，湿地保护区保护工作被提

① 本章系武汉市社科基金课题（基于湿地生态建设模式的武汉市生态文明建设研究，项目编号：whsk10016）和武汉市环保科技重点项目（武汉市湖库湿地环保利用研究，项目编号：0707）的系列研究成果之一。

上日程。综合研究涨渡湖湿地自然保护区生态服务功能、价值评估及可持续利用对策，将对保护涨渡湖湿地、促进武汉生态文明建设提供有力的理论和现实依据。

7.1.2 文献回顾

7.1.2.1 湿地保护研究进展

目前，全世界共有湿地约 $8.56 \times 10^8 hm^2$，占地球陆地总面积的 6.4%（杨永兴，2002）。在全球湿地面积严重萎缩、湿地功能严重衰退的现实情况下，国际社会逐渐认识到湿地生态环境对人类社会的重要性，加强湿地保护成为学术界、环境保护组织及各国政府关注的焦点和热点。20 世纪 70 年代，美国开始提倡保护湿地，提出"湿地的总量和质量都不能再降低"的"零净损失"政策目标，即任何地方的湿地都要保护，转变成其他用途的湿地必须以恢复或开发的方式增加新的湿地，从而确保湿地资源基数不变甚至增加。日本虽然没有制定专门的湿地保护法律法规，但是它的湿地保护法律体系被认为是最完善而行之有效的。日本的《宪法》、《环境基本法》、《自然环境保护法》、《环境影响评价法》、《野生动物保护及狩猎法》、《保护文化遗产法》、《自然公园法》、《湖泊水质污染特别措施法》、《国立公园管理计划》等法律法规从各个方面、各个角度对湿地开发、利用作了限制，对湿地保护产生了积极有效的作用。英国被公认为世界上湿地保护较为成功的国家之一。英国设立了湿地保护区制度，将湿地进行分类设区保护，主要分为特殊科学价值区、环境敏感区、近海自然保护区、硝酸盐脆弱区、国际自然保护区和特殊保护区。这些种类繁多、功能各异的湿地自然保护区形成了有效的湿地保护网络，对英国湿地保护起到了最主要的作用。此外，荷兰、泰国、东欧各国等国家和地区也纷纷加快了湿地保护的步伐，湿地保护工作已在世界范围内展开，并取得了卓有成效的进展。

我国湿地总面积达 6594 万 hm^2，约占世界湿地面积的 10%（杨永兴，2002），位居亚洲第一位，世界第四位。1992 年 7 月，我国正式加入《湿地公约》，并将黑龙江扎龙、鄱阳湖自然保护区等 7 个湿地自然保护区列入《国际重要湿地名录》，由国家林业局湿地保护管理中心具体承担履约工作，2007 年 4 月，中央编制办公室正式批准成立了中华人民共和国国际湿地公约履约办公室。1994 年 3 月，湿地保护工作被正式列入《中国 21 世纪议程》；2000 年 11 月，由林业部牵头，国家 17 个部委局共同编制了《中国湿地保护行动计划》，成为各级政府开展湿地保护工作的行动指南。

湿地自然保护区是开展湿地保护工作的重要措施和手段。自 1992 年成立第一个水禽自然保护区——扎龙湿地自然保护区以来，我国先后建立了多个国家级湿地自然保护区，各省（自治区、直辖市）也纷纷建立省级、市级湿地自然保护区，对湿地保护、生物多样性保护起到了积极有效的作用。2009 年 6 月，国家林业局局长贾治邦在"衡水湖湿地保护与建设论坛"中提到：截至 2008 年年底，我国已建立了 550 多处湿地自然保护区、80 处湿地公园和 36 处国际重要湿地，基本形成了以湿地自然保护区为主体，国际重要湿地、湿地公园等相结合的湿地保护网络体系，有 1790 万 hm^2、约 49% 的自然湿地得到了有效保护。

7.1.2.2 湿地功能研究进展

湿地功能是指湿地生态系统中发生的一般或特殊的自然生物过程（童春富等，2002），它通过过程来表达和体现，其具体形式为效益（崔丽娟等，2006）。Gerakos 和 Kiriaki（1998）较早界定了这一定义：湿地功能是通过发生在湿地物理、生物、化学组分之间的一般或特征化的相互作用和转化过程完成的。周亚萍和安树青（2001）认为：生态系统的生态功能可界定为"生态系统与生态过程所形成与维持的人类赖以生存的自然环境条件与效用"。还有人认为湿地功能是指湿地实际支持或潜在支持和保护生态系统与生态环境过程，支持和保护人类活动与生命财产的能力，在经济学上称为间接利用价值（徐守国等，2006）。总之，健康湿地生态系统的功能应该包括其为人类提供的产品和服务两项内容，2001 年启动的新千年生态系统评估项目（mille-nium ecosystem assessment，MA）也将产品和服务作为评估的基本内容。

湿地功能分类是湿地功能研究的重要内容。国外较早的、具有代表性的分类是 1997 年 Daily 提出的分类方法，他将生态系统服务功能划分为生态系统产品和生命支持功能两大类，其中产品功能包括食物、饲料、木材、天然纤维、医药和工业原料，生命支持功能包括空气和水净化、水旱灾减缓、废弃物降解、土壤及肥力形成和恢复、作物和自然植被传粉、病虫害控制、种子传播和营养物迁移、生物多样性维持、局部气候调节、减缓极端温度、文化多样性维持、提供美学和知识等人类精神源泉（Daily，1997）。Costanza 等（1997）在对全球生态系统价值评估中将生态系统功能分为气体调节、气候调节、干扰调节、水分调节、水分供给、养分循环等 17 个类型。Groot（2002）在 Daily 和 Costanza 研究的基础上将其总结为调节功能、提供生境、产品功能和信息功能四大类。MA 工作组提出的分类方法得到了国际上广泛的认可，将主要功能归纳为产品提供、调节、文化和支持四个大功能组。

国内学者在开展生态系统服务功能及湿地研究中，大多是以国外研究为基础的。吴玲玲等（2003）参考 Costanza 的湿地功能分类，在长江口湿地生态系统服务功能价值评估中将湿地生态功能分为资源功能、环境功能、人文功能三大类。崔丽娟（2004）在研究鄱阳湖湿地生态系统功能时将湿地生态系统的效益分为三类：湿地用途、湿地生态功能、湿地属性，其中用途包括储水供水、动植物产品、能源生产、水运、休闲旅游、研究教育；生态功能包括：涵养水源与调蓄洪水、气候调节、降解污染、固碳释氧、土壤保持、营养循环和生物栖息地；属性包括生物多样性和社会文化重要性（景观美学、荒野价值）。李健娜（2006）在研究杭州西溪湿地生态系统服务功能时，将其划分为生产功能、生态功能和信息功能，并作了进一步细分。张培（2008）在白洋淀湿地经济价值评估中将湿地功能分为经济功能、社会功能和生态功能三大类。

在城市湿地功能研究方面，潮洛蒙等（2003）在分析城市湿地与自然湿地之间的区别之后，指出城市湿地是城市发展的必要条件，具有净化城市污染、调节微气候、生物栖息地及为市民提供休闲娱乐和教育场所等重要功能。曹新向等（2005）认为城市湿地具有其他城市生态系统不可替代的多种生态服务功能，指出城市湿地主要生态功能包括水源供给、降低城市热岛效应、防洪排涝、生境栖息地、休闲娱乐及污染净化等。王建华和吕宪国（2007）认为目前所认同的城市湿地主要功能应该包括环境调节、资源供应、灾害防控、生命支持、社会文化五个方面。

国内外学者对于湿地功能的研究已经较为深入，针对具体湿地类型、湿地地理环境和社会影响因素的不同，湿地的功能也各有所长，不同湿地同一功能的重要性也各不相同。但是，关于城郊湿地的特殊经济地理位置导致的其功能与城市湿地、荒野湿地的差别的研究尚未见到。

7.1.2.3 湿地生态服务价值评价研究进展

20 世纪 60 年代中期，生态服务价值评价逐渐成为生态与生态经济学研究的分支，90 年代后，研究论著迅速增多。1994 年，英国 Maltby 等认为美国的湿地评价方法和体系并不适合欧洲，于是开展了多国间河岸湿地的对比研究，并发表了关于湿地生态系统功能与评价方法的文章。1997 年 Costanza 等在 *Nature* 上发表了《全球生态系统服务和自然资本的价值估算》一文，计算出全球的生态系统服务提供的产品和服务总价值超过 33×10^{12} 美元/年，接近全世界年国民生产总值的 2 倍，这一文章成为后来研究者普遍参考的经典论著。在 Maltby 和 Costanza 等研究的基础上，许多湿地学者开始将他们的理论和研究成果拓展性地运用到湿地生态系统的研究中，成立了全球湿地经济网络（GWET）。2000年，*Ecological Economics* 杂志以专辑形式出版了有关湿地生态系统服务价值评价研究的最新成果（徐志强等，2001）。此后，各国学者和有关组织在世界范围内掀起了湿地生态服务价值评价的热潮。

国内生态服务价值评估工作始于20世纪80年代。1982年，张嘉宾（1982）等对云南怒江、福贡等县的森林价值进行了估价；1995年，侯元召和王琦（1995）第一次比较全面地对中国森林资源价值进行了评价；1999年，薛达元和包浩生（1999）对长白山自然保护区生态系统生物多样性的经济价值进行评估；1999年，欧阳志云等（1999）对中国陆地生态系统服务的价值进行了估算；2000年，陈仲新和张新时（2004）等对中国生态系统的功能与效益也进行了价值评估；2000年，宗跃光等（2000）对宁夏灵武市区域生态系统服务功能价值评价体系及其估算方法进行了研究。对湿地生态系统服务价值的研究主要可分为三大类，即价值分类研究、评价方法及有效性研究、实证研究。2000年，崔丽娟（2000）在其博士论文中系统地阐述了湿地生态系统的价值评估理论和研究方法，在对扎龙湿地生态服务功能的价值评估过程中，引入了非使用价值的概念，将湿地生态服务价值分为直接使用价值、间接使用价值和非使用价值三大类（崔丽娟，2002）。童春富等（2002）指出上述分类明显存在价值重叠交叉现象，并从生态系统服务概念本身出发，将其划分为资源价值、环境价值和人文价值。王伟和陆健键（2005）等创造性地将湿地价值分为理论价值和现实价值，用于湿地生态服务的现状评估。对定量评价方法的研究主要有三种：能值分析法、物质量评价法和价值量评价法。能值分析法是指用太阳能值计量生态系统为人类提供的服务或产品，即用直接或间接消耗的太阳能焦耳总量表示。这种方法使不同类别的能量转换成同一客观标准以便定量比较，但是分析过程中能值转换率非常复杂，应用难度很大。物质量评价法是从物质量的角度对生态系统提供的各项服务进行定量评价（赵景柱等，2000），评价结果较客观、恒定，不会随服务的稀缺性增加而大幅度增加，但对价值的动态变化不敏感，因此不能引起人们对生态服务的足够重视。价值量评价法是从价值货币化角度进行定量评价，使人们对湿地价值的认识更加直观、深刻，更有利于提高人们的湿地保护意识。因此，货币化评价得到生态环境保护、湿地科学研究等各界学者的青睐。近年来较具有代表性的案例主要有：崔丽娟（2002，2004）对扎龙湿地和鄱阳湖湿地的价值货币化评价；吴玲玲等（2003）对长江口湿地价值的评价；庄大昌（2004）对洞庭湖湿地生态服务价值的评估，等等。随着人们对生态环境保护意识的逐渐增强，以及生态服务评价方法的逐渐完善，此类案例也逐渐增多，相关学者对三垟湿地、白洋淀湿地、洪湖湿地、洪泽湖湿地等地区的生态服务价值作了货币化的评价研究，具有一定的借鉴意义。

7.1.3 研究目的和意义

7.1.3.1 研究目的

湿地作为一种特殊的土地资源，在物质经济迅速膨胀的今天，其生态环境价值和功能往往得不到重视，以致其面积萎缩，生物多样性锐减，生态环境功能退化，甚至导致自然灾害频发，人类生命财产屡屡受到威胁。鉴于此，如何正确认识湿地的功能和价值，提高人们的湿地保护意识，是当前社会各界普遍关注的热点问题，也是湿地学者研究的焦点所在。

涨渡湖湿地位于武汉市近郊，经济地理位置优越，对促进武汉生态文明建设具有重要作用。本章拟通过对涨渡湖湿地利用现状的调查、分析，找出涨渡湖湿地生态环境质量下降的症结所在，并运用定性与定量相结合的方法，分析涨渡湖湿地生态服务功能类型，筛选其核心生态服务功能，运用环境价值法、CVM 等方法测算涨渡湖湿地生态服务价值，为提高人们湿地保护意识，协调区域土地利用结构，确立涨渡湖湿地保护和可持续发展战略、策略提供一定依据。同时，抛砖引玉，力图为丰富和发展资源经济学理论和方法，完善湿地功能和价值研究提供有益的借鉴。

7.1.3.2 研究意义

对湿地资源的无序利用直接反映了人们对湿地及其功能、价值的认识不足，因此综合评价涨渡湖湿地的价值对于科学规划和利用涨渡湖湿地资源具有重要意义。

首先，有利于涨渡湖湿地的合理开发与利用，充分发挥其生态服务功能。涨渡湖位于武汉市近郊，2009 年 1 月升级为省级湿地自然保护区。这里鸟语花香，水乡云泽，光照充足，雨量充沛，是休闲旅游的好去处。研究涨渡湖湿地资源的利用现状和问题，分析其服务功能和价值，对科学制定湿地自然保护区规划、修复区域生态具有重要意义，提出的湿地保护对策也将为相关部门开展湿地保护起到一定借鉴作用。

其次，有利于加强人们对湿地保护的认识，提高湿地保护意识。长期以来，人们对湿地往往只重视经济价值而忽视生态环境健康。工农业废水和生活污水肆意排放、围湖造地、乱围乱建等问题十分严重，直接导致涨渡湖湿地生态服务能力下降，对城市生态文明建设和可持续发展造成不利影响。涨渡湖湿地是武汉重要的湿地资源，正确认识和评价涨渡湖湿地资源的功能和价值，有利于纠正人们对涨渡湖湿地的价值认识，提高湿地保护意识。

再次，有利于武汉生态文明建设和可持续发展战略的实施。可持续发展和生态文明建设是人类 21 世纪的共同发展战略，更是一个城市得以永续、健康、稳定发展的核心所在。湿地生态系统建设是可持续发展和生态文明建设的重要内容之一，涨渡湖湿地巨大的经济、环境价值对保护武汉的生态环境发挥着重要的作用。因此，涨渡湖湿地价值评估是可持续发展战略的具体体现，可以为综合评估和判断涨渡湖湿地资源提供依据，并且对保护湿地生态系统、落实生态文明理念具有重要意义。

最后，为涨渡湖湿地资源的科学管理提供依据。有效的资源配置和管理是保证资源发挥最大效益的前提。资源价值认识不清是导致管理缺失、保护乏力的主要原因，因此，管理资源价值必然要求对资源价值进行科学评价。涨渡湖湿地价值评价有助于社会树立资源有价观念，为涨渡湖资源价值管理打下基础并为其实践提供理论依据，对于正确制定涨渡湖资源开发利用战略规划，谋求经济、社会和生态效益的最大化具有重大意义。

7.1.4　研究主要内容、技术路线和方法

7.1.4.1　主要内容

本章以涨渡湖湿地为研究对象，主要进行了以下四个方面的研究：

第一，涨渡湖湿地概况与利用现状研究。在查阅了大量文献资料，并多次实地走访调查后，简述了涨渡湖湿地区域概况及历史演化过程，分析了涨渡湖湿地的利用现状与面临的问题。

第二，涨渡湖湿地生态服务功能及核心生态服务功能分析。从资源功能、环境功能、人文功能三个方面详细分析涨渡湖湿地主要的 9 项生态服务功能类型；通过 Delphi 与 AHP 相结合的方法，分析得出涨渡湖湿地的核心生态服务功能类型。

第三，涨渡湖湿地生态服务价值货币化研究。引入非使用价值概念，将涨渡湖湿地生态服务价值分为直接使用价值、间接使用价值和非使用价值三大类，进而构建评价方法体系，选用相适应的评价方法对涨渡湖湿地不同的生态服务价值类型进行货币化测算。

第四，涨渡湖湿地保护与利用的对策研究。结合前面对涨渡湖湿地生态服

务功能与核心生态服务功能的分析，以及其生态服务价值货币化测算结果，提出涨渡湖湿地生境修复、生态保护及可持续利用的对策与建议。

7.1.4.2　技术路线

按照"提出问题、分析问题、解决问题"的总体思路设计本研究的技术路线，如图7.1所示。

图7.1　技术路线图

7.1.4.3 研究方法

按照研究阶段不同和研究进展的需要，主要采取了文献资料法、理论分析法、环境评价法、问卷调查和统计分析法以及定性和定量分析相结合的研究方法。具体如下：

1）文献资料法。在研究的初级阶段，主要采用此法，是知识储备的重要方法。通过查阅相关文献，了解国内外研究进展和趋势，学习生态服务价值分析和评价的相关基础理论和评价方法，斟酌问卷设计的思路和方法，以便科学、顺利地开展后期评价。

2）理论分析法。在文献资料法的基础上，综合归纳、分析涨渡湖湿地利用现状和服务价值构成，明确涨渡湖湿地生态服务价值构成。

3）环境评价法。采用市场价值法、影子工程法、旅行费用法及条件价值法等基本评价方法，对涨渡湖湿地生态服务价值进行货币化研究。

4）问卷法与访谈法。以问卷调查和面对面访谈的方式了解武汉市民及涨渡湖湿地居民对涨渡湖湿地的认识和偏好，然后采用 SPSS 统计软件、Logistic 回归模型对调查采集的数据进行统计分析。

5）定性与定量相结合的分析方法。单一的定性或定量分析方法说服力较差，运用定性与定量相结合的方法，分析研究区生态服务和价值量问题，使得出的涨渡湖湿地可持续利用对策更具操作性和实效性。

7.1.5 创新点

1）城郊湿地位于城市与乡村之间，其生态服务功能具有特殊性。目前，对于城郊湿地的特殊生态服务功能的研究尚未见到，本章将作一次有益的尝试。

2）定性与定量相结合的方法提取涨渡湖湿地核心服务功能。核心服务功能的概念虽已提出，但采用定性或定量方法提取某一特定湿地核心服务功能的文献尚属少见，本章采用 Delphi 法与 AHP 法相结合的方法分析了涨渡湖湿地核心服务功能。

3）在分析涨渡湖湿地的非使用价值时，采用了目前较为先进的条件价值法（CVM），力图为 CVM 应用于湿地价值研究增加比较案例，使其在国内特定湿地非使用价值研究中更加完善，并使湿地生态服务价值更具完整性。

7.2 涨渡湖湿地区域概况与利用现状

7.2.1 区域概况

7.2.1.1 历史演替

从历史上看,涨渡湖的演变和形成经历了四个时期。

(1) 远古时期

远古时期,涨渡湖区为古云梦泽的边缘,江、河、湖混沌一片,水天一色,横无际涯。史载,南朝文帝元嘉二十八年(公元451年),著名的"五水蛮起义"就发生在涨渡湖区。元末明初时期,开始有大量移民迁入,人丁日趋兴旺,百业进展,湖区遂呈一派"鱼米之乡"之景象。

(2) 明代中期至1951年

明代中期,由于江河冲积,涨渡湖逐渐形成,但仍然与长江紧密相通,水域面积十分广阔。此时,涨渡湖南受长江倒灌,北纳倒水、举水,汛期时水面达$255km^2$(水位高程22m时),枯水期水面$86.7km^2$(水位高程19m时),水位变幅较大。道光二十九年以前,涨渡湖不是湖,而名"断天河",后有"汛期一湖水,枯水一片荒"之称,并因"涨水为渡,落水为湖"而得名涨渡湖。

(3) 1951~1978年

1951~1956年春,先后修筑涨渡湖干堤(长江大堤)29.248km、举水河西大堤39.952km,与涨渡湖干堤相连;1972年37km的倒水河改道工程完成。至此,历史上涨渡湖、倒水、举水、长江所形成的江、河、湖复合生态系统完全被人为隔离,揭开了涨渡湖湿地生物多样性锐减的序幕,如图7.2所示。

(4) 1979~2003年

1978年后,以陶家大湖、七湖、涨渡湖为主的涨渡湖区面积逐渐稳定下来,三湖总水面$44.7km^2$,通过5座闸相通、调节水位。湖区地质属新构造运动沉降区,为长江和举水、倒水之间的泛滥平原与冲积平原,地势自西北向东南倾斜,高地海拔22~30.5m,湖底海拔16.7~18m,水位变幅18.7~19.5m。期间由于产业政策的调整,涨渡湖区经历了人工放养水产业—蔬菜园区—精养鱼池等发展阶段,湿地面积不断萎缩,生态功能严重退化。涨渡湖成为四周被堤坝围起,东西宽6.5km,南北长6km,现有水面$37.7km^2$的方形湖泊。

图 7.2　涨渡湖 20 世纪 60 ~ 80 年代湖泊水域变迁（朱立银等，2006）

（5）2004 年后

2004 年 7 月，武汉市政府批准成立涨渡湖湿地自然保护区。保护区范围北抵汪集镇，南抵长江，东以举水河为界，西以倒水河为界，面积 185km²，占新洲区辖区面积的 9.14%。2009 年 1 月，涨渡湖湿地自然保护区由市级升格为省级保护区。

7.2.1.2　区域自然地理

武汉市新洲区（东经 114°30′ ~ 115°5′，北纬 30°35′ ~ 31°2′），位于湖北省东北部，长江中游北岸，大别山中段南端，大崎山之西，武湖之东，北有倒水、举水、沙河分别自红安、麻城、黄冈三市（县）入境，向南纵贯全境，至龙口、大埠街注入长江。举水、倒水下游之间，上部多为冲积平原，下部为湖泊河网区。仓阳岗、长岭岗、叶顾岗、楼寨岗四条山冈，分别呈列上述三河两岸。境内武湖、涨渡湖两大湖区，并列西南，紧靠长江。1949 年前涨渡湖和武湖两大湖区共有湖泊 37 个，常年水面 116.7km²（以高程 19m 为常年水位）。1949 年后湖区逐年整治现存 0.67km² 以上子湖 6 个，常年水面 44.7km²，加上举水、倒水沿岸零星小湖及武湖北湖新洲领属的部分水面，共有湖泊面积 53.3km²。

涨渡湖湿地自然保护区（东经 114°34′~114°52′，北纬 30°32′~30°45′）位于新洲区西南部，属北亚热带季风气候区，四季分明，光照充足，热量丰富，雨量充沛，雨热同期。日照时数 1932.8h，夏天最多，占 33%，秋季占 23%，春、冬各占 22%，日照百分率为 44%。保护区年平均气温为 17.0℃，冬暖夏凉。夏季（6~8 月）平均气温为 27.4℃，冬季（12 月至翌年 2 月）平均气温为 5.6℃。水的比热大，具有调温作用，涨渡湖区水域面积大，使湖区夏季要比周围温度低，冬季比周围温度高。保护区内农业、渔业、生态农业发展迅速，各种生物资源异常丰富，历史文化景观与湿地自然景观融合，是观光旅游的好去处、科研教育的示范基地。

7.2.1.3　生物资源状况

广阔的湿地空间蕴藏着宝贵的湿地资源，也孕育出种类繁多、丰富的各种生物，广阔的水域、大片植被使涨渡湖湿地成为各类动物生存繁衍和栖息的天堂。据调查统计，涨渡湖地区共有浮游动物 28 种，底栖动物 52 种，野生鱼类约 52 种，两栖类 10 种，爬行纲 16 种，鸟类 142 种，哺乳动物 20 种，维管束植 472 种。其中，国家一级保护动物有白鹳；国家二级保护动物：两栖类有虎纹蛙，鸟类有小鸦鹃、红脚隼、红隼、普通鵟、斑头鸺鹠 5 种，兽类有水獭、小灵猫 2 种。国家二级保护植物有水蕨、粗梗水蕨、莲、喜树和野菱 5 种。珍稀物种有长江银鱼、太湖银鱼、鳗鲡、鳜、鳠、湖北金线蛙等。国家保护的有益的或者有重要经济、科学研究价值的陆生野生动物 114 种。湖区湿地经济动物种类和数量较多，仅红嘴鸥一个群体数量可高达 17 000 只，这种现象为我国长江流域近年来所罕见。

7.2.1.4　社会经济与历史文化状况

据朱江等（2005a）引用的武汉市新洲区林业局的社会经济情况调查报告，涨渡湖湿地保护区范围内，共有涨渡湖渔场、涨渡湖农场、涨渡湖林场、龙王咀农场、陶家大湖渔场、中汤湖渔场、特种养殖场等 16 个国有企业，阳逻街、双柳街下辖的 30 个自然村，共计单位 46 个，284 个村民小组，9489户，农村人口 34 454 人，劳动力 18 103 人，外出劳动力 3133 人，人口自然增长率 2.59‰，人口密度 186 人/km²，远低于新洲区平均人口密度 622 人/km²。

湿地保护区内，水面占 39.17%，耕地占 39.10%，建设用地占 13.20%，林地占 4.27%，园地占 0.12%，未利用土地占 4.13%。2003 年湖区粮食总产量 27 646 t，农村人均粮食 800 多 kg；商品鱼养殖面积 57.2km²，总产量 7993t，湖区人均 232 kg；农业、渔业、畜牧业、林业产值比重 62:20:17:1。

湖区商品鱼、蔬菜、粮食产量分别占新洲区的 55.68%、33.46%、23.95%。2003 年湖区工农业总产值 23.3 亿元，农民人均纯收入 2327 元，比新洲区农民人均 3139 元少 812 元，属经济欠发达地区。

涨渡湖区不仅有西汉古墓群和乌龙镇旧址，还是鄂东抗日根据地旧址。李先念、陈少敏、张体学等老一辈革命家领导的新四军五师在涨渡湖建立了抗日民主根据地及游击区，并先后设立了长江地委、鄂东专署、黄冈中心县委、中心县政府、中心县宪促会、新四军第五师第十四旅等领导机构，作为东进鄂皖边的前进阵地和后方基地。涨渡湖根据地还设有鄂豫边区税务总局、鄂东（长江）税务分总局、鄂东交通分局（鄂东分兵站）、日本在华士兵反战同盟第五支部、鄂豫边区建设银行边区和第三印钞厂、新四军五师第十四旅野战医院、后勤被服厂、修械所、鄂豫边区洪山公学、实验中学等单位，根据地总面积 2000 多 km²，人口近 200 万人，是武汉地区最完善的抗日根据地。

7.2.2 涨渡湖湿地利用现状与问题

涨渡湖湿地自然保护区是长江北岸距长江最近的典型淡水湖泊自然保护区、长江中下游重要的生态敏感区，其突出的生态地位逐渐被政府和社会所认识。2002 年，该保护区被世界自然基金会 – 汇丰银行（WWF-HSBC）选定为武汉第一个"还长江生命之网"项目的示范区。2004 年 7 月 28 日，被武汉市人民政府列入市级湿地自然保护区。2006 年 4 月，新洲区成为湖北省唯一一个全国"渔业科技入户工程"的示范点，主推湿地生态渔业。2007 年 8 月，国家林业局将其列入全国重点支持范围。2009 年 1 月，涨渡湖湿地自然保护区升格为省级湿地自然保护区。

在国际环保组织、国家重点项目等支持下，涨渡湖湿地开始受到社会各界的关注，湿地保护工作也逐渐得到重视，并取得了部分成果，例如 WWF-HS-BC 项目组在涨渡湖湿地引进的雷竹，长势良好，既为农户觅得了一条增收的新途径，又使湿地环境得到改善，原已消失几十年的白天鹅又重新回到了这里。但是涨渡湖湿地保护区的保护和利用仍然存在很多问题，保护形势依然严峻。

7.2.2.1 湿地面积仍在萎缩

自 1954 年修建控制闸后，涨渡湖便与长江隔离，由于泥沙淤积和大规模的围湖造田运动，涨渡湖区常年水位已由 1949 年之前的 116.7km² 缩减到现在的 44.7km^2。目前，保护区内湿地变为耕地、湿地变为鱼塘的现象仍在不断发生，湿地面积正在被一点一点地蚕食。

7.2.2.2 物种资源破坏严重

高密度的水产养殖、鸟类滥捕乱猎、外来物种入侵、人类活动干扰等，使原生态物种数量明显下降，有的甚至濒临灭绝。据新洲县水产志记载，历史上境内湖泊鱼类有 76 种之多，1992 年华中农业大学水产系对该湖的渔业资源调查中，采集到鱼类 51 种，而如今仅剩 46 种（朱立银等，2004），有 39.5%的鱼类品种已经消失，鱼类资源呈明显衰退之势。

7.2.2.3 生态环境质量下降

七湖、陶家大湖本与涨渡湖毗连成片，大堤修建后，建有 5 座大闸将其隔开，彼此之间仅靠港道联通，使得湖泊之间的交流立即减少，而水闸、港道又大多年久失修，淤积严重，无法联通，这就导致了原本一体的湖区生态环境被直接割裂，破碎化严重。此外，围垦出的 200km^2 的耕地，以及 40km^2 的高密度养殖水面，使大量的农药、化肥流入湿地生境，直接导致了水质下降，动植物生境改变，生态环境质量下降。

7.3 涨渡湖湿地生态功能、服务与价值分析

7.3.1 功能、服务、价值的再定义

充分理解湿地的功能、服务以及价值等是开展湿地评估工作的重要前提。但在相当长的时期内，国内外的许多学者，包括一些湿地专家，对这三个概念并未作明确的区分，对其内在联系也不清楚（童春富等，2002）。对功能和服务的辨析可以从"过程"和"结果"两个角度展开。"功能"强调的是过程，是指在湿地生态系统中发生的一般或特征化的生物或非生物过程，如环境变化带来的环境功能，资源变化产生的资源功能等。"服务"强调的是结果，是功能所产生的对人类生存有益的结果。"服务"需要与人发生作用，或至少为人所认同，服务的结果或效能是对人类生产生活有利的，如较干净的水、较好的景观等。1997 年 Daily 等把生态系统服务定义为自然生态系统及其物种所提供的能够满足和维持人类生活需要的条件和过程。在此定义中，Daily 也强调了"服务"是自然对人类需要的满足和维持。"价值"是一个严格的经济学术语，

完整意义上的湿地价值是指所有人对湿地所有服务的支付意愿的货币表达的总和，是服务的货币化表达形式。由于湿地生态服务种类繁多，不同服务之间又存在一定的交叉、重叠，因此对湿地的绝对价值进行评估几乎是不可能的，只能针对性地评估湿地的重要的或核心的生态服务价值。

7.3.2 涨渡湖湿地生态功能与服务分析

Costanza 对全球生态系统价值评估的研究中将生态服务分为 17 类；在此基础上，De Groot 通过对 100 多项文献的总结，提出了生态服务与评价方法的关系，并把生态服务种类总结为 23 类。通过对功能、服务、价值的再定义可以发现，生态服务的分类应该从生态功能入手，即从生态系统的运动过程入手，因此，根据湿地生物运动和利用形式，并参考 Costanza 与 De Groot 的研究结果，将涨渡湖湿地的生态功能分为资源功能、环境功能和人文功能三大类，对应的生态服务种类分为项。

7.3.2.1 资源功能

（1）水资源供给

水是重要的湿地资源。湿地水资源常常可以作为居民生活用水、工业生产用水和农业灌溉用水的水源。涨渡湖湿地河网包绕，沟塘密布，水不仅是当地农业灌溉和渔业生产最重要的资源，还是居民生活用水、珍稀鸟禽繁衍生息的重要保证。目前，我国许多城市的人均用水量（除工业用水）已达到 100 L/（天·人）以上（阎水玉和王祥荣，1999），逐渐成为缺水城市。涨渡湖湿地位于武汉城郊，丰富的水资源是解决武汉市供水不足、取水投资高的重要潜力资源。

（2）物质产品供给

涨渡湖湿地动植物产品十分丰富，植物产品主要有水稻、油菜等，动物产品主要为鱼类。涨渡湖盛产黄颡鱼，2007 年经国家质检总局批准，黄颡鱼被授予国家地理标志产品，成为优势农产品和出口创汇重点产品，带动了湖区经济发展和农民增收。湖区湿地经济动物种类和数量较多，仅红嘴鸥一个群体数量可高达 17 000 只，这在我国长江流域近年来是罕见的。

7.3.2.2 环境功能

湿地的环境功能主要是指湿地天然所具有的，如分解、物理化学循环、蒸发、光合作用等过程，调节环境、改善生态的功能，主要包括水文调节、大气调节、污染净化、生物多样性及栖息地等方面。

(1) 气候调节

湿地丰富的植物资源组成了一个巨大生态氧气生产车间，它们不时地通过光合作用固定空气中的 CO_2，生成人类和动物必需的氧气和有机质，同时降低了 CO_2 的浓度，使温室效应减弱，气温降低。涨渡湖湖区年平均气温为17.0℃，冬暖夏凉，空气宜人，对缓解武汉市城市热岛效应也起到了相当重要的作用。

(2) 涵养水源

湿地是天然的藏水库，据了解我国湿地维持着约2.7万亿吨淡水，占全国可利用淡水资源总量的96%。涨渡湖区湿地分布广，面积大，又有长江、倒水河、举水河及沙河萦绕周围，构成天然的湿地水生态大系统，使其土壤湿润，水源涵养功能尤为显著。

(3) 蓄水防洪

湿地是蓄水防洪，水量调蓄的天然"海绵"。在暴雨和河流涨水期，湿地可以储存过量的降水，从而避免发生洪涝灾害。由于城市的防洪排涝体系不健全，近年来城市洪涝灾害发生的频率明显增加，而位于城郊的湿地则能起到吸收城市洪水的作用。涨渡湖湿地汛期时水面达 $255km^2$（水位高程22m时），枯水期水面 $86.7km^2$（水位高程19m时），是洪水调蓄的天然水库。

(4) 净化污染

湿地生态系统物质和能量循环过程中的分解、吸附、吸收等功能为人类社会提供了有效的水质净化服务。当工农业生产和人类活动产生的农药、工业污染物、有毒物质进入湿地时，湿地的生物和化学过程可使有毒物质降解和转化。欧阳志云和李文华（2002）的研究结果表明：挺水植物如慈姑、茭白、水花生以及沉水植物伊乐藻对水体中氮的去除率达75%，茭白、伊乐藻对水体中磷的去除率达80%，芦苇、慈姑对磷的去除率为65%。而且生活在水中的鱼类和浮游动物也能够对植物、藻类和微生物进行吸收、分解，从而净化水质（欧阳志云和李文华，2002）。

(5) 生物多样性和栖息地

生物多样性是现代城市存在和发展的物质基础，保护城市生物多样性为全球生物多样性保护的重要组成部分。涨渡湖湿地生物多样性丰富，有浮游动物28种，底栖动物52种，野生鱼类约52种，两栖类10种，爬行纲16种，鸟类142种，哺乳动物20种，维管束植物472种，其中国家保护的有益的或者有重要经济、科学研究价值的陆生野生动物114种。

7.3.2.3　人文功能

人们在参观湿地景观、学习湿地知识、研究湿地科学时，湿地资源使人产生的景观美感、心情愉悦感、心灵舒适感等美好的感觉，使人的精神生活得到愉快的享受，如旅游娱乐服务、文教科研服务等。

（1）旅游娱乐

涨渡湖湿地是远古时期"古云梦泽"的边缘，那时烟波浩渺，水天一色，景色美不胜收。如今，虽经几度围垦和修筑大堤，涨渡湖却依然保持着好似"八百里洞庭湖"的广阔之美，居高远眺，犹如一盏玉盘镶嵌在广袤的湖区平原上。涨渡湖湿地自然保护区境内人文景观亦为丰富，尚有千年朴树群、水上小森林、乾隆下江南所登晒雨山等人文景观，自然景致与湖光山色相映成趣，因此享有"武汉后花园"的美誉。

（2）文教科研

湿地生态系统本身，以及其多样的动植物群落、濒危物种等，在科学研究中都有重要的地位，是重要的教育和科研对象、材料和试验基地。涨渡湖湿地具有珍稀濒危保护植物 5 种，国家重点保护动物 9 种，鸟禽众多，渔业发达，其科研价值和生态示范价值十分突出。另外，它还是武汉最完善的抗日根据地之一，是红色宣传和爱国教育的基地。

7.3.3　涨渡湖湿地核心生态服务功能

在现在发展阶段和现有的技术水平下，某些生态服务在涨渡湖湿地所提供的生态服务中应处于主导地位，对当地经济发展和生态环境发展产生重要的影响和推动作用，我们把这部分生态服务称为涨渡湖湿地的核心生态服务。笔者在问卷 2 中设计相关问题，以探求广大群众对涨渡湖湿地各项服务重要性的认识，并采用德尔菲法（Delphi method）与层次分析法（analytic hierarchy process，AHP）相结合的方法来确定涨渡湖湿地众多生态服务中的核心服务构成。

7.3.3.1　方法简介

Delphi 法是在 20 世纪 40 年代由 O. 赫尔姆和 N. 达尔克首创，经过 T. J. 戈尔登和兰德公司进一步发展而成的。Delphi 法又称"专家询问法"，是以函询的方式反复征求、归纳专家的意见，最终形成一致的意见，它是预测、评价等领域一种简单、实用的方法。

AHP 法是美国运筹学家 A. L. Saaty 教授于 20 世纪 70 年代初期提出的一种定性与定量相结合、系统化、层次化的简便而实用的多准则决策方法。通过明确问题、建立层次分析结构模型、构造判断矩阵、层次单排序和层次总排序五个步骤计算各层次构成要素相对于总目标的组合权重，从而得出不同可行方案的综合评价值，最终确定最优方案。

在构造判断矩阵时，矩阵的权值可以采用 Delphi 法来确定，两种方法的结合使定性与定量分析紧密融合，评价结果更加客观、准确。

7.3.3.2 Delphi 与 AHP 法综合分析

(1) 明确目标，构建层次结构模型

涨渡湖湿地生态服务功能种类较多，分析其主要的、核心的生态服务功能对指导涨渡湖湿地的可持续发展具有重要意义。以国际上具有重要影响力的 Costanza 等的研究成果为基础，国内有关湿地生态服务功能的研究为对比、参考，对上一节分析的涨渡湖湿地生态服务功能进行重要性评价。运用层次分析法将其分成目标层 A、系统层 B 和项目层 C，则因素集 $A = (B_i, i = 1, 2, 3)$，子因素集 $B = (C_i, i = 1, 2, \cdots, 9)$，其层次结构模型如图 7.3 所示。

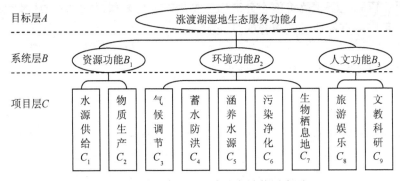

图 7.3　涨渡湖湿地生态服务功能层次图

(2) 专家打分，求取权值

采用 Saaty 等提出的 1~9 尺度标注法（表 7.1），设计专家打分问卷（见附录），请领域内的相关专家和学者根据自己的认识和理解，对涨渡湖湿地各类生态系统服务之间的重要性进行两两成对比较，然后将结果转化为分值，用作 AHP 法的判断矩阵权值，以便后期定量化分析。

表 7.1　Saaty1~9 尺度标注法

尺度	1	2	3	4	5	6	7	8	9
重要性	相同		稍微重要		重要		明显重要		绝对重要

（3）构造判断矩阵，求解并检验一致性

1）构造判断矩阵。要对每一层次中各元素的相对重要性作出评判，就必须运用数学模型建立判断矩阵。假设评价目标为 Ψ，其影响因素为 P_i，其中 $i=1，2，3，\cdots，n$，共 n 个，且 P_i 的重要性权数分别为 ω_i（$i=1，2，3，\cdots，n$），式中，$\omega_i > 0$；$\sum\limits^{n} \omega_i = 1$，则目标函数 $\Psi = \sum\limits^{n} \omega_i p_i$。由于元素 P_i 对目标 Ψ 的影响程度即重要性权数不一样，因此将两两比较，构成判断矩阵，即

$$A = \begin{bmatrix} \omega_1/\omega_1 & \omega_1/\omega_2 & \cdots & \omega_1/\omega_n \\ \omega_2/\omega_1 & \omega_2/\omega_2 & \cdots & \omega_2/\omega_n \\ \vdots & \vdots & & \vdots \\ \omega_n/\omega_1 & \omega_n/\omega_2 & \cdots & \omega_n/\omega_n \end{bmatrix}$$

以专家打分结果得出的分值为依据构造判断矩阵，示例如表 7.2 所示。

表 7.2 矩阵示例

$a_{ij} = B_i/B_j$	资源功能 B_1	环境功能 B_2	人文功能 B_3	ω_i
资源功能 B_1	1	a_{12}	a_{13}	
环境功能 B_2	a_{21}	1	a_{23}	
人文功能 B_3	a_{31}	a_{32}	1	

2）求解。运用和积法求解判断矩阵，得出单一层次排序 ω_i，即

$$\omega_i = \sum_{j=1}^{n} \frac{a_{ij}}{n}$$

按公式将各行分别相加得到列向量 $\bar{\omega} = [\omega_1，\omega_2，\cdots，\omega_n]^T$，将所得的 $\bar{\omega}$ 向量分别做归一化处理，得到矩阵的特征向量 W，即比较元素的排序权重。根据一般公式 $\lambda_{\max} = \sum\limits_{i=1}^{n} \dfrac{(AW)_i}{n\omega_i}$ 计算各矩阵的最大特征根 $\lambda_{\max}$。

3）一致性检验。判断矩阵一致性指标 $CI = \dfrac{\lambda_{\max} - n}{n-1}$，完全一致时 $\lambda_{\max} = n$，$CI = 0$；CI 越大，表明矩阵的不一致性越严重，为了衡量 CI 的大小，引入平均随机一致性指标 RI，即随机模拟形成矩阵的 CI，一致性比率 $CR = CI/RI$，当 $CR < 0.1$ 时，表明矩阵通过一致性检验（符小洪，2003）。如表 7.3 所示。

表 7.3　Saaty 随机一致性指标（RI）

指标数	1	2	3	4	5	6	7	8	9
RI	0	0	0.58	0.9	1.12	1.24	1.32	1.41	1.45

4）运算结果。在单一准则下，通过计算得出各判断矩阵权数取值及层次权重排序结果如下（表 7.4 ～表 7.8）：

表 7.4　功能层次评价 A：判断矩阵一致性比例 0.0193，对总目标的权重 1.0000

B_i/B_j	资源功能 B_1	环境功能 B_2	人文功能 B_3	ω_i
资源功能 B_1	1	0.5	3	0.344
环境功能 B_2	2	1	4	0.535 2
人文功能 B_3	0.33	0.25	1	0.120 8

表 7.5　资源功能评价 B_1：判断矩阵一致性比例 0，对总目标的权重 0.344

B_1	提供水源 C_1	物质生产 C_2	ω_i
提供水源 C_1	1	0.14	0.124 7
物质生产 C_2	7	1	0.875 3

表 7.6　环境功能评价 B_2：判断矩阵一致性比例 0.074；对总目标的权重 0.5352

B_2	大气调节 C_3	蓄水防洪 C_4	涵养水源 C_5	净化污染 C_6	生物栖息地 C_7	ω_i
大气调节 C_3	1	0.2	1	3	0.2	0.095 4
蓄水防洪 C_4	5	1	9	5	1	0.370 9
涵养水源 C_5	1	0.11	1	3	0.14	0.092 7
净化污染 C_6	0.33	0.2	0.33	1	0.11	0.034 8
生物栖息地 C_7	5	1	7	9	1	0.406 2

表 7.7　人文功能评价 B_3：判断矩阵一致性比例 0，对总目标的权重 0.1208

B_3	旅游娱乐 C_8	文教科研 C_9	ω_i
旅游娱乐 C_8	1	0.2	0.166 7
文教科研 C_9	5	1	0.833 3

各矩阵均通过了一致性检验，其特征值及一致性检验结果如表 7.8 所示。

表7.8 一致性检验结果

矩阵	λ_{max}	n	CI	RI	CR	一致性检验结果
$A-B$	3.022 4	3	0.011 2	0.58	0.019 3	通过
B_1-C	2.029	2	0.029	0	—	通过
B_2-C	5.332	5	0.083	1.12	0.074	通过
B_3-C	2	2	0	0	—	通过

（4）层次总排序

通过各因子的权重值得出项目层因子的终极权重，进而确定其重要性名次，最终结果如表7.9所示。

表7.9 各评价因子权重及排序

目标层 A	系统层 B	权重	项目层 C	权重	终极权重 K	重要性名次
涨渡湖湿地核心生态服务功能	资源功能 B_1	0.344	水供给 C_1	0.124 7	0.042 9	7
			物质生产 C_2	0.875 3	0.301 1	1
	环境功能 B_2	0.535 2	气候调节 C_3	0.095 4	0.051 1	5
			蓄水防洪 C_4	0.370 9	0.198 5	3
			涵养水源 C_5	0.092 7	0.049 6	6
			污染净化 C_6	0.034 8	0.018 6	9
			生物栖息地 C_7	0.406 2	0.217 4	2
	人文功能 B_3	0.120 8	旅游娱乐 C_8	0.166 7	0.020 1	8
			文教科研 C_9	0.833 3	0.100 7	4

终极权重表示层次分析的最终综合指标权重值，即

$$K = \omega B_i \times \omega C_i$$

式中，ωB_i 为系统层权重值；ωC_i 为项目层权重值。按其权重值从大到小排序则得到涨渡湖湿地生态服务功能的重要性次序。

7.3.3.3 结果

通过以上分析和计算，得出了涨渡湖湿地生态服务功能重要性排序，其中物质生产功能、生物栖息地功能、蓄水防洪功能位居前三位，占总权重的0.717，表明在当前的社会、经济环境下，物质生产、生物栖息地和蓄水防洪是涨渡湖湿地最核心的生态服务功能。物质生产是涨渡湖湿地目前最主要的利用形式，这与当前的生产力水平和涨渡湖地区农民的生活水平密切相关，在基本生存条件还难以保障的条件下，任何资源的利用都优先用于保障生活，因此，物质生产功能依然是其核心的生态服务功能。生物栖息地和蓄水防洪功能的重要性是与涨渡湖湿地生态环境、地理位置密切相关的，但就目前的利用状

况来看，这两项重要的生态服务功能显然没有引起人们足够的重视。

7.4 涨渡湖湿地生态服务价值评价

7.4.1 价值构成

以环境资源价值理论为基础，将湿地价值划分为使用价值和目前非使用价值，使用价值包括直接使用价值和间接使用价值，目前非使用价值包括备选、半备选价值、存在价值和遗产价值（崔丽娟，2002），如图 7.4 所示。

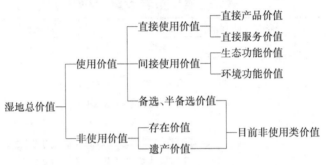

图 7.4 湿地价值构成

物质生产、水源供给、观光旅游、教育科研等服务可以根据市场价格或影子价格直接计算其价值，属直接使用价值；调蓄洪水、污染净化、气候调节、生物栖息等不存在直接市场，只能采用可替代的市场计算其价值，属间接使用价值。据此分析，涨渡湖湿地的价值构成结构如图 7.5 所示。

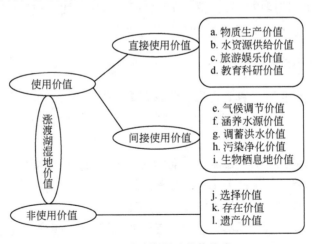

图 7.5 涨渡湖湿地价值构成

7.4.2 评价方法选择

7.4.2.1 主要评价方法简介

环境经济学家认为,环境和生态是一种自然资本,其中的某些自然资本是不可替代的、无价的,对自然环境资产的估价是保证环境生态可持续发展的必然选择。湿地生态服务价值的评价正是源于这种环境资产价值的评价方法。根据目前生态经济学、环境经济学、资源经济学和福利经济学等研究成果,按生态服务的市场信息完备程度,将主要的评估方法划分为三大类:直接市场评价法、间接市场评价法、假想市场评价法。

(1)直接市场评价法

市场价值法是最直接有效的市场评价法,是指生态系统提供的物质产品和服务功能具有直接的市场价格时,可以直接根据市场价格对产品和服务进行价值估价。市场价格法操作简单、直观,应用也最为广泛,其不足之处是只考虑了产品的直接效益,忽略了其间接效益。市场价格法主要用在生态系统物质产品的评价上,如动、植物产品的价值等,由于这种方法评估的价值因可以直接反映在国家收益账户上,因而受到了国家和地方的重视(刘增进等,2008)。其价值就是当前人们普遍概念上的生物资源价值,计算方法如下:

$$V = \sum S_i \times Y_i \times P_i$$

式中,V 为物质产品价值;S_i 为第 i 类物质生产面积;Y_i 为第 i 类物质单产;P_i 为第 i 类物质的市场价格。

(2)间接市场评价法

大部分生态服务并不存在直接的交易市场和市场价格,如湿地涵养水源的价值、调蓄洪水的价值等,但是可以借助具有相同服务功能的工程造价或生态服务变化对社会经济收益的影响等间接市场评价其价值。常用的主要方法有:影子工程法、机会成本法、旅行费用法、碳税法和造林成本法及享乐价格法等。

1)影子工程法。又称替代工程法,是恢复费用法的一种特殊形式。它首先要对生态系统的某种生态服务的效果进行定量的评价,再找到能够提供类似服务的工程措施或替代品,则产生等同效果的工程造价或替代品价值就是所要评价的生态系统服务的价值。例如,湿地涵养水源的价值难以直接进行量化,但可以根据湿地涵养水源量,计算建造同样涵养水源量的水库的工程造价,这个工程造价就可以作为湿地涵养水源的价值。

2)机会成本法。机会成本是指在其他条件相同时,把一定的资源用于生产某种产品时所放弃的生产另一种产品的价值，或利用一定的资源获得某种收入时所放弃的另一种收入。通过机会成本来估算某项生态服务价值的方法就是机会成本法。在评估无价格的湿地资源方面，运用机会成本法估算无价格的湿地资源的机会成本，可以用该资源作为其他用途时（如农业开发）可能获得的收益来表征。

3）旅行费用法（travel cost method，TCM）。TCM经常被用于评价那些没有市场价格的自然景观或环境资源价值，它用旅行费用作为替代物，来衡量游憩场所的价值。与费用支出法不同，并不是直接将旅行费用（门票费、交通费等）作为游憩资源的价值，而是通过调查游客的来源和消费情况，建立一条游憩需求曲线，以计算出的消费者剩余作为游憩场所的价值。它所要评估的是旅游者通过消费这些舒适性服务所获得的效益，或者说对这些旅游场所的支付意愿。旅行费用主要包括旅途花费（如交通费、饮食费、住宿费等）、门票费、时间成本等。

4）碳税法和造林成本法是生态系统服务价值评估中，对大气调节服务评估的最常用方法。它是通过光合作用的产能公式，计算 CO_2 的吸收量和 O_2 的释放量，然后根据碳税率和工业制氧成本计算固碳的价值和释氧的价值。因为甲烷是重要的温室气体，一般在这项服务的评估中还要对释放甲烷的负效应的进行评价。

5）享乐价格法（hedonic pricing method，HPM）。人们购买的某些商品中包含了湿地的某种生态环境价值属性，可以通过人们为此支付的价格来推断湿地此项生态服务价值。该法主要应用在房地产领域，其优点是直观，便于计算；缺点是受房产所在地区整体经济状况影响大，只适用于房地产开发区的生态价值评价。

（3）假想市场评价法

条件价值法（contingent valuation method，CVM）是一种典型的陈述偏好评估法，是在假想市场情况下，直接调查和询问人们对某一环境效益的改善或资源保护措施的支付意愿（willingness to pay，WTP），或者对环境或资源质量或数量损失的接受赔偿意愿（willingness to accept，WTA）。CVM由R. Davis于1963年提出，并首次应用于研究缅因州林地宿营、狩猎的娱乐价值。20世纪70年代以来，CVM逐渐被用于评估自然资源的休憩娱乐、狩猎和美学效益的经济价值。1986年，美国内政部将CVM推荐为测量自然资源、环境存在价值和遗产价值的基本方法。近40多年来，CVM被广泛应用于水质改善、石油泄漏、自然区域保护、生态环境恢复等领域，成为评价环境物品与服务非市场价值的最常用和最有用的工具。

CVM 是湿地非使用价值评估的重要方法。崔丽娟等对扎龙湿地非市场价值的评价,庄大昌对洞庭湖湿地非使用价值的评估等都使用了此方法,并取得较为满意的结果。

7.4.2.2 评价方法体系构建

De Groot（2002）在 Costanza 研究结果的基础上,首次将生态服务价值评估中可采取的评估方法的先后顺序进行了总结,其中直接市场定价、可避免成本、替代成本等方法应用较多,旅行费用等方法应用较少。另外,国内学者的研究过程中也对评估方法作了一定程度的分析,如曾贤刚等（2002）、刘增进等（2008）、傅娇艳和丁振华（2007）等。在充分研究上述成果的基础上,以方法的实用性、可比性和数据的可获取性为原则,建立涨渡湖湿地生态服务价值评估的方法体系,如表 7.10 所示。

表 7.10　评价方法体系

	价值类型		评价方法
涨渡湖湿地价值评价	直接使用价值	a. 物质生产价值	市场价值法
		b. 水资源供给价值	影子价格法
		c. 旅游娱乐价值	旅行费用法和影子工程法
		d. 教育科研价值	成果参照法
	间接使用价值	e. 气候调节价值	碳税法、工业制氧法、造林成本法
		f. 蓄水防洪价值	影子工程法
		g. 涵养水源价值	影子工程法
		h. 污染净化价值	影子工程法和成果参照法
		i. 生物栖息地价值	生态价值法和成果参照法
	非使用价值	j. 选择价值	条件价值法
		k. 存在价值	条件价值法
		l. 遗产价值	条件价值法

7.4.3　使用价值评价

7.4.3.1　直接使用价值

（1）物质产品价值

涨渡湖湿地保护区内耕地面积占 39.10%,水面占 39.17%,粮食、蔬菜和水产品是保护区主要农业产品。

1）粮蔬产品。根据武汉统计年鉴数据计算，2003~2007年新洲区农业产值同比增长速度分别为9.3%、7.2%、7.6%、6.2%，年均增长7.6%，2008年新洲区农业总产值272 713万元。根据《2008年中低晚稻最低收购价格执行预案》，2008年我国中晚稻的最低收购价格为0.79元/kg。另外，蔬菜的平均价格为1.94元/kg，粮蔬价格比基本为1:1.25。2003~2007年粮蔬产量比为1:4，因为其他作物产量、产值都较低，因此可以将农业总产值看做粮食和蔬菜的产值之和。按以上比例，粮蔬产值比为1:5，2008年的产值分别为45 452.2万元、227 260.8万元。2003年湖区粮食、蔬菜产量分别占新洲区的23.95%、33.46%，按此比例估算2008年湖区农业总产值约为86 927.3万元。

2）渔业产品。根据中国水产科学研究院长江水产研究所的调查报告（朱江等b，2005），2004年涨渡湖共采集鱼类6目、13科、46种，其中以"鲢、鳙、青、草"四大家鱼为主（表7.11）。

表7.11　涨渡湖主要鱼类

种 类	种 数	所占比例/%	代表鱼类
鲤形目	34	73.9	鲢鱼、鳙鱼、青鱼、草鱼
鲈形目	7	15.2	鳜鱼
鲇形目	2	4.3	黄颡鱼
鲱形目	1	2.2	鳅鱼
合鳃目	1	2.2	黄鳝
鳉形目	1	2.2	

根据武汉市新洲区渔业科技入户2009年上半年工作总结，2008年新洲区水产品产量9.2万t，渔业产值9.5亿元，涨渡湖区占大约86%，据此估算涨渡湖湿地水产品价值为81 700万元。涨渡湖湿地物质产品的总价值约为168 627.3万元。

（2）水资源供给价值

据新洲区水务部门公开的数据，涨渡湖净蓄水量平均为7200万 m^3，采用影子价格法，武汉市居民生活用水与工业用水的平均价格为2.45元/ m^3，涨渡湖湿地水源供给的价值为17 640万元。

（3）旅游娱乐价值

据2006年7月，新洲旅游局公布的涨渡湖风景区旅游项目简介，项目投资4000万~5800万元，前期每年可接待游客20万人次，直接门票收入达400

万元，其他旅游服务收益 1200 万元。根据问卷调查结果，目前来涨渡湖旅游的游客多来自武汉市或湖北省内，平均总支出在 100 元左右，一般停留时间为 1 天，平均工资水平为 1500 元/月，机会工资成本一般按工资成本的 1/3 计算（李健娜，2006），即游客的平均机会工资成本为 16.7 元/天。首先采用旅行费用法，其基本计算公式如下：

> 旅行费用 = 旅行费用支出 + 消费者剩余 + 旅游时间价值
> 旅行费用支出 = 每天旅游人数 × 每天旅游费用 × 每年旅游时间
> 消费者剩余 = 旅行费用支出 × 40%（李健娜，2006）
> 旅游时间价值 = 旅行总时间 × 单位旅行时间的机会工资成本

据上述数据和公式计算，涨渡湖区每年接待的所有游客的旅行费用支出为 2000 万元，消费者剩余 800 万元，旅行时间价值 334 万元，总值为 3134 万元。

按影子工程法计算，旅游资源价值一般取 15% 的旅游投资效益比，据此估算，涨渡湖湖区每年旅游价值约为 870 万元。

涨渡湖区还处于初级开发阶段，旅游项目少，游客量也少，因此旅游产值也较低，按上述两种方法，取其平均值，目前涨渡湖旅游资源价值约为 2002 万元。

（4）科教文化价值

目前，涨渡湖湿地开展的科教宣传活动较多，但科研的投资和活动花费很难统计，因此一般采用国内较权威的研究与 Costazna 研究成果的平均值进行估算。

Costanza 等对全球湿地生态系统科研功能价值的估算为 861 美元/hm^2，我国学者陈仲新、张新时等对我国湿地生态系统效益科研价值的估算是 382 元/hm^2。购买力是最能反映货币转换能力的指标，按照 2001 年世界银行的标准，人民币购买力是 1.88 元/美元。用货币购买力修正后，取上述二者的平均值作为涨渡湖湿地单位面积科教文化价值，即 1000.34 元/hm^2，保护区总面积 185 km^2，因此，涨渡湖湿地科教文化价值为 1850.63 万元。

7.4.3.2　间接使用价值

（1）气候调节价值

湿地对气候的调节功能主要是对大气组分的调节，即通过固定 CO_2、释放 O_2 以及释放温室气体 CH_4 来实现的。根据植物光合作用方程式

$$CO_2 + H_2O \rightarrow C_6H_{12}O + O_2 \rightarrow 多糖$$

可知，植物每生产 1 g 干物质可吸收固定 CO_2 为 1.63 g，释放 O_2 为 1.2 g。植被第一性生产力（net primoxy productivity，NPP）是指植物在单位时间、

单位面积上由光合作用所产生的有机物质总量中扣除自养呼吸后的剩余部分。采用日本内岛提出的 Chikugo 植被生产量计算模型,即

$$NPP = 0.29\{\exp[-0.216(RDI)^2]\}Rn$$

式中,$RDI = RnL^{-1}r^{-1}$;$L = 2507.4 - 2.39t$;NPP 为植被第一性生产力($t \cdot hm^{-2} \cdot a^{-1}$);RDI 为辐射干燥度;Rn 为陆地表面净辐射量($kcal/cm^2 \cdot a$);L 为蒸发潜热($J \cdot g^{-1}$);r 为年降水量($cm \cdot a^{-1}$);t 为年平均气温。

涨渡湖湿地保护区年平均气温 17.0℃,可推算其蒸发潜热 L 为 2466.77 $J \cdot g^{-1}$;年降水量为 125 cm,年太阳辐射平均值为 109.9 $kcal/cm^2 \cdot a$(1 kcal = 4.182kJ),全球平均状况而言,太阳辐射有 31% 反射或散射回宇宙空间,24% 被大气直接吸收,45% 到达地面,同时对于湿地约有 10% 被陆地反射,据此推算出该地区的净辐射量 Rn 为 44.5 $kcal/cm^2 \cdot a$,则辐射干燥度 RDI = 0.6,当 RDI < 4 时,此模型非常适用。因此,

$$NPP = 0.29[\exp\{-0.216(RDI)^2\}]Rn = 11.9\ t \cdot hm^{-2} \cdot a^{-1}$$

保护区内自然植被面积按现有耕地面积(占 39.10%)计算,约 72.3 km^2,则每年保护区植被生物量大约为 86 037 t。根据光合作用方程式,每年固定 CO_2 量为 140 240.3 t,释放 O_2 量为 103 244.4 t。碳税法是常用的 CO_2 排放计价法,国际上通常采用瑞典碳税率 150 美元/t,换算成 CO_2 为 40.49 美元/t,按汇率(1:6.8)折合人民币 275.3 元/t,价格偏高。造林成本法是一种影子工程法,通过营造可以吸收同等数量的 CO_2 的林地成本来代替其他途径吸收 CO_2 的功能价值,我国平均造林成本 C 为 251.40 元/t,固定 CO_2 的生态经济价值为 68.56 元/t(李加林等,2003)。取二者平均值 171.95 元/t 计算,其固定 CO_2 的价值为 2411.4 万元。

O_2 价值计算也有两个标准:按造林成本法,释放 O_2 的价格为 352.93 元/t;按工业制氧法,制造 O_2 的价格为 400 元/t。取二者平均值 376.47 元/t,涨渡湖湿地释放 O_2 的价值为 3886.8 万元。

涨渡湖湿地调节气候的总价值为 6298.2 万元。

(2)涵养水源价值

涨渡湖区年均降水量为 1250mm,按湿地保护区总面积 185 km^2 计算,总降雨量为 23 125 万 m^3,据新洲区水务部门公开的数据,涨渡湖静蓄水量平均为 7200 万 m^3,取二者之和作为涨渡湖区总涵养水源量,即 30 325 万 m^3。目前,湖北省水库建设单位库容成本大约为 2.24 元/m^3,涨渡湖区涵养水源的价值为总涵养水源量与单位库容成本的乘积,即 67 928 万元。

（3）蓄水防洪价值

根据武汉市新洲区预洪方案，涨渡湖蓄洪区蓄洪水位 28.30 m，蓄洪面积 337 km²，蓄洪总量 10 亿 m³，则按面积比例湿地保护区（185 km²）蓄水总量为 54 896 万 m³，仍取 2.24 元/m³ 为单位库容成本，则涨渡湖湿地保护区调蓄洪水的价值为 122 967 万元。

（4）污染净化价值

涨渡湖湿地目前基本没有污染性或其他工业项目落成，农业污染主要是施用化肥、农药对土壤和水体造成的污染。2007 年，新洲区农业生产化肥施用量为 43 907 t，按保护区所占新洲区辖区面积比例 9.14% 计算，流入保护区化肥总量为 4013.1 × 10⁴ t，化肥实际利用率一般为 30% ~ 40%，其余 60% ~ 70% 污染水体和土壤（鄂帮有，2004），实际利用率按照 35% 计算，则有 2608.5 t 化肥成为保护区污染源。采用影子工程法，参照工业方法（净化程度达到排放标准）去除 SO_2 的成本 600 元/t（张培，2008），去除保护区化肥污染的成本为 156.51 万元。

Costanza 研究中湿地净化污染的价值是 4177 美元/hm²，按购买力 1.88 元/美元折算后，参照 Costanza 的研究成果和方法，计算其净化污染价值为 4177 美元/hm² × 1.88 元/美元 × 44.7 km² = 351018.372 元。

取上述两种计算方法的平均值，即涨渡湖湿地净化污染的总价值为 1833.3 万元。

（5）生物栖息地价值

生物栖息地的价值一般用建设和维护保护区的费用来替代，即基建投资额。但是由于人们支付能力的限制，基建投资不能完全代表湿地生物栖息地的价值，因此必须用生态价值法进行修正。

人们对资源环境的重视程度通常与所处的社会经济发展阶段有着密切的联系，这种联系可以近似地用 Pearl 生长曲线来表示。根据李金昌（1999）等的研究，Pearl 生长曲线的简化形式即发展阶段系数计算公式如下：

$$K = \frac{1}{1 + e^{-t}}$$

式中，K 为发展阶段系数；e 为自然对数的底；$t = T - 3$（T 为恩格尔系数的倒数）。武汉 2008 恩格尔系数为 42.7%，计算得到发展阶段系数为 0.341，即基建投资只占生物栖息地价值的 34.1%，2005 年新洲区林业局公布 2006 ~ 2010 年保护区基本建设投资概算为 2905.5 万元，即生物栖息地价值为 8520.53 万元。

Costanza 的研究成果显示湿地生物栖息地的价值量为 304 美元/（年/

hm²），用人民币购买力 1.88 折算后，根据涨渡湖区湿地面积 185 km²，可以推算涨渡湖湿地生物栖息地的价值为 1057.3 万元。与使用生态价值法的计算结果相差较大，取二者平均值，即涨渡湖湿地生物栖息地价值为 4788.92 万元。

7.4.4　非使用价值评估

CVM 是环境资源价值评估领域应用最广泛的方法，它通过征询问题答案的方式引导出人们对环境物品的偏好，并用数量化的最大支付意愿（WTP）表示出来，再通过对支付意愿的统计分析得出环境物品的价值。近年来，CVM 逐渐被应用于湿地资源的价值评估领域，尤其是在湿地非使用价值的评估中表现出独特的优势和良好的效果。本节采用 CVM 对涨渡湖湿地非使用价值进行评估。

7.4.4.1　CVM 设计与调查

问卷设计是 CVM 评估有效性和可靠性的关键所在。CVM 的原理是向被调查者提供一个假想的市场，通过问卷的形式引导被访者在这一假想市场中表达自己对环境物品的 WTP 或 WAP。在提供假想市场和设计问题时，既要使被调查者充分了解要被调查的内容，即假想市场要尽量真实，又要做到对被调查者的偏好不产生任何影响，这就使得问卷设计存在一定的难度。WTP 的引导技术和 CVM 内在偏差避免措施就理所当然成为问卷设计时的关键之关键。

支付卡（payment card，PC）是一种连续型 CVM 评估的 WTP 引导技术，它要求被调查者从给出的一系列价值数值中选择出他们的 WTP，或者直接写出他们的 WTP。PC 在问卷设计上简单明了，降低了问卷设计难度；在实施上由于直接给出了适当的价值数值，又能使被调查者一目了然地选择自己的 WTP。

偏差是 CVM 的可靠性和有效性受到质疑的主要争论焦点，如假想偏差、支付方式偏差、信息偏差、不反映偏差、调查者偏差等，这些偏差大多与 CVM 方法本身有关，但是根据国际上的研究经验，在调查问卷的设计和调查的实施过程中，可以采取相应的方法有效地减少和降低上述大多数偏差的可能影响。本节在问卷设计和调查实施中采取相应方式以尽量减少可能的偏差影响，如表 7.12 所示。

表 7.12　可能偏差及避免方式

可能偏差	偏差描述	处理方式
假想偏差	被调查者对假想市场问题的回答与对真实市场的反映不一致	设计图文并茂的问卷；预调查；匿名调查
投标起点偏差	给出的备选值数值被回答者认为合适的数值或范围	预调查确定数值或范围
信息偏差	信息不足使回答者难以选择自己的 WTP	尽量给足被估价对象的所有信息
抗议反映偏差	回答者倾向于反对假想市场或支付方式而引起的偏差	专门设计一个辨明零支付原因的问题
停留时间偏差	回答问卷的时间过长给回答者造成不便，使其草率回答	问卷尽量简捷；限定回答时间不要超过 30 分钟
不反映偏差	不能使回答者产生兴趣，使样本人口代表性产生偏差	将问题设计得简明、易回答；给予一定奖励

问卷分为三部分，分别是湿地基本认识调查、涨渡湖湿地价值评估和受访者基本信息，共计 21 个问题，核心问题是 6～9 关于支付意愿和支付（零支付）原因的调查。调查分农村和城市展开，最后汇总、统计、分析。具体技术路线如图 7.6 所示。

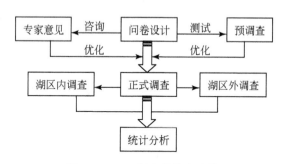

图 7.6　CVM 调查的技术路线

7.4.4.2　非使用价值统计分析

（1）WTP 值统计

鉴于涨渡湖湿地主要影响区域在湖区及武汉市，对省内其他城市及省外地区的影响较小，因此只在涨渡湖区及武汉市采集样本数据。本次调查，共发出问卷 300 份，其中涨渡湖区 150 份，有效问卷 115 份，有效率 76.67%，武汉市区发放 150 份，回收有效问卷 129 份，有效率 86%，有效问卷总数为 244

份，总有效率 81.33%。愿意为保护涨渡湖湿地支付一定费用的共有 156 人，支付意愿率 63.93%。根据 WTP 计算原理，以累计频率中位值作为人均 WTP 值，计算过程如下。

以累计频率中位值作为人均 WTP 值，最接近累计频率中位值 50% 的是 39.1% 和 53.85%，对应的 WTP 值是 40 元和 50 元（表 7.13），累计频率中位值对应的 WTP 值即为 48.41 元。

表 7.13　WTP 频率分布

WTP	频数	频率/%			WTP	频数	频率/%		
		绝对	调整	累计			绝对	调整	累计
5	4	1.64	2.56	2.56	200	5	2.05	3.21	78.85
10	15	6.15	9.62	12.18	500	3	5.33	8.33	87.18
15	5	2.87	4.49	16.67	800	1	0.41	0.64	87.82
20	13	6.56	10.26	26.92	1000	6	4.51	7.05	94.87
25	6	4.51	7.05	33.97	1200	1	0.41	0.64	95.51
30	2	2.46	3.85	37.82	1500	2	0.82	1.28	96.79
40	1	0.82	1.28	39.10	1800	1	0.41	0.64	97.44
50	16	9.43	14.74	53.85	2000	2	1.23	1.92	99.36
80	2	1.23	1.92	55.7	2500	1	0.41	0.64	100
100	27	11.48	17.95	73.72	零支付	88	36.07	—	—
150	1	1.23	1.92	75.64	总计	244	100	—	—

注：表中"—"表示无数据

（2）支付动机统计

在愿意支付的样本中，选择为确保涨渡湖湿地永远存在而支付费用的占 48.08%，选择为子孙后代能享用湿地资源而支付费用的占 37.18%，选择为将来更好、更充分地利用湿地资源而支付费用的占 14.74%，即存在价值、遗产价值和选择价值分别占总 WTP 值的 48.08%、37.18% 和 14.74%。

（3）总 WTP 值统计

调查样本中包含了武汉市民及郊区农民，具有较高的代表性，同时考虑到涨渡湖湿地在全国范围内知名度较小，因此选择湖北省 2008 年的总人口作为 WTP 统计的人口基数。2008 年湖北省总人口 6111 万人，按 48.41 元/人计算，总 WTP 值为 295 833.5 万元，其中存在价值 142 236.75 万元，遗产价值 109 990.9 万元，选择价值 43 605.85 万元。

（4）不支付原因统计

在本次调查中，不愿意为保护涨渡湖湿地出资的样本共计 88 个，占有效样本数的 36.07%，但是零支付的原因却有所不同，如表 7.14 所示。

表 7.14　拒绝支付的原因频率分布

零支付原因	频数	所占比率/%
1. 保护湿地是国家和政府的责任，应由政府出资	41	46.59
2. 生活负担重，无力支付	23	26.14
3. 担心资金不能得到有效的管理和使用	10	11.36
4. 变好变坏都是一种自然变化，人类不该干涉	5	5.68
5. 我不能从中受益，变好变坏与我无关	9	10.23
总值	88	100

其中，认为湿地保护是国家和政府的责任，应该由政府出资保护的占 46.59%，比例最大，说明在大多数人看来国家和政府是保护湿地、改善环境等工作的主要角色，它们有义务、有责任采取必要措施保护湿地资源，为市民和农民创造良好的生活环境；此外，因为生活负担重，没有能力支付的也较多，占 26.14%，说明在我国目前的经济水平下，尤其是农村经济还不发达，农民生活水平还较低的情况下，人们还无力顾及生产、生活环境的改善。

7.4.4.3　Logistic 回归分析

支付意愿与被访者的社会经济状况密切相关，在调查中采集了被访者的性别、年龄、收入、教育水平、户籍等社会信息，支付意愿可以看做一个"是与否"的二分类变量，选用 Logistic 模型非常合适，通过 SPSS 软件对被访者的支付意愿和社会经济信息进行 Logistic 模型的拟合分析，筛选影响被访者支付意愿的因素。

（1）Logistic 模型

Logistic 模型就是通过一个 logit 转换将二分类因变量转换为概率比的形式，使回归方程的取值区间变成整个实数集，使回归分析合理、可行。假设因变量为 y，采用多元线性回归分析 y 与影响因素变量 X_1，X_2，…，X_p 之间的关系得

$$y = \beta_0 + \beta_1 X_1 + \cdots + \beta_P X_P$$

式中，β_i（$i = 1$，2，…，p）为回归系数，p 为事件发生的概率，用公式表示为

$$p = \frac{1}{1 + e^{-y}}$$

将两个公式整理后可得，事件发生与不发生的概率比为 $\dfrac{p}{1-p}$，即

$$\ln \frac{p}{1-p} = \beta_0 + \beta_1 X_1 + \cdots + \beta_P X_P$$

定义：$logit(p) = \ln\dfrac{p}{1-p}$ 为 Logistic 变换，Logistic 回归模型即为

$$logit(p) = \beta_0 + \beta_1 X_1 + \cdots + \beta_P X_P$$

引入解释变量：X_1 为性别，男 $=0$，女 $=1$；X_2 为年龄；X_3 为文化程度，即受教育年限；X_4 为收入；X_5 为户籍，农村 $=0$，城市 $=1$；X_6 为距离；X_7 为了解程度，不了解 $=0$，知道 $=1$，熟悉 $=2$。则模型最终形式为

$$logit(p) = \beta_0 + \beta_1 X_1 + \beta_2 X_2 + \beta_3 X_3 + \beta_4 X_4 + \beta_5 X_5 + \beta_6 X_6 + \beta_7 X_7 + \mu$$

（2）SPSS 分析

采用 SPSS13.0 对采集的被访者支付意愿数据和社会经济信息数据进行二分类 Logistic 回归分析，运行结果如表 7.15 所示。从估计结果来看，X_2 值十分显著，且初步预测的正确率达到 63.9%，说明该模型拟合程度较好。表 7.15 分别给出了回归系数 B、标准误 S.E.、Wald 统计量、自由度 df、显著度 Sig.、幂指 Exp（B）。其中，Sig. 表示不同变量 Wald 检验的显著水平；Exp（B）等于发生比率（odds ratio），可以测量解释变量变化一个单位给原来的发生比所带来的变化。

表 7.15　总体样本回归方程中的变量统计表

解释变量	B	S.E.	Wald	df	Sig.	Exp（B）
性别—X_1	−0.070	0.336	0.043	1	0.835	0.932
年龄—X_2	0.006	0.013	0.199	1	0.655	1.006
文化程度—X_3	0.191	0.058	11.044	1	0.001	1.211
收入—X_4	0	0	0.256	1	0.613	1.000
户籍—X_5	−0.172	0.338	0.257	1	0.612	0.842
距离—X_6	−0.034	0.013	6.658	1	0.010	0.966
了解程度—X_7	0.493	0.233	4.466	1	0.035	1.637
常数项	−1.636	0.837	3.823	1	0.051	0.195

（3）支付意愿影响因素分析

根据上述 Logistic 回归模型的参数估计结果，可以看出被访者受教育程度 X_3、距离 X_6 和了解程度 X_7 对支付意愿的影响十分显著，如在其他条件不变的情况下，当距离每增加 1 km 时，个人愿意支付的比率就下降为原来的 96.6%，下降了 3.4%。同时，性别、年龄、收入和户籍对支付意愿的影响并不显著，也即性别、年龄、收入和户籍对个人的支付意愿不会产生显著的影响。

因此，对涨渡湖湿地个人支付意愿影响显著的因素，其影响程度从大到小依次为文化程度、距离和了解程度。

7.4.5　总价值及结果分析

通过以上评价，涨渡湖湿地生态服务总价值为 689 768.8 万元，其各价值类型及其价值量如表 7.16 所示。

表 7.16　涨渡湖湿地价值评价结果

价值类型			价值量/（万元/年）
涨渡湖湿地价值	使用价值	直接使用价值	
		物质生产价值	168 627.3
		水资源供给价值	17 640
		旅游娱乐价值	2 002
		科教文化价值	1 850.6
		小计	190 119.9
		间接使用价值	
		气候调节价值	6 298.2
		蓄水防洪价值	122 967
		涵养水源价值	67 928
		污染净化价值	1 833.3
		生物栖息地价值	4 788.9
		小计	203 815.4
	非使用价值	选择价值	43 605.9
		存在价值	142 236.7
		遗产价值	109 990.9
		小计	295 833.5
总计			689 768.8

由表 7.16 可知，目前涨渡湖湿地使用价值大于非使用价值，在使用价值中，间接使用价值又大于直接使用价值，而非使用价值大于直接使用价值和间接使用价值，充分说明了涨渡湖湿地生态服务功能远远不止是物质产品的生产，其生态服务价值更加巨大。

7.5　结论与对策

7.5.1　基本结论

涨渡湖湿地作为"武汉后花园"，对武汉市生态环境建设、社会经济发展都具有重要意义。为合理开发、可持续利用涨渡湖湿地资源，本章在相关政策、理论的研究基础上，运用 Delphi 法、AHP 法、CVM、Logistic 模型等先进、科学的研究方法，对涨渡湖湿地生态服务功能和价值进行了较深入的研究，得出的主要结论包括：

第一，涨渡湖湿地初级利用不科学，生态环境破坏严重，亟待修复。对涨渡湖湿地利用现状的湿地调查表明，涨渡湖湿地目前的利用方式主要是农业和渔业，由于长期的围垦造地、修堤筑坝，涨渡湖湿地面积萎缩，生物多样性减少，湖区生态污染、河道堵塞十分严重，对湿地生态功能的正常发挥构成威胁，甚至已经导致部分生态功能的退化和丧失，湖区生态环境亟待修复。

第二，涨渡湖湿地生态服务功能种类繁多，其中物质生产、生物栖息和蓄水防洪是其核心生态服务功能。涨渡湖湿地生态服务功能类型多样，主要包括：物质生产、水源供给、气候调节、蓄水防洪、涵养水源、净化污染、生物栖息地、旅游娱乐、文教科研等，其中物质生产（0.3011）是湖区居民维持生计的必要条件，生物栖息地（0.2174）是维系区域生态平衡的重要基础，蓄水防洪（0.1985）是其作为长江流域重要蓄洪区的基本功能，此三项重要性权重总和达 0.717，是目前涨渡湖湿地的核心生态服务功能。

第三，涨渡湖湿地价值分为直接使用价值、间接使用价值和非使用价值，价值量巨大，且非使用价值 > 间接使用价值 > 直接使用价值。涨渡湖湿地生态服务总价值为 689 768.8 万元，其中非使用价值最大，达 295 833.5 万元，间接使用价值次之，为 203 815.4 万元，二者之和占总价值的 72.44%，直接使用价值最小，其中物质生产价值仅占总价值的 24.45%。这表明涨渡湖湿地不仅具有巨大物质经济价值，而且气候调节、生物栖息地、调蓄洪水等生态环境价值更大，充分证明了保护湿地的重要性。

第四，影响涨渡湖湿地非使用价值的主要因素包括：文化程度、距离和了解程度等。此三项因素对人们为保护涨渡湖湿地而支出一定货币的意愿有显著影响，间接说明了认知、了解、自觉是提高人们湿地保护意识的重要思路。

7.5.2 涨渡湖湿地可持续利用对策

针对涨渡湖湿地目前的利用现状，并结合本章对涨渡湖湿地生态服务价值的评估结果，分析涨渡湖湿地可持续利用的对策应该重点把握三个关键词：修复、维护、发展。这是一个循序渐进、逐步完善的过程，首先通过治理、管理等手段使破坏的环境重新焕发生机；其次通过构建生态水网等措施维护并加强湿地生态系统的稳定性；最后是在利用中发展，促成湿地生态系统的良性循环，最终达到可持续利用的目的。

7.5.2.1　疏通港道，整治污染，恢复水环境

现状调查已充分证明流水不畅是导致湖区水质下降的重要原因，必须进行港道清淤，以恢复水的流动性，使其成为活水。此外，采用人工湿地、生态浮岛等生态工程措施治理湖泊水质污染，采用法律、监督、监测等措施遏止工业废水、生活污水排入湖区。通过疏通港道，整治污染，使湖区的水环境得到彻底改善。

7.5.2.2　退耕还湿，禁垦禁猎，改善湿地生态功能

围垦和狩猎分别是导致面积萎缩和生物多样性锐减的重要原因。禁止围垦，保证现有湿地面积不再减少；同时采取退耕还湿、退耕还湖等措施增加湿地面积，提高湿地质量；生物栖息地是其核心生态服务功能，重要性权重达0.2174，价值量达4788.9万元，因此，必须禁止围猎、滥捕，依法保护湿地生物，维系生物多样性。通过这几项措施，使涨渡湖区调蓄洪水的能力得以加强，生物多样性得到切实有效的保护。

7.5.2.3　重建江河湖联系，构建生态水网

江、河、湖阻断是其湖区生态破碎的重要原因，要想彻底恢复湖区生态，必须重建江河湖联系，构建生态水网。以倒水河、举水河、长江为边界，涨渡湖为中心，安仁湖、三宝湖、七湖、陶家大湖为附属，构建流水通畅、彼此相连的生态水网，使整个保护区真正形成面积大、容纳能力强的湿地生态系统。此生态水网一旦形成，不但可以恢复湖区湿地生态环境，而且将有效提高湖区洪水调蓄、生物多样性保护等生态功能。

7.5.2.4　制定科学规划，发展生态产业，提高生态产能

立足武汉市发展规划，制定湖区湿地保护和利用规划，积极发展生态农业、生态渔业，涨渡湖湿地旅游、科教价值总和达3852.6万元，潜力巨大，应重点探索湖区生态旅游、休闲娱乐的发展模式，深度挖掘湖区的生态产能。这样在尽量减少农渔业带来的环境破坏和污染的同时，更加科学合理地利用了湿地的生态服务功能，使其生态服务价值得到更充分的体现。

7.5.2.5　加强宣传教育，提高全民湿地保护意识

全民参与是湿地保护最有效的手段，也是一切生态环境资源、公共资源保

护的最高境界。通过湿地科学下乡、湿地课题研究、湿地知识宣讲等活动，对湿地生态系统结构、湿地生态服务功能、湿地生态服务价值及效益等方面的知识进行广泛的宣传，使人们懂得保护湿地是功在当代、利在千秋的事业，并积极主动地保护湿地生态环境。

7.5.3 不足之处

由于学科知识的交叉性和本人研究水平、研究资料的有限性，本章还存在一些不足，主要有：

第一，在对涨渡湖湿地服务价值评估时，采取分类计算再求和的方式，对各类服务价值之间的交叉和重叠考虑不够，一定程度上割裂了湿地生态系统本身的完整性和依赖性。

第二，在使用 CVM 评价涨渡湖湿地非使用价值时，由于时间、经费等原因未能采集更大的样本数据，可能导致结果有失偏颇；同时，虽然采取了措施以避免或减小部分偏差，但由于调查员认识不同等原因，仍然会存在一定的偏差。

第三，由于环境价值的影响因素众多，很难做到精确评价，同时资料的取得也有一定的时间差，因此本评价结果可能并不十分准确，本次评价只是初步的、尝试性的评价，还有待更进一步的深入研究。

陈建军[1,2]　雷　征[1,2]　（1. 广西壮族自治区国土资源规划院　2. 华中农业大学经济管理学院和土地管理学院）

第8章
武汉市湿地生态旅游发展研究

8.1 绪 论

8.1.1 研究背景

湿地与森林、海洋并列为世界三大生态系统。湿地是自然界最富生物多样性和生态功能最高的生态系统，因具有巨大的水文和元素循环功能，被誉为"地球之肾"；因具有巨大的食物网、支持多样性的生物而被看做"生物超市"；因能够为人类提供丰富的动植物食品资源，并且能够提供大量工业原料和能源，被称为"金色GDP"。作为一种重要的自然资源，湿地不但在维持当地生态平衡和为一些珍稀动植物（特别是水鸟）提供适生繁衍空间等方面具有不可替代的作用，而且也显示出了作为旅游资源的广阔开发潜力。我国湿地类型多、数量大、分布广、区域差异显著、生物多样性丰富，为湿地旅游提供了优越的资源基础。近几年来，随着我国旅游业的多元化快速发展，湿地旅游逐渐受到人们的关注和亲近，随着一定数量的湿地自然保护区和湿地公园的建设，人们对于湿地的研究已不仅仅局限于湿地本身的概念与认识、成因与分类、功能与特征、生物多样性、湿地资源保护和利用等方面，对于湿地旅游景观利用和旅游资源的开发，已经成为当前国际旅游界和环保界的研究热点。

8.1.2 研究目的和意义

8.1.2.1 研究目的

湿地是一种重要的自然资源，也是一种独特的生态系统，同时它与森林、海洋一起被称为全球三大生态系统。湿地具有重要的生态效益、经济效益和社会效益。但湿地生态系统有别于其他生态系统，不稳定性和敏感性及生境多样性使湿地具有资源丰富但生态系统脆弱等特点。这些特点要求湿地发展必须服从"经济效益从属于生态效益"的原则。然而在湿地的开发利用中存在许多问题，特别是湿地生态旅游方面处于初级阶段，可以借鉴的经验不多且要摸索出适合本地发展的生态旅游开发模式存在一定的困难。

研究武汉市湿地生态旅游资源可持续开发的问题，即在不破坏湿地生境与资源的前提下，对湿地资源进行适度、合理、科学的旅游开发。主要是建立科学的湿地旅游资源分类，对湿地旅游资源进行评价，便于充分挖掘武汉市湿地旅游资源的魅力和潜力，确定武汉市湿地旅游开发的优势资源，设计湿地生态旅游的开发模式和主题鲜明的湿地旅游产品，为武汉市湿地旅游的开发提供指导与依据。

8.1.2.2 研究意义

在湿地开展生态旅游具有特别重要的意义。湿地是典型的生态旅游地，开展生态旅游不仅能满足人们日益增长的回归自然的需求，而且能有效地避免传统旅游开发给湿地所造成的生态破坏，并能为湿地增加保护资金，真正实现其教育功能，提高整个社会对其地位和价值的认识，从而促进湿地的可持续发展。

适度开展湿地的生态旅游，不仅是湿地旅游资源开发和保护的最佳途径，同时，作为具有较高的生物多样性的湿地，既是开展生物多样性研究的重要基地，也是进行环境教育的重要场所。

8.1.3 国内外研究现状与动态

8.1.3.1 国内研究现状与动态

湿地是自然界最富生物多样性和生态功能最高的生态系统之一，被喻为"地球之肾"。湿地科学是当前国际众多学者共同热切关注的重点学科和前沿领域，世界上湿地科学发展不平衡，发达国家对湿地的系统研究起步较早，研究体系、内容较发展中国家深入。我国对湿地虽早有认识，但系统研究起步较晚，只到20世纪中期才在东北地理研究所和东北师范大学地理系成立专门的沼泽研究机构。以湿地为主题的学术刊物，其研究主要集中在湿地的基础理论概念、分类、湿地成因、发育和演化、湿地生态系统、湿地生物多样性及湿地温室气体与全球变化等方面，将湿地生境作为旅游资源来研究，进行科学的规划和开发则涉及较少，致使我国湿地生态旅游资源开发没有能够充分发挥其自身的优势，产生应有的经济效益、社会效益和环境效益。

直到 20 世纪 90 年代后，随着我国生态旅游业的不断发展和境外旅游的升温，使湿地旅游研究逐渐引起学术界的重视。其研究成果主要集中在对湿地生态旅游资源的评价、生态旅游价值的认识、结合具体湿地提出开发策略等方面。

综合分析国内湿地生态旅游的研究成果，可以归纳为以下几个方面：

（1）湿地生态旅游开发与利用研究

在湖泊湿地方面，陈凤翔等（1999）对南洞庭湖生态旅游资源开发与利用进行了研究；王健等（2004）提出鄱阳湖西部湿地生态保护与生态旅游开发的对策；盛正发（2006）在调查评价东洞庭湖湿地生态旅游资源与环境的基础上，对该区湿地生态旅游开发进行 SWOT 分析，提出开发的对策和建议。在海滨湿地方面，孙丽和王升忠（2004）从社区共管角度分析海滨湿地生态旅游开发的策略。其他方面，李平等（2004）对黄河三角洲湿地资源生态旅游开发利用进行了研究。陈丹红（2007）提出基于辽河三角洲湿地生态系统的脆弱性和敏感性，应采取具有强烈湿地生态保护意识的湿地旅游生态开发模式，以期达到缓解湿地旅游和环境保护矛盾的目的。王永洁等（2003）对扎龙湿地旅游资源的开发和保护策略进行了研究。张杰和那守海（2004）分析了黑龙江省湿地旅游资源与开发对策。耿英姿等（2005）分析了杭州西溪湿地文化生态旅游开发的可行性。毛笑文和巴爱军（2006）提出必须协调自然保护区的积极保护和适度开发，进行科学理性的开发利用，以实现其生态环境的原生性和完整性。

（2）湿地生态旅游的可持续性研究

鲁铭和龚胜生（2002）提出了湿地旅游可持续发展的对策。赵煌庚（2002）讨论了东洞庭湖湿地生态旅游可持续性开发方法。陈金华（2004）分析了闽南沿海湿地生态旅游资源可持续利用的方法。施明乐（2006）运用生态旅游的基本原理，阐述了长乐闽江河口湿地生态旅游的重大意义，提出了长乐闽江河口湿地生态旅游的开发原则、开发思路以及可持续利用的对策。任宪友等（2006）提出洪湖湿地生态旅游必须以可持续发展为指导，制定科学规划，进行开发项目环境评价，完善生态旅游配套服务建设，采取措施提高公众生态旅游意识和旅游商品开发能力，推动洪湖湿地生态旅游健康发展。

（3）湿地生态旅游的实证研究

国内学者做了不少湿地生态旅游方面的实证研究。在湖泊湿地方面，李敏（2002）以目平湖湿地自然保护区为例，分析了自然保护区生态旅游景观规划的原则和方法；庄大昌和董明辉（2002）、熊鹰等（2003）以洞庭湖湿地为研究对象，庄秀琴（2003）以洪泽湖湿地为研究对象，分别提出了湖区湿地生态旅游资源的开发模式。在库区方面，周慧杰等（2006）以广西西津库区为例，提出西津库区湿地旅游资源开发必须遵照可持续发展理念，把握人与自然和谐，在保护的基础上，发展湿地旅游业，有利于更好地保护湿地，并促进当地经济的发展。在海滨湿地方面，黄震方等（2007）以江苏盐城海滨湿地为例，在分析湿地生态旅游的内涵与盐城海滨湿地生态旅游开发条件的基础上，探讨了海滨湿地生态旅游可持续开发模式，提出了湿地生态旅游可持续开发模式的实施对策。

目前，对湿地生态旅游研究的专门文献不多，只是随着对生态旅游的重视才开始多起来；但很多研究主要集中在开发模式、环境影响等方面，对资源的评价也主要是定性评价。

8.1.3.2　国外研究现状与动态

"生态旅游"这一概念最早由世界自然保护联盟特别顾问 Ceballos-Lascurain（1987）于1983年提出，原意是指在强调某种教育目的的基础上到那些相对受到较少干扰和污染的区域进行的自然旅行。其初衷是通过生态方式的旅游为保护和改善自然环境系统的质量作出贡献。在过去的多年中，生态旅游发展迅猛，在全球范围内掀起了一股"生态旅游"热潮，全球生态旅游业产值年增长率达到20%~25%。继1999年成为中国生态旅游年之后，2002年又被联合国定为国际生态旅游年，在这期间，世界旅游组织联合其他组织以及其成员国会员等，围绕生态旅游主题举办了一系列活动，使生态旅游的影响进一步扩大和深化。生态旅游研究领域也主要集中于生态旅游的定义、内涵、特征、分类、目的地选择、规划、管理或者案例分析和评价等方面。

湿地生态旅游已成为生态旅游的主要类型之一。湿地生态旅游代表性的国家主要有美洲的巴西、加拿大、美国；亚洲的中国、印度尼西亚、马来西亚、日本以及澳大利亚等。主要开展的生态旅游活动为湿地鸟类观赏、湿地植物观赏以及河口瀑布观赏等。例如，美国有10大观鸟胜地，每年吸引着1700万人到访，观鸟旅游活动已经成为美国发展最快的一项娱乐活动。

然而，对湿地生态旅游的专题研究尚处于初始阶段，成果不多。加拿大学者 Wall（1998）研究了全球气候变化与湿地旅游和游憩的关系，他指出滨海湿地旅游会受到海平面上升的影响，而内陆的湿地则会受到水位下降的影响，这是湿地旅游较有影响的研究成果。Arancibia（1999）指出海滨滩涂湿地旅游业在海滨生态经济中的协调作用。Christopoulou 和 Tsachalidis（2004）以希腊具有国际意义的四个湿地为研究对象，从当地居民的态度角度研究其保护政策。建议在湿地发展生态旅游，因为生态旅游对环境和社区都有很大好处，同时要加强环境教育，使社区认识湿地的价值。

目前，国内外关于湿地的旅游发展研究都处于初级阶段，可以借鉴的成功经验十分有限，而且各地的资源和发展状况各不相同，要找到适合本地发展的开发模式和管理模式需要进行一定的摸索。同时，在湖泊湿地的开发中怎样充分利用湖泊湿地的优势资源与兼顾湖泊湿地的生态功能，如何使游客既可以近距离的接触湖泊又可以保护湖泊生态环境值得我们进一步的思考与研究。

8.1.4 研究方法和研究路线图

8.1.4.1 研究方法

本章以武汉市湿地生态旅游资源为研究对象，在全面调查、广泛收集相关资料的基础上，采用调查分析法、层次分析法、文献阅读与数据资料统计归纳法、综合分析法等研究方法对武汉市湿地旅游资源进行了定性分析和定量分析，对选题进行了较为深入的研究。

8.1.4.2 研究路线图

研究路线如图 8.1 所示。

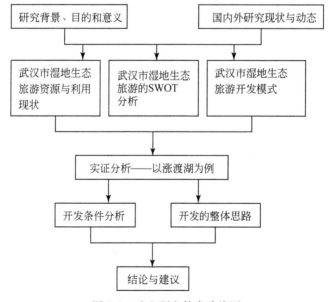

图 8.1 论文研究技术路线图

8.2 武汉市湿地生态旅游资源与利用现状

8.2.1 武汉市湿地资源及保护利用现状

8.2.1.1 武汉市湿地资源组成

武汉市位于江汉平原东部、长江中游两岸，长江与汉水的交汇处，地貌为残丘性河湖冲积平原，其中大部分残丘在市区，基本呈东西向带状延伸，相互平行，断续分布，河湖冲积平原广布于残丘带两侧，长江和汉水在市区中部交汇，将武汉市分割为遥相呼应的武昌、汉口、汉阳三大块。平坦的地势，纵横交错的河道、星罗棋布的湖泊以及典型的亚热带季风气候造就了武汉市典型的河湖湿地，曾有"百湖之城"美誉。

根据 RS 和 GIS 的调查研究结果（向闻等，2006），武汉市湿地总面积为 3195.71 km²，占武汉市总面积的 37.62%。其中，天然湿地面积为 1438.62 km²，占武汉市面积的 16.38%，人工湿地面积为 1757.09 km²，占武汉市面积的 20.68%。湿地旅游资源丰富，保护完整，为开展湿地旅游和生态旅游提供了广阔空间。

8.2.1.2 武汉市湿地资源分布

武汉市湿地所处的位置都是相对低洼地带，分布在长江、汉水两岸广阔的江汉平原上，其分布格局主要受武汉市内的干流河道及平原内部起伏的微地貌制约，具有典型的滨湖、滨江特色，如图 8.2 所示。

8.2.1.3 武汉市湿地资源类型

2005 年，由武汉区林业部门首次进行的湿地资源普查显示，武汉市的湿地有河流、湖泊、沼泽三个类型的天然湿地和库塘、稻田两个类型的人工湿地。又可将这五大类湿地分为永久性河流、洪泛平原、永久性淡水湖、草本沼泽、库塘和稻田六小类（表8.1）。

（1）河流湿地

武汉市河流湿地面积合计为 438.42 km²，占武汉市面积的 5.16%。

1）永久性河流湿地。武汉市境内河流密布，按市内河流长度划分，全市 5 km 以上河流共 172 条（不包括长江、汉江干流）。武汉市长江北岸面积大于长

图 8.2　武汉市湿地分布图

资料来源：向甩等利用遥感技术得到武汉市各类湿地分布图（2005 年）

表 8.1　武汉市湿地类型与面积

	湿地类型	说明	面积/km²	占武汉市面积比例/%	各类型代表性湿地
天然湿地	河流湿地	永久性河流	241.48	2.84	长江
		洪泛平原湿地	196.94	2.32	天兴洲洪泛平原湿地
	湖泊湿地	永久性淡水湖	960.94	11.31	武昌东湖
	沼泽和沼泽化草甸湿地	草本沼泽	39.26	0.46	蔡甸区沉湖芦苇湿地
人工湿地	库塘	库塘	462.49	5.44	夏家寺水库
	稻田	稻田	1294.60	15.24	
合计			3195.71	37.62	

资料来源：武汉市林业部湿地资源普查（2005 年）

江南岸，北岸有河流 115 条，南岸有河流 57 条，这些河流形成以长江、汉江为轴线的向心水系。

2）洪泛平原湿地。武汉洪泛平原湿地主要分布在长江干流江段和汉江干流江段上，如长江天兴洲洪泛平原湿地。

（2）湖泊湿地

武汉市湖泊湿地一般为常年性淡水湖泊，其总面积为 960.94 km^2，占武汉市面积的 11.31%，在天然湿地中所占面积最大。

截至 2003 年，武汉市共有湖泊 164 个，中心城区有湖泊 38 个。现存水域面积 33.33 km^2 以上的大型湖泊 7 个（梁子湖、斧头湖、鲁湖、汤逊湖、涨渡湖、汉阳东湖和武昌东湖）；水域面积在 5 km^2 以上的中型湖泊 21 个；水域面积大于 0.15 km^2 的湖泊有 120 个。

武汉市内湖泊湿地为水禽的重要栖息地，其中蔡甸区的沉湖最具代表性，其余如梁子湖（西部）等是重要的水鸟越冬地。武汉市大、中型湖泊水源丰富，多属草型湖，饵料生物丰富，经济水产种类多，是养殖水体中的"瑰宝"。

（3）沼泽和沼泽化草甸湿地

沼泽和沼泽化草甸湿地在武汉市零星分布，主要分布在河湖漫滩至江心洲上，总面积为 39.26 km^2，占武汉市面积的 0.46%，在各种湿地类型中所占面积最小。武汉市的此类湿地以蔡甸区沉湖湿地的面积为最大。

草本沼泽是武汉市沼泽和沼泽化草甸湿地的主体类型，其优势层为草本植物，主要分布在长江滩涂、江心洲和湖漫滩。根据植物组成，群落结构特点，武汉市草本沼泽又可分为高草湿地、低草湿地、挺水型植被湿地、浮水型植被湿地和沉水植被湿地五个类型。

（4）库塘

武汉市的人工湿地水库主要分布在黄陂、新洲、江夏、蔡甸、洪山 5 个区，共有大、中、小型水库 273 座。其中，大型水库 3 座，中型水库 6 座，承雨面积 850.76 km^2，总库容为 9.2536 × 10^6km^3，兴利库容为 4.7496 × 10^6km^3，死库容为 1.8279 × 10^6km^3，设计灌溉面积为 881.43 km^2，实际灌溉面积为 665.07 km^2，分别占全市耕地总面积的 41.01% 和 30.31%。武汉市共有塘堰 85 947 口，因单个塘堰面积小于 100 km^2，故未统计其所占面积。

（5）水稻田

武汉市各区人工湿地水稻田的面积如表 8.2 所示（向闸等，2006）。

表8.2 武汉市各区的水稻田面积

	黄陂区	江夏区	新洲区	蔡甸区	东西湖区	洪山区	汉南区	江岸区	汉阳区	硚口区	江汉区	其他
面积/km²	442	282.5	273.2	151.2	72.4	33.0	28.2	1.0	1.0	0.5	0	9.6
比例/%	34.14	21.82	21.10	11.68	5.59	2.55	2.18	0.08	0.08	0.04	0	0.74

资料来源：武汉市统计局（2003年）

8.2.1.4 武汉市湿地资源保护利用现状

（1）湿地面积急剧减少，尤其是湖泊湿地

据统计，全市湖面面积大幅度地减少，而且这种态势仍在继续。湖泊湿地的减少主要是由于人类活动的影响，如填湖建房、围湖垦殖等，如表8.3所示。

表8.3 武汉市中心城区湖泊填占情况表

所在位置	序号	湖泊名称	20世纪50年代面积/hm²	现有面积/hm²	减少面积/hm²	减少率/%
洪山区	1	杨春湖	120	60.37	59.63	49.69
	2	北湖	1170	221.52	948.48	81.07
	3	野湖	340	204.34	135.66	39.9
	4	南湖	1420	763.96	656.04	46.2
	5	野芷湖	357.4	172.26	185.14	51.8
		小计	3407.4	1422.45	1984.95	268.66
汉阳区	6	三角湖	290	234.61	55.39	19.1
	7	莲花湖	9.4	7.45	1.95	20.74
	8	北太子湖	530	51.22	478.78	90.34
	9	南太子湖	720	658.45	61.55	8.5
	10	外沙湖	520	319.66	200.34	38.53
	11	晒湖	80	12.76	67.24	84.05
		小计	2149.4	1284.15	865.25	261.26
江汉区	12	西湖	10	5.01	4.99	49.9
	13	北湖	50	9.39	40.61	81.22
	14	小南湖	20	3.61	16.39	81.95
	15	机器荡子	20	11.69	8.31	41.55
	16	菱角湖	17.67	9.15	8.52	48.22
	17	后襄河	18.31	4.03	14.28	77.99
		小计	135.98	42.88	93.1	380.83

所在位置	序号	湖泊名称	20 世纪 50 年代面积/hm²	现有面积/hm²	减少面积/hm²	减少率/%
江岸区	18	换子湖	18	10.31	7.69	42.72
	19	塔子湖	100	30.01	69.99	69.99
		小计	118	40.32	77.68	112.71
武昌区	20	内沙湖	52	7.64	44.36	85.31
	21	四美塘	21.9	7.84	14.06	6.42
	22	水果湖	16.92	12.62	4.3	25.41
		小计	90.82	28.1	62.72	117.14
总计			5901.6	2817.9	3083.7	52.25

资料来源：武汉市中心城区湖泊保护规划（2005 年）

（2）湿地环境污染日益严重，水体富营养化趋势明显

随着城市的扩张、人口激增，人为因素对武汉湿地的负面影响也越来越严重。根据武汉市环境保护局的 2005 年武汉市环境状况公报，2005 年对武汉市67 个主要湖泊水质进行了营养状态的评价，其结果显示：贫营养状态的湖泊 1个；中营养状态的湖泊 30 个；富营养状态的湖泊 36 个，其中轻度富营养状态的湖泊 12 个，中度富营养状态的湖泊 17 个，重度富营养状态的湖泊 7 个。其原因一方面是因为湖泊湿地大多地势相对低洼，绝大多数是汇水盆地，各种污染物质经由地表径流和地下水进入湖泊；另一方面，是由于大量的工业废水和生活污水直接排入河流和湖泊，污染物的排放量增多了，同时由于湖滩围垦、填埋、泥沙淤积等原因致使湖容减小，从而降低了河湖湿地的自净能力（宁龙梅，2004）。结果使得水资源面临季节性枯竭，工农业生产用水和居民饮用水受到威胁。而且在旱季，由于河流缺水，排入河渠的城市生活污水与工业污水被用做灌溉用水，从而使得有毒物质在土壤中积累，使土壤表层盐渍化、板结和地力下降，更严重的是造成农作物有毒物质的富集，不能食用（向闯等，2006）。这种不利的变化趋势可能在南水北调工程竣工以后，由于汉江下游水量减少，湿地地下水位和部分河湖水位下降，武汉市汉江沿岸湿地环境将面临更严峻的考验。

（3）湿地生态环境日趋恶化，生物多样性受损

湿地是众多动植物生长繁育的场所，是十分珍贵的遗传基因库，对维持野生物种种群的存续有重要意义。由于湿地的大量开发，导致湿地动植物栖息地的破坏和生境的片断化，使越来越多的生物物种，特别是珍稀生物失去生存空间而濒临灭绝，生物多样性严重下降而使生态系统趋向脆弱并失去平衡。大型

水利工程的建设、高强度的水产捕捞和高密度、单一品种的水产养殖等一系列人类活动的结果在很大程度上使得物种单一，整个生态环境恶化。不少地区多种影响共存，产生复合作用，对湿地生物多样性的危害更为严重。

武汉市湿地以河流和湖泊为主，这些地区也是物种多样性富集区。武汉市湿地面积萎缩，水质恶化，沿岸植物毁灭，生物数量减少，水生生物种类和数量的变化直接影响到以这些水生生物为食的各种鸟类的栖息和繁殖。由于长江鱼类产量的下降及组成日趋小型化和低龄化，以鱼为食的白鳍豚等珍稀动物的食物资源已十分有限，因而影响到白鳍豚等珍稀水生生物的生存和繁殖。

（4）湿地水土流失现象严重

受气候、地貌、植被和人为等因素的影响，武汉市湿地水土流失现象十分严重。水土流失、肥力下降和农业生产条件恶化使江汉湖泊水质遭到严重污染，同时淤塞江湖，阻碍通航，使水利设施寿命缩短，湿地面积减少（向闯等，2006）。

（5）强调单一的开发利用，忽视了湿地的保护和湿地系统综合功能的发挥

由于历史原因，湿地中的天然湖泊，蓄水不深，湖泥深厚，沼泽化明显，目前武汉许多湖滨周围的沼生植物带，江湖间的涝洼地带基本上被围垦成农田，以种植水稻为主，江河湖洲滩地地势高的也已基本被开垦成农田，地势低的季节性露出的洲滩，或种有芦苇或林粮套种或养禽养畜，通常年景均可收获，大水年则汪洋一片。

然而湿地作为水陆过渡带生态系统，既是许多珍稀动植物资源栖息地，蕴藏着丰富的生物资源和生物生产力。同时作为自然系统中重要而特殊组成部分，湿地又有着巨大环境效应，如涵养水分、蓄积洪水、调节气候等。然而，对湿地资源滥围、滥垦，使湿地蓄水功能急剧下降，扰乱了河湖生态系统，削弱了湿地对洪水的天然调节能力，使洪涝之患此起彼伏，水多水少皆成灾害。

（6）湖区人口猛增，人地矛盾突出，湿地系统脆弱

自1949年以来，湖区人口增加了1倍，人口的猛增增加了对土地和粮食的需求，与水争地，围湖造田，向湖要粮，江汉平原湖面减少近2/3，蓄、养、种矛盾恶化，脆弱的湿地系统不堪负重，导致灾害频繁（王学雷等，2002）。

8.2.2 武汉市湿地生态旅游资源及利用现状

8.2.2.1 武汉市湿地生态旅游开发现状

武汉市湖泊旅游功能显著，有一部分湖泊已经被开发为很好的旅游景点。

风景秀丽的东湖国家级风景区，由郭郑湖、水果湖、喻家湖、汤湖、牛巢湖五个湖泊组成。它是一个自然湖，自然环境优越。主要游览点为寓言园、音乐喷泉、行吟阁、长天楼、九女墩、湖光阁、磨山新景区。

位于江夏区美丽的汤逊湖，是全国首家以图腾文化为主题的度假区，该度假村是按照"天人合一、返璞归真、回归自然"的思想组建的，区内设有垂钓、游泳、射箭、网球、休闲别墅、蒙古包、人造瀑布、九曲桥、龙王庙、白塔、观音岛等项目和景点。同时还经常举办各类大型图腾文化表演、古神秘祭祀、焰火晚会、假面舞会、篝火晚会、民间杂耍等娱乐活动，备受广大游客青睐。

以"透水透绿、净化美化、通畅可达"为目标的汉阳月湖地区一期建设工程和汉口江滩一、二期工程竣工，成为全市中心城区最具滨江滨湖特色的自然景观区和文化旅游区。

位于汉阳区南郊的墨水湖有着湖光山色、鸟语花香的自然景色，适宜各类动物栖息，而其位于市郊的地理位置，方便游客来往，也保证了游客的数量。具有游览、观赏、科研三者兼顾的有利条件，因此武汉动物园就坐落在此。起伏的地势，茂密的林木，人文景观与自然景观相互交融，成为一座特色鲜明、颇具现代色彩的游乐动物园。

尽管一些湿地已经开发成生态旅游区，但是到目前武汉湿地保护区还没有形成规模效益良好的生态旅游区。

同时，武汉市目前已拥有5个湿地自然保护区，其中省级湿地自然保护区2个，分别是沉湖湿地保护区和新洲涨渡湖湿地保护区；市级湿地自然保护区3个，分别是黄陂草湖湿地保护区、江夏上涉湖湿地保护区、汉南武湖湿地保护区。湿地保护区面积达 337.58 km²。另外，武汉市还建有一个省级湿地公园：东西湖区杜公湖湿地公园；两个国家级湿地公园：东西湖区金银湖湿地公园（国家城市湿地公园）、东湖湿地公园（国家湿地公园）。

8.2.2.2　武汉市湿地生态旅游开发存在的问题

（1）宣传力度不够，政府和社会各界对湿地生态旅游了解较少

湿地生态旅游的建设属于新生事物，由于目前宣传的力度远远不够，除了业内人士以外，政府和社会各界对湿地生态旅游了解较少。湿地生态旅游开发的重要性和必要性还没有引起地方领导的重视，尚未形成全社会关心支持湿地生态旅游开发的舆论氛围，这对湿地生态旅游的发展是十分不利的。

（2）旅游配套设施不完善

武汉市生态旅游业正处于起步阶段，基础设施不全，旅游商品种类较少，

缺少地方特色，游乐设施单一落后，一定程度上降低了游客旅游体验的完整性。

（3）主题不明确，特色不鲜明

武汉市生态旅游资源丰富，但湿地生态旅游主要是以观光为主，辅助配以游乐项目，从开发的整体来看，其发展缺乏明确的主题，开发具有一定的盲目性，旅游形象不鲜明，从而对旅游者不能产生较强的吸引力。

（4）相关法律法规滞后

目前，国家和武汉市湿地保护条例尚未出台，这对湿地保护工作极为不利，湿地生态旅游是湿地保护的一种形式，自然也不能例外。同时，我国现行的湿地生态旅游资源开发和保护是以众多的单行法为依据的，如《森林法》、《草原法》、《水法》和《野生动物保护法》等，缺乏整体的配合。

（5）缺乏湿地保护意识

旅游管理者往往不能严格执行既定的生态旅游规划，从而导致生态旅游的盲目开发。生态旅游开发与管理处于低级粗放阶段，旅游经营者片面追求经济效益，仅把生态旅游作为独特的旅游产品参与市场竞争，而较少考虑环境保护、环境容量和生态承载力，破坏了脆弱的生态环境。一部分旅游者的环保意识淡薄，不注意保护环境，留下的废弃物造成环境污染。同时，由于保护区的环境保护缺乏资金投入，保护区内农民的生活水平相对较低，为了改善自身生活质量，他们往往直接向周围的环境索取资源，却不知道如果保护好环境、开展生态旅游，能更有效地改善生活水平。可见现阶段湿地保护与生态旅游发展的宣传教育工作滞后，宣传教育工作的广度深度不够。公众缺乏湿地保护意识，对湿地的价值和发展生态旅游的重要性认识不足。

8.3 武汉市湿地生态旅游的潜力分析

8.3.1 优势分析

8.3.1.1 丰富的生物资源

武汉市属亚热带湿润季风气候，雨量充沛，日照充足，四季分明，总体气候环境良好，湿地物种资源丰富。武汉的地貌属鄂东南丘陵经江汉平原东缘向大别山南麓低山丘陵过渡地区，中间低平，南北丘陵、岗垄环抱，北部低山林立。同时地处南北过渡地带，地域辽阔，湿地环境复杂多样，成为众多野生动植物的栖息和繁衍场所。

初步统计，武汉湿地植被约有植物 400 多种，种类涉及浮游、蕨类、裸子、被子等，其中活化石"水杉"、中华蚊母树等是十分珍稀的湿地植物；有动物 477 种，涉及浮游、脊椎、无脊、底栖、两栖、爬行等诸多种类，其中属国家一级重点保护的动物有白鹳、黑鹳、中华秋沙鸭、金雕、白尾海雕、白头鹤、白鹤、大鸨、白鳍豚、中华鲟 10 种，国家二级保护动物则多达 20 余种。

例如，位于中环线以外、武汉西北角的金银湖湿地，水域面积 8 km²，拥有大量的湖汊和湿地以及保存完好的自然原生态。金银湖植物资源丰富，种类繁多，并有多种珍稀禽鸟。人与自然、经济与生态、古朴与时尚，在这里达到日臻合一的境界，成为展示人文、自然景观的生态风光带（徐易，2008）。

8.3.1.2　开发条件优势

（1）区位优势

武汉市位于中国经济地理的中心地带，对外旅游交通便利，可进入性较好，自古有"九省通衢"美誉。境内江河纵横，湖泊星布，以长江为干线，构成了庞大的水网，在世界大城市中极为罕见，处于得天独厚、得水独优的地理位置，使武汉内联九省，外通海洋，承东启西，南北交汇，成为享誉海内外的华中重镇。同时，以武汉为中心，通过京广、京九铁路、106 国道、107 国道往北辐射华北地区，连接华北、东北客源市场；往南辐射华南地区，连接广州、深圳等珠江三角洲客源市场。通过长江黄金水道、武九、汉丹铁路、318 国道、沪蓉高速公路往东辐射华东地区，连接上海等长江三角洲客源市场；往西可以辐射西部地区，连接重庆、成都客源市场（陈丹红，2007）。武汉作为华中地区的特大城市，对外辐射功能强大。

（2）交通便利

水运方面：长江、汉水交汇，并有巴水、内荆河、汉北河、大富水、梁子湖、大冶湖、摄水、府河等重要内河河流；有 6 座长江大桥横跨长江，已经通车的阳逻长江大桥及武汉长江隧道和正在兴建的天兴洲长江大桥，将使水路运输更加畅通和便捷。同时，长江游船业以武汉和宜昌为基地，武汉、黄石等港口先后对外开放，通江达海，海洋轮船可由此直航港、澳、日、韩以及新加坡等东南亚国家。

铁路方面：武汉作为全国四大铁路枢纽之一，铁路成为发展旅游的又一主要方式。国家规划的"四纵四横"快速客运骨架中京广、沪汉蓉客运专线在武汉相交，加上现有京广线和汉丹、武九线构成的"井"字铁路网络，实现 1000 km 范围的"朝发夕归", 2000 km 范围的"朝发夕至"铁路运行目标。

公路方面：规划有 7 条国家级公路穿越武汉地区，包括京珠高速、大庆—广州、二连浩特—广州等南北向高等级公路以及上海—成都、上海—重庆、杭州—瑞丽、福州—银川等东西向高速公路，是武汉与外部的旅客运输的重要载体。

航空方面：武汉天河机场是华中地区规模最大、功能最齐全的现代化航空港，机场有 158 条航线，日均航班达 130 次，可以通达 60 多个城市，年吞吐量达 300 多万人。目前机场方面提升机场设施等级，积极发展新航线，提高航空运输能力，适应作为武汉对外长途游客的主要交通方式的需要。

内河运输系统、铁路系统、公路系统以及航空港等构成了武汉的交通走廊，并随着全国交通网的建成和完善在不断发展，武汉优越的对外交通条件为该区域内旅游业的发展创造了较好的外部大环境。

（3）经济条件优势

经过多年的建设，武汉市在全国发展中具有举足轻重的地位，是中国最大的工商业城市之一。在全国三大工业中心、三大交通商业中心、三大教育中心的基础上，正在建设成为全国的三大制造业中心、三大科技开发中心、三大金融贸易中心，在全国经济发展中起着突出作用。特别是 1992 年取代上海成为中国第一大上缴税收城市，发展速度连年突破 16%，被视为"武汉现象"，经济总量一直保持全国前三名，城市规模始终排名全国城市第一（操丹丹，2007）。2008 年全年实现生产总值 3960 亿元，同比增长 15.1%。城市居民人均可支配收入达到 16 718 元，增长 16.4%；农村人均纯收入达到 6349 元，增长 18.2%，两者增幅均创 12 年来最好水平。

8.3.1.3 丰富的旅游资源

旅游资源按基本属性分类方式，分为自然旅游资源和人文旅游资源。

自然景观方面，武汉市的自然资源丰富，种类齐全，景观特色鲜明，山水相映，景致交错，尤以水资源最为突出——江河汇集、湖泊众多，长江、汉水穿城而行，百余湖泊群星点缀，号称"江城"和"百湖之市"。名闻天下的黄鹤楼，位居"江南三大名楼"之首；"江城明珠"东湖，是国家级风景名胜区；新中国成立后建设的"武汉长江大桥"，可使游客体验到"一桥飞架南北，天堑变通途"的老革命家的英雄胆识。

人文景观方面，武汉市也同样丰富多样，楚文化、首义文化、宗教文化等多种文化相互交叠，使整个人文景观形成立体结构，塑造了坚实的资源基础。

武汉作为楚文化发祥地之一，历史悠久，文化源远流长。早在新石器时代（1万多年以前），这里就有先民生息繁衍。据考证，位于武汉市北郊的盘龙城遗址，是距今3500年前的商代方国宫城。明清时代，汉口成为全国闻名的商埠，是当时四大名镇之一。现已建成的东湖磨山楚城和位于东湖之滨的湖北省博物馆，包括编钟楚乐在内，向游人展示着古代楚国先民们的文化魅力与神韵。

首义文化是武汉独一无二的宝贵精神财富和旅游资源，其旅游资源很丰富，主要分布在武昌。这里有起义门、武昌起义军政府旧址、黄兴拜将台、彭刘杨三烈士亭、孙中山纪念碑、孙中山铜像、辛亥革命武昌首义纪念碑、日知会旧址、武昌首义发难处——工程营旧址、楚望台军械库遗址等。同时，中山舰、国民政府旧址、八七会议会址、农讲所、二七革命烈士纪念馆、施洋烈士墓、空军抗日将士纪念碑等也是著名的红色教育基地。

宗教朝圣是一种古老的旅游方式，历史悠久，武汉宗教文化旅游资源总量丰富。市内有归元寺、长春观、宝通寺等。市区外有木兰山、柏泉寺（遗址）、莲溪寺、正觉寺、古德寺等。

8.3.1.4 特色饮食文化

武汉的风味小吃是荆楚文化的物质再现，并且拥有众多的特色小吃美食街。循礼门旁精武路鸭颈卤味小吃街的以精武鸭脖等为代表的汉派卤味小吃，通过电影《生活秀》使其声名远扬，在广州等地也闯出了品牌。这种鸭脖子用尖辣椒、花椒及10余种卤料卤制而成，口味特麻特辣，一出现就深受武汉人喜爱。如今，精武路已从鸭脖子发展成为系列鸭食品，鸭肠、鸭头、鸭掌、鸭翅、鸭胗、鸭肝、鸭锁骨，应有尽有。吉庆街地处武汉闹市区，中山大道和大智路的交汇处，其独具特色的汉味小吃、民间艺人贴近生活的吹拉弹唱，吸引了来自全国各地好奇的观光客人，已成为武汉市一张独具特色的名片，在全国的名气几乎与汉正街齐名。户部巷位于武昌自由路，宽不足4 m、长仅150 m，因其品种众多、特色鲜明的汉味早点，享誉三镇，至今已有400年历史。目前，这里共有30多个特色早点和小吃品种，如石婆婆热干面、徐嫂鲜鱼糊汤粉、谢家面窝、高胖子粥店、陈记红油牛肉面、万氏米酒、王氏馄饨、何记豆皮、麻婆灌汤蒸饺、李大饼、顾氏肉松卷、吕记油饼、吴记米发糕、好来牛肉面、老乡小吃、李记粉面、陈记烧梅面窝、小文煎包等。彭刘杨路美食街的规模和名店数量也很多，美食街一侧还有号称武汉"城隍庙"的首义园，园内有200多种小吃，足不出园吃遍全国风味。

8.3.2 劣势分析

8.3.2.1 资源产品劣势

首先，新中国成立以来，由于围垦和淤积，全市湖泊湿地面积大幅度地减少。其次，目前湖泊湿地利用主要是农业和渔业模式。由于人口的急剧增加，武汉许多湖滨周围的沼生植物带以及江湖间的涝洼地带基本上都被围垦成农田；同时也有部分湖泊用来养鱼，但是有些湖泊的围养面积达到总水面的50%以上，超过了湖泊系统的环境承载能力，加上多是粗放模式，造成湖泊水环境质量下降，进而影响整个湖泊湿地生态系统。再次，城市化和工业化对湿地环境带来严重的负外部性效应。工业"三废"未经过处理就直接向湖泊湿地排放，严重污染了水体；农药和化肥，使得湿地水质不断恶化。最后，退耕还湖是一项重要保护措施，在水土保持、防治风沙、抑制洪涝灾害等方面取得了明显的生态效益。但是同时也会造成沿湖黄金地段的高费用支出和农民失地问题，成本高，经济效益不佳。由于种植规模有限，不能根治污水，这样退耕还湖也就没有充分达到保护湿地、改善环境的效果。面对这一亟待解决的问题，湿地生态旅游开发可能是最佳选择（徐易，2008）。

8.3.2.2 开发条件劣势

部分湖泊土地权属不清，客观造成了湿地生态旅游发展中的"负的外部性"。据调查，武汉市主城区至今还有7个湖泊属集体所有，4个湖泊属集体、国家共同所有，当出现管理问题时，权属难以界清。

8.3.3 机遇分析

8.3.3.1 市场机遇

据世界旅游组织统计，2010年全球国际旅游人数达到9.35亿人次，其中中国占有12.1%的份额。中国正面临着发展旅游业的大好时机。世界旅游组织预测，2020年将有1.37亿国际旅游者到中国旅游，整个东亚及亚太地区接待国际旅游者人数可达到4.38亿，这一区域市场中将占有31%的份额的中国，将成为世界第一大旅游目的国和第四大旅游客源输出国。

从国内市场来看，作为近年来第三产业的一个增长亮点，旅游业继续稳步快速增长，特别是国家推行"假日经济"政策，进一步激活了国内旅游市场。同时人们开始转向参与型的旅游形式，尤其是原汁原味的自然与文化生态旅游产品更是得到世界范围内的广泛关注。

8.3.3.2 政策机遇

2007年1月4日，武汉市市长办公会议通过了《武汉市湿地保护总体规划》。按照规划，2030年前，武汉市将斥资7亿元建设湿地保护区和湿地公园，使武汉市成为享誉全国的"湿地之城"。

武汉市将对湿地分类管理，分区施策。在武汉外环线以外，对具有国际或国内重要保护价值物种、自然生态系统相对完好的天然湿地，规划建设自然保护区，以保护和修复为主；在武汉外环线以内，对受到一定程度干扰破坏但又具有生态旅游价值的湿地，规划建设湿地公园，进行合理开发利用，促进保护和抢救性恢复。到2030年，武汉市规划建设10处湿地自然保护区、8个湿地公园，湿地保护面积169万亩，占天然湿地面积的72%。武汉市将开发利用其中的60%，通过依法保护和治理，使湿地环境得到根本改善，使湿地生态系统达到动态平衡。

8.3.3.3 全球生态旅游发展迅速

生态旅游作为以自然景观为主体，融合区域内人文、社会景观为对象的郊野性旅游，旅游者通过与自然的接近，达到了解自然、享受自然生态功能的目的，产生回归自然的意境，从而形成自觉保护自然、保护环境的意识。生态旅游自20世纪80年代初期正式提出来之后，受到旅游界、生态保护界的广泛重视。进入90年代后，旅游业在全球经济各行业中发展速度位居前列，其中又以生态旅游市场的增长最为显著。据有关资料显示：全球生态旅游的增长速度近10年间从每年10%已上升到30%左右，成为旅游市场中增长很快的一个分支（刘晓莉，2006）。各区域组织发布的2006旅游市场调查报告纷纷指出，生态旅游目前已经成为当今世界旅游业发展的热点，生态旅游的实践区域在不断地扩大，较早发展生态旅游的地区和国家也在实践中积累了丰富的经验。世界多数国家的多数机构在致力于推广生态旅游活动的普及，如世界旅游组织、亚太旅游组织、联合国生态安全合作组织、澳大利亚可持续发展组织、绿色环球21等。

8.3.3.4 可借鉴的生态旅游成功经验

杭州西溪国家湿地公园和香港湿地公园是湿地旅游保护和开发比较成功的

案例。

2005年2月，国家林业局批准设立我国第一个"国家湿地公园"——杭州西溪国家湿地公园。杭州西溪国家湿地公园是目前国内唯一的集城市湿地、农耕湿地、文化湿地于一体的首个城市国家湿地公园，生态旅游设施和管理很完善，科普教育功能显著增强。西溪国家湿地公园结合优化湿地景观与产品、完善旅游设施与服务、提升游客体验质量、实行质量管理四大关键战略，对旅游设施建设和管理进一步加以完善，提升了服务水平和质量；根据生态保护区和不同景区的旅游环境容量计算，采取"有限进入"政策，控制游客数量，降低人为污染，进一步减轻西溪湿地的生态压力。目前主要观鸟区已经建成，西溪湿地植物园与中国湿地博物馆已对游人开放。

香港湿地公园位于天水围新市镇东北隅，接近香港与深圳的边境，占地61万m²。这座公园是环境保护实践和可持续发展两者相结合的首个范例。它充分发挥了自然保育、旅游、教育和市民休闲娱乐这些截然不同并可能相悖的多种功能，因此在香港或整个亚洲都是独一无二的。渔农署通过教育主题和湿地这一媒介来传达给参观者关于保护和可持续性的关键信息，如湿地的生物多样性和生态关系，人与自然相互依存的理念以及与可持续理念相协调的生活模式调整的需要等。而且建筑署在设计工程计划的公园布局、景观和栖息地的创造等各个工作项目时，一直视环保问题为最主要的考虑因素。

8.3.4　战略分析

8.3.4.1　市场挑战

目前，湿地生态旅游还处于初步开发阶段，旅游资源品味较高，但品牌知名度较低；缺乏统一规划，旅游区的整体形象不突出；主题不明确，难以抗衡周边省市竞争力强的旅游产品，如杭州西溪国家湿地公园；专项旅游特色不明显，旅游网络还没有形成，游客承载量低。

8.3.4.2　生态旅游资源开发过程中面临的挑战

武汉市少数湖泊（如东湖）开发具有盲目性，时兴什么项目就上什么项目，从而导致旅游形象不明确，特色不鲜明，而且由于过于注重经济效益而忽略了景观效益及生态环境陶冶，导致湖泊景观和生态效益降低。部分湖泊建成了公园，但由于主客观等原因造成经营状况不理想，如莲花湖，尽管建成了水上乐园，但这些游乐项目太过于平淡，没有特色，而且还要经常面临枯水和湖底淤积问题。其他多数湖泊的开发相对于武汉市独特的湖泊资源则处于滞后状态，更有甚者成了排污纳垢的"垃圾场"，正从"生态池"向功能意义上的"循环池"、"净化池"转变，如曾经湖水清澈见底、两岸景色宜人的武昌水果湖，现在湖水发黑，时有生活垃圾甚至粪便漂浮水面，优美的湖边风光被破坏，周边环境也黯然失色（蒋科毅等，2008）。

8.4 武汉市湿地生态旅游开发模式

8.4.1 湿地生态旅游开发原则与程序

8.4.1.1 湿地生态旅游开发原则

（1）保护性原则

生态旅游是在资源和生态环境保护的基础上开展的旅游活动，它强调旅游对象的自然性和原生性，应把自然资源的保护和持续利用放在首位。因此，在开展生态旅游的过程中，必须以可持续发展理论为指导，以自然保护为主，做到合理利用，适度开发。一切旅游项目的开发设计，都要以湿地的保护目标和功能的实现为前提，促进湿地的生态环境良性发展。

（2）生态教育原则

湿地生态旅游是一种高品位的旅游活动，通过湿地旅游的开展，使游客在旅游的过程中获取更多的生态知识，使他们认识湿地、了解湿地，增强湿地生态保护意识。同时为了湿地生态旅游的持续发展，也必须对游客进行教育，改变他们的资源观、价值观，约束他们的行为，从而自觉地加入到保护湿地生态环境的行列中来。

（3）科学规划，试点先行原则

发展生态旅游的关键是制定科学的规划，规划要体现生态旅游的保护性、文化性、人本性。做到生态优先，维护湿地具有的保持水土、净化水质、蓄洪抗旱、调节气候和保护生物多样性的生态功能。要充分挖掘历史资源，彰显人文精神，注重开发"人文"、"红色"旅游。

坚持以人为本，注意保护好湿地周边群众的利益，协调好开发与群众利益之间的关系，通过发展生态旅游，吸收群众参加旅游管理和服务，使村民从中受益，从而把生态旅游对环境的影响降到最低，实现生态旅游的可持续发展。要科学地确定旅游区的环境容量、合理分区、制定资源和环境保护规划，并从试点开始，分步骤、有计划地进行建设，取得经验后再推广。

（4）突出特色原则

生态旅游是可持续旅游，是旅游业中的知识产业，其特色反映在它的生态性、知识性和科学性上。因此，开发时要突出湿地生态系统的生物多样性、候鸟观察、科普教育的特点。同时，武汉市湿地生态旅游独特的特色在于湖泊众多，曾有"百湖之城"美誉。武汉湿地在旅游产品开发时，必须突出这一特征，以丰富多样的湿地旅游产品来满足游客的多样需求。

8.4.1.2 湿地生态旅游开发程序

传统旅游开发仅限于旅游区的建设。湿地生态旅游资源的开发同传统旅游开发相比，其基本过程差别较大。考虑到湿地特殊的地理、生态环境和重要的经济价值，使其开发在遵循以上基本开发原则的基础上，必须实施周密的规划，以保证真正地实现湿地这一宝贵旅游资源的保护性开发。其开发程序主要包括以下四个方面。

（1）湿地资源调查

搜集现有湿地资料，并进行实地调查（可借助遥感地理信息系统等技术手段）。重点了解与掌握武汉湿地的类型、面积、野生动植物物种与数量、人文景观、旅游开发利用等现状，为后续的湿地旅游规划的制定等工作奠定基础。

（2）湿地生态旅游潜力分析

潜力分析是对湿地资源转化为湿地生态旅游可能性的一次关于经济价值的科学评价，通过对发展武汉市湿地旅游所需的各个方面条件，包括区位条件、自然环境条件、经济条件、资源条件等综合能力的评价，进而对其开发的经济价值作出分析，其本身是对区域旅游发展的前瞻性研究。

（3）旅游资源评价

旅游资源评价是在对旅游资源综合调查的基础上，为达到旅游资源的合理开发、利用和保护，取得最大的社会、经济效益，对某一地区旅游资源的开发利用及其价值进行比较和评判的过程。旅游资源评价包括两个层次的意义，一是通过对旅游资源的类型特征、空间结构、数量和质量等级、开发条件的鉴定，为地区旅游开发、建设提供科学依据。二是通过综合评价为合理利用资源，发挥区位、区域优势提供规划，计划旅游发展思路，确定旅游区旅游产品的开发类型（胡远东，2005）。

（4）模式选择

湿地生态旅游的开发是在以可持续发展理论为指导的前提下，根据生态旅游的发展要求和旅游业功能体系结构，针对湿地自然旅游资源属性、特色和自然保护区发展规律，对湿地旅游区做出全面安排、总体部署，包括开发模式的选择、湿地生态旅游产品的设计等（仇昊，2003）。

8.4.2 以可持续发展理论为基础的湿地生态旅游开发模式

8.4.2.1 湿地生态旅游可持续发展的内涵

按照可持续发展理论的含义，湿地生态旅游可持续发展可以概括地理解为：

1）湿地生态旅游发展的目标是可持续发展。

2）生态旅游者应持可持续发展观点，增强保护意识，使自己的旅游行为对生态环境负责，尽一切可能将对生态旅游环境的不利影响降至最低，维护自然生态系统的和谐与稳定，不能为了满足自己的旅游需求而影响或危及别人的旅游需求。

3）生态旅游开发者在开发生态旅游地、挖掘当地旅游特色时，还应特别注意特色的保护和环境的保护，杜绝破坏性开发。为了生态旅游业的可持续发展，开发决策者应该有一个长远发展认识态度，不仅重视当前的效益，更应该把长远的可持续发展放在首位。

4）生态旅游从业人员应以可持续发展为工作标准，以节约型和保护型管理模式为工作模式，保护旅游发展的后劲。湿地生态旅游可持续发展的核心思想是建立在经济效益、社会效益和环境生态效益基础上的，它所追求的目标是：既要使人们的旅游需求得到满足，个人得到充分发展，又要对湿地资源和湿地环境进行保护，使后人有同等的旅游发展机会和权利。湿地旅游可持续发展特别关注的是旅游活动的生态合理性，强调对旅游资源和旅游地环境的保护。在发展指标上，不单纯用旅游收入作为衡量湿地旅游发展的唯一指标，而是从社会、经济、文化、环境等多项指标上衡量其发展。这种多指标的综合考虑，能够较好地把旅游发展的当前效益与长远利益、局部利益与全局利益有机地统一起来，使湿地旅游沿着健康的轨道发展。

湿地生态旅游可持续发展的核心含义有两大基础：其一，湿地与森林、海洋并称为全球三大生态系统类型，而旅游是社会可持续发展的一个子系统，任何不顾客观条件的超前开发与孤立于市场的滞后开发都会阻碍该湿地旅游的持续发展。湿地旅游业在开发过程中，应有相应的规模与阶段，并与湿地资源开发阶段、内容以及结构等有着协调平衡的关系。其二，湿地旅游资源开发的强度与可利用的潜力是湿地旅游发展的动力。以湿地资源的特色为导向的开发在对湿地旅游资源保护的前提下，发挥其应有价值；以市场为导向的开发要协调湿地环境与社会环境的关系，顺应人们对湿地旅游不同阶段的需求；景区形象策划要协调文化生态环境，合理规划，有序开发，严禁对湿地资源进行掠夺式开发；创立新的湿地资源，为后人有效利用旅游资源建立更多的基础；湿地旅游资源的开发应吸收先进的开发理论、手段与管理技术，建立旅游资源合理的地域结构（鲁铭，2002）。

8.4.2.2　武汉市湿地生态旅游开发模式

根据湿地的景观和生态特征，湿地旅游的开发模式将紧紧围绕"人与自然和谐发展"这一主题，在尊重自然进程、维护生态环境、保护物种多样性的前提下，合理利用湿地的景观和旅游资源进行开发。湿地旅游的开发主旨就是要为人类提供一个与大自然亲切交融的平台，使人们在欣赏美景、放松身心的同时，能够认识自然、欣赏自然、保护自然，提高生态和环保意识。总之，湿地旅游的开发模式要符合生态旅游的保护性开发要求，突出生态资源的地域特色，具体包括：景观观赏类生态旅游开发模式、趣味体验类生态旅游开发模式、休闲游憩类生态旅游开发模式、科普科考类生态旅游开发模式、湿地文化类生态旅游开发模式以及人工湿地生态旅游开发模式。

（1）景观观赏类生态旅游开发模式

湿地是一座清新美丽的自然宝库，拥有多样化的湿地景观类型、丰富多样的生物资源、优美的田园风光等均为可供欣赏的旅游资源。以湖光水色和野生动植物观赏为主的湿地景观观赏类活动，是开发湿地旅游的一种重要模式。

武汉市湿地类型众多，湿地总面积居全国同类城市之首。其环境复杂多样，区域差异显著，生物多样性丰富，成为野生动植物的栖息场所。

其中，蔡甸区的沉湖最具代表性，据专家介绍沉湖湿地是由浅湖、沼泽、草甸、森林连成一体，生态体系完备，保持着独特的自然风光，在长江流域生态系统中实属罕见。常年在此栖息的鸟类共80余种，其中水鸟50多种，国家级保护鸟类就有31种，鸟类国际组织将该湿地列为中国五大鸟类分布区之一。目前，沉湖湿地共现身34种冬候鸟，数量逾1.2万只，其中国家一级重点保护鸟类有东方白鹳和白头鹤，国家二级重点保护鸟类有白琵鹭、小天鹅、灰鹤、斑头雁，省级保护鸟类有赤麻鸭、豆雁、灰雁、小白额雁等29种。这样美丽的鸟的天堂极具观赏价值。

湿地美丽的自然风光也是非常吸引游客的。例如，东湖不仅是中国最大的城中湖，还是毛泽东同志在新中国成立后除中南海外居住时间最长的地方。风景区包括听涛、磨山、落雁、白马、吹笛五大景区。东湖是集山水自然资源和三国文化、楚文化、历史遗迹、名人遗址、运动休闲、科技文教等人文资源于一体的风景名胜区。秀美的湖光山色、厚重的人文底蕴、别致的园中之园、丰富的节庆活动是东湖的魅力所在。东湖的梅花园、荷花园、樱花园、牡丹园以及楚文化游览景点，在全国享有盛誉。

正是因为武汉湿地美丽的湖光山色和丰富的动植物资源，使景观观赏成为其开发的模式。

（2）趣味体验类生态旅游开发模式

现代旅游不仅仅强调观光欣赏，更要获得身心的满足，简单的观赏游览已经不能满足游客的需要，而是越来越重视旅游的参与性和体验性。湿地旅游可以充分利用丰富的动植物资源，开展农家乐、渔家乐等特色活动，一方面，游客在满足了好奇心和新鲜感的同时，可以更加亲近自然、了解自然；另一方面，也增加了当地渔民和农民的收入，鼓励原住居民积极参与到湿地生态旅游中来，主动地保护湿地、合理利用湿地。

武汉市湖泊众多，具有丰富的鱼类和水产品，可供旅客参与捕鱼、垂钓、水产养殖和品尝水鲜、野生植物果实等一系列生态旅游活动。具体做法：建养殖渔场，培育和繁殖鱼苗鱼种，适度地向湖中撒放鱼苗，便可设湿地垂钓游，在保护区外建立钓鱼园，让游人参与钓鱼活动，并由专业人员教游客分鱼、捞鱼、选鱼及学习和了解各种鱼类的习性、特点等。可以从南方引进生长快、个大、经济价值高的经济类鱼，如草鱼、鲢鱼、鳙鱼等。让游人打捞自己喜欢吃的鱼，然后由专业人员陪感兴趣的游客到专供饭店亲自和大厨学习开鱼、剖鱼及煎、烤、炸、炖、涮等厨艺，随后品尝自己辛勤劳动后的美味佳肴。

湖区也是鸟类主要的栖息地，是开展观鸟活动的最佳场所，可满足游客观光的需要。可以在游览区设鸟类观光园、鸟食店，设置观鸟瞭望台，让游人观看珍稀鸟类的活动及探索其中奥秘，由专业人员介绍有关鸟类的相关知识，并逐步开发鸟类摄影游、鸟类科普游、鸟类主题节庆游及鸟类博物馆等专项旅游产品。

利用开放成熟期的果园、菜园、瓜园等，让游客观景、赏花、采摘，体验自摘自食的农耕生活，享受田园风光的悠闲乐趣；可分别开发以湖滨度假休闲为主的旅游，以湖光赏景、渔业观光、垂钓为主的修身养性旅游；利用沿湖道路开展散步远足、骑车等项目的运动型旅游；湖滨体育竞技旅游；以水上快艇冲浪、水上飞机、水上跳伞、花样滑水、水上拔河比赛、手划船比赛、帆船赛、龙舟赛、彩船大游行、水上秋千、游泳比赛、水上热气球等水上娱乐、水上参与性、表演性强的湖泊旅游；可利用节庆活动或邀请有国内外优秀水上运动员参加的水上比赛、竞技活动。

（3）休闲游憩类生态旅游开发模式

除了静态的湿地景观观赏类活动之外，还可以在科学规划的指导下，在合适的区域设立一些休闲设施和游憩项目，满足游客游赏、康体、度假的需要。但要远离生态核心保护区，并坚持保护性的开发原则。同时，加强污水处理等环境保护措施，维护整个区域的生态平衡。

1）游憩类活动。结合湿地的自然特征，设计一些参与式旅游项目来提高旅游者的旅游经历质量，如水上运动、越野训练、湿地探险、湿地野营等；并利用当地特有的传统节庆活动，来保持湿地旅游区的人气，吸引游客。

2）康体类活动。由于湿地具有良好的生态环境，空气清新、水质清澈，所以游客都把湿地作为康体疗养的好去处。可以适当设立一些康体活动项目，如各种"SPA疗养"、"徒步旅游"、"夜幕垂钓"等低体能消耗的健身类项目等。

3）度假类活动。结合周边的城镇，建设一些高标准、低密度的宾馆酒店、度假村、露营地，既可以使游客更多更好地享受自然，也可以提高经济收益。度假设施要提高品位、突出特色、控制容量。例如，针对会议、会展及蜜月度假提供各类相应的服务。

（4）科普科考类生态旅游开发模式

旅游需求正由感性游向理性游转变。武汉市湿地丰富的动植物资源和人文景观对教育和科研是一种重要的资源，吸引了不少国内外科学工作者进行科学考察。另外，通过科普组织广大游客对湿地进行实地观赏与观察，帮助游客增加湿地的知识并增强生态环境的意识。例如，沉湖是一处典型的淡水湖泊沼泽湿地，具有涵养水源、净化水质、调节区域气候、保持生物多样性等巨大功能。作为鹤类、鹳类以及其他水禽的越冬地，具有极为重要的价值。每年秋冬季节，有关科研单位和其他一些组织来沉湖湿地进行科考和观鸟活动。世界自然基金会（WWF）、武汉大学和武汉市观鸟协会曾组成考察团来沉湖湿地进行科考和观鸟活动。

（5）湿地文化类生态旅游开发模式

文化旅游是以旅游文化为消费产品，旅游者用自己的审美情趣，通过艺术的审美和历史的回顾，得到全方位的精神上与文化上享受的一种旅游活动。武汉市丰富的文化旅游资源，悠久的历史，多样的民俗风情与文化景观相结合，为文化类生态旅游开发模式提供了基础。

武汉市历史悠久，北郊的盘龙城遗址，是距今约3500年前的商代宫城。经古代文明孕育，至东汉末年时，龟山、蛇山筑有军事城堡，奠定了汉阳、武昌城市的基础。至明成化年间，汉口镇开始形成，遂完成三镇鼎立格局，并以其优越的地理条件和独特的经济地位蜚声国内外。在中国近代史上，三镇遍布革命胜迹，1911 年辛亥革命首义于此，现存有起义门旧址，武昌阅马场的红楼是当时的指挥中心，现存有孙中山的纪念铜像。最负盛名的景点有：江南三大名楼之一的黄鹤楼，号称"楚天第一楼"的晴川阁，以五百罗汉、玉佛及悠久历史著称的归元寺，高山流水觅知音的古琴台，国务院首批命名的国家级风景区东湖等。另外，武汉二七纪念馆、武昌中央农民运动讲习所旧址纪念馆和辛亥革命武昌起义纪念馆等被列为"中国百个爱国主义教育示范基地"之一。

同时武汉还具有许多独具特色的节日庆典。如中国武汉国际旅游节、东湖梅花节、武汉国际赛马节、武汉渡江节、归元庙会、南岸嘴国际风筝节、知音文化节、汉阳汽车文化旅游节、汉阳秀水旅游节、晴川阁大禹文化节等，它们表达了独具特色的武汉风情，并展现了浓郁的荆风楚韵的城市魅力，是武汉一派欣欣向荣局面的象征。

（6）人工湿地生态旅游开发模式

人工湿地主要包括水田、水渠和湿地公园等。近几年，人工湿地旅游开发处于探索阶段，其旅游价值主要体现在农业观光旅游、湿地公园等。农业观光旅游是一种新型的旅游项目，不仅给人们一种返璞归真、回归大自然的感觉，而且不失为一种锻炼身体的休闲运动。

湿地公园是以一定规模的湿地景观为主体，在对湿地生态系统及其生态功能进行充分保护的基础上，通过对湿地进行适度开发，为人们提供开展科学研究、科普教育以及适度生态旅游的湿地区域，是湿地保护和合理利用的一种新方式，通常建立在城市及其周边地区。湿地公园作为湿地保护管理体系中的重要方式，受到各国政府和社会各界的高度重视。

位于武汉市汉口西北隅的解放公园是江城首个具有人工湿地景观的公园，值得借鉴。公园东部景区从入口起建有主轴干道，沿道两侧依次置有瓶形花坛、万人绿茵广场、盆景园、荷花池、睡莲塘、中心花坛、露天剧场、水杉林、朝梅岭、苏联空军志愿军烈士墓。公园西部景区为占地约 13 hm^2 的柳林区，现保存着高大的杨柳、箭杆杨、毛白杨等乔木千余株。林间建有曲径、晓春轩、露华台、依亭、寿石亭、石桌、石凳、条椅等；林南有自龟山迁来的灵芝石；林西建有猴山，环以观众厅、休息廊、品种笼、花径、园亭等小建筑。

新建的生态湿地由 1 个大湖、2 个小湖、4 条连通沟渠及 1 个净水渠组成。除了肩负净化湖水的责任，生态湿地更是一处富有天然情趣的自然景观。湿地引进的水生植物达 60 余种，几乎涵盖我省所有乡土水生植物品种：荷花、芦苇、梭鱼草、慈姑、非洲睡莲等。

再如，汉口江滩是武汉市闹市区内临江湿地最美的自然风景之一，面积150万 m²，有100余种植物，湿地和滩地绵延 7 km，是全国最大的滨江公园。汉口江滩有大片的野生原生态芦苇，主要分布在长江二桥下游一带，连绵 4 km 左右，最宽处 100 多米，10 月前后景致最佳，不仅游人不绝，很多摄影机构也在此为顾客拍摄外景。自 2009 年起，为宣传环境友好型的生态理念，保护汉口江滩内的野生原生态芦苇和野生鸟类促进湿地生态旅游，汉口江滩陆续举办了两届"芦花文化节"，通过这样的大型生态环保活动，游客可以在欣赏美丽芦花的过程中了解芦花的生长特点、习性、功用以及湿地保护相关知识。

8.5 武汉市湿地生态旅游实证分析——以涨渡湖为例

8.5.1 涨渡湖湿地生态旅游开发条件分析

8.5.1.1 湖区概况

涨渡湖湿地自然保护区位于武汉市新洲区南部，东至举水，南临长江，西界倒水，北抵汪集镇，总面积 185 km²。其中，核心区面积为 36 km²，缓冲区面积为 47 km²，实验区面积为 102 km²，具有滩涂、沼泽、水域等多种生态系统，自然景观独特，生态地位突出。湖区气候属于北亚热带季风气候，多年平均气温 16.3℃。涨渡湖湿地自然保护区是长江北岸距长江最近的典型淡水湖泊自然保护区、长江中下游重要的生态敏感区，也是亚太地区珍稀候鸟迁徙中转通道和越冬场所。涨渡湖湿地自然保护区在 2002 年 12 月正式被世界自然基金会（WWF）确定为湿地示范保护区，成为世界性环保组织在湖北省的第一个参与湿地保护项目。2004 年 7 月，涨渡湖又被武汉市政府批准为市级湿地自然保护区。2009 年 1 月 5 日，涨渡湖湿地晋升省级湿地自然保护区。

8.5.1.2 资源评价

（1）资源定性评价

1）资源的特殊性。涨渡湖湖区界于西部山地与东部海洋、沙漠与森林之间，是世界上内陆湿地生态系统中最具特色的类型。历来是"汛期一湖水，枯水一片荒"，涨渡湖因此而得名。汛期整个湖区多为一片汪洋的明水地貌生态景观，枯水期少雨多洲，既有明水，又有沼泽、沙滩，呈现湿地多种生态景观格局（谭庆等，2007）。

2）动植物资源丰富。涨渡湖湿地属于长江中、下游平原浅水植物湿地区。植物区系具有温带向亚热带过渡的特点，自然条件有限，区域的植物区系相对贫乏，植物科、属、种较少，以广布型植物为主。据统计浮游藻类共有82种，分属9个门，共有维管束植物478种，隶属113科、315属。其中保护区内共有珍稀濒危保护植物7种，国家Ⅰ级保护植物1种——水杉，国家Ⅱ级保护植物6种——水蕨、粗梗水蕨、樟树、莲、喜树、野菱（任亮平，2008）。

涨渡湖现已发现两栖类10种、爬行类16种、鸟纲103种和兽类11种。其中，国家二级保护动物有虎纹蛙、水獭和小灵猫；全球近危鸟类3种：丝光椋鸟、棉凫、灰头麦鸡；中日、中澳协议保护的鸟类15种（朱江等，2005b）。

（2）资源定量评价

层次分析法（analytic hierarchy process，AHP）是对一些较为复杂、较为模糊的问题作出决策的简易方法，它特别适用于那些难于完全定量分析的问题。它是美国运筹学家 T. L. Salty 教授于20世纪70年代初期提出的一种简便、灵活而又实用的多准则决策方法。

AHP法的基本原理是把研究对象看做一个大系统，通过对系统的多个元素分析，划分各元素间相互有序层次，形成上下逐层支配关系；请专家对每一层次元素进行判断，并给出相对重要性定量数值；然后建立数学模型，计算出每一层各元素相对重要性权重值，并加以排序，最后根据排序结果进行决策。

1）选取评价指标构建 AHP 模型。选取层次分析法的评价指标，依据层次结构的设计原则，并根据涨渡湖湿地旅游资源的特点，参照国际上的共有评价因子和国内外旅游资源及旅游地评价指标体系的相关研究成果，通过征集相关专家的意见，充分考虑与湿地旅游资源开发紧密相关的制约因素与影响因素，构建湿地生态旅游资源综合评价指标体系，如图 8.3 所示。

2）构建判断矩阵。在建立层次结构模型后，需对每一层次中各元素的相对重要性做出评判，运用数学模型建立判断矩阵。假设评价目标 U，其影响元素有 P_i（$i=1，2，3，\cdots，n$）共 n 个，且 P_i 的重要性权数分别为 w_i（$i=1，2，3，\cdots，n$），式中，$w_i>0$，$\sum_{i=1}^{n} w_i = 1$，则 $U = \sum_{i=1}^{n} w_i p_i$。由于元素 P_i 对目标 U 的影响程度即重要性权数不一样，因此将两两比较，构成判断矩阵，即

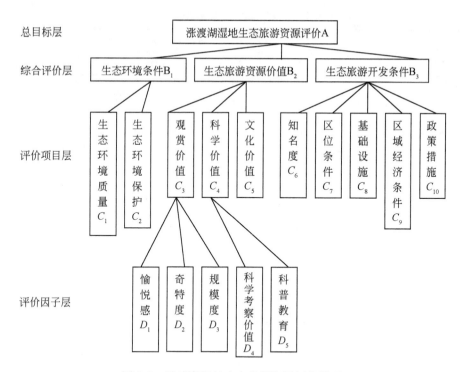

总目标层　涨渡湖湿地生态旅游资源评价A

综合评价层　生态环境条件B₁　生态旅游资源价值B₂　生态旅游开发条件B₃

评价项目层　生态环境质量C₁　生态环境保护C₂　观赏价值C₃　科学价值C₄　文化价值C₅　知名度C₆　区位条件C₇　基础设施C₈　区域经济条件C₉　政策措施C₁₀

评价因子层　愉悦感D₁　奇特度D₂　规模度D₃　科学考察价值D₄　科普教育D₅

图 8.3　涨渡湖湿地生态旅游资源评价模型

$$
A = \begin{pmatrix}
W_1/W_1 & W_1/W_2 & \cdots & W_1/W_n \\
W_2/W_1 & W_2/W_2 & \cdots & W_2/W_n \\
\vdots & \vdots & & \vdots
\end{pmatrix}
$$

$$
AW = \begin{pmatrix}
W_1/W_1 & W_1/W_2 & \cdots & W_1/W_n \\
W_2/W_1 & W_2/W_2 & \cdots & W_2/W_n \\
\vdots & \vdots & & \vdots \\
W_n/W_1 & W_n/W_2 & & W_n/W_n
\end{pmatrix}\begin{pmatrix}
W_1 \\
W_2 \\
\vdots \\
W_n
\end{pmatrix}
$$

　　此时，n 为 A 的一个特征根，P_i 的相对重要性 W 是 A 对应于 n 的特征向量的各分量。层次分析法在判断矩阵具有一致性的条件下，通过解 $AW = \lambda\max W$ 的特征值而求出正规化特征向量 W，即样本层 A 对于目标层 U 的权重值。当 A 为一致时，就有 $\lambda\max = n$。测试判断的一致性用一致性指标 $CI = (\lambda\max - n)/(n-1)$ 来检验。当判断矩阵满足完全一致性时，$CI = 0$；当指标数 >2 时，一致性指标（CI）与平均随机一致性指标（RI）的比值称为一致性比值（CR），即 $CR = CI/RI$（RI 值可查表 8.4），当 $CR < 0.1$ 时，可以认为判矩阵有满意的一致性（王连芬和许树柏，1990）。

表 8.4　平均随机一致性指标（RI）

指标数	1	2	3	4	5	6	7	8	9
RI	0	0	0.58	0.9	1.12	1.24	1.32	1.41	1.45

3）定量评价结果。构建涨渡湖湿地生态旅游资源评价模型后，请专家以填表方式按绝对重要、十分重要、比较重要、稍微重要、同样重要，分别以9、7、5、3、1或其倒数作为量化标准，2、4、6、8表示两相邻判断中值，通过计算、整理，结果分别如表 8.5 ~ 表 8.10 所示。

表 8.5　涨渡湖湿地生态旅游资源评价 A：判断矩阵一致性比例 0，对总目标的权重 1.0000

涨渡湖湿地生态旅游资源评价 A	生态环境条件 B_1	生态旅游资源价值 B_2	生态旅游开发条件 B_3	w_i
生态环境条件 B_1	1.000 0	0.333 3	1.000 0	0.200 0
生态旅游资源价值 B_2	3.000 0	1.000 0	3.000 0	0.600 0
生态旅游开发条件 B_3	1.000 0	0.333 3	1.000 0	0.200 0

表 8.6　生态环境条件 B_1：判断矩阵一致性比例 0，对总目标的权重 0.2000

生态环境条件 B_1	生态环境质量 C_1	生态环境保护 C_2	w_i
生态环境质量 C_1	1.000 0	1.000 0	0.500 0
生态环境保护 C_2	1.000 0	1.000 0	0.500 0

表 8.7　生态旅游资源价值 B_2：判断矩阵一致性比例 0.0279，对总目标的权重 0.4600

生态旅游资源价值 B_2	观赏价值 C_3	科学价值 C_4	文化价值 C_5	w_i
观赏价值 C_3	1.000 0	1.000 0	3.000 0	0.405 4
科学价值 C_4	1.000 0	1.000 0	5.000 0	0.480 6
文化价值 C_5	0.333 3	0.200 0	1.000 0	0.114 0

表 8.8　生态旅游开发条件 B_3：判断矩阵一致性比例 0.0889，对总目标的权重 0.2000

生态旅游开发条件 B_3	知名度 C_6	区位条件 C_7	基础设施 C_8	区域经济背景 C_9	政策措施 C_{10}	w_i
知名度 C_6	1.000 0	5.000 0	7.000 0	7.000 0	7.000 0	0.589 4
区位条件 C_7	0.200 0	1.000 0	3.000 0	3.000 0	3.000 0	0.186 2
基础设施 C_8	0.142 9	0.333 33	1.000 0	1.000 0	1.000 0	0.072 3
区域经济背景 C_9	0.142 9	0.333 33	1.000 0	1.000 0	5.000 0	0.099 7
政策措施 C_{10}	0.142 9	0.333 33	1.000 0	0.200 0	1.000 0	0.052 4

表 8.9　观赏价值 C_3：判断矩阵一致性比例 0.0624，对总目标的权重 0.2432

观赏价值 C_3	愉悦感 D_1	奇特度 D_2	规模度 D_3	w_i
愉悦感 D_1	1.000 0	7.000 0	5.000 0	0.730 6
奇特度 D_2	0.142 9	1.000 0	0.333 3	0.081 0
规模度 D_3	0.200 0	3.000 0	1.000 0	0.188 4

表 8.10　科学价值 C_4：判断矩阵一致性比例 0，对总目标的权重 0.2884

科学价值 C_4	科学考察价值 D_4	科普教育 D_5	w_i
科学考察价值 D_4	1.000 0	1.000 0	0.500 0
科普教育 D_5	1.000 0	1.000 0	0.500 0

4）层次总排序。利用上面层次单排序的结果，综合得出本层次各因素对更上一层的优劣，最终得到评价项目层和评价因子层对总目标层的优劣顺序。对上面各表中的因子进行权重计算，并进行排序得出表 8.11。

表 8.11　各评价因子的权重及排序

各评价因子		B_1	B_2	B_3	各因子权重		排序
		0.200 0	0.600 0	0.200 0			
C_1		0.500 0			0.100 0		5
C_2		0.500 0			0.100 0		5
C_3	D_1		0.405 4	0.296 2	0.243 2	0.177 7	1
	D_2		0.032 8			0.019 7	11
	D_3		0.076 4			0.045 8	8
C_4	D_4		0.480 6	0.240 3	0.288 4	0.144 2	2
	D_5		0.240 3			0.144 2	2
C_5			0.114 0		0.068 4		7
C_6				0.589 4	0.117 9		4
C_7				0.186 2	0.037 2		9
C_8				0.072 3	0.014 5		12
C_9				0.099 7	0.019 9		10
C_{10}				0.052 4	0.010 5		13

注：表中空格表示无数据。

5）结果分析。从表 8.11 可以看出，首先，综合评价层中的生态旅游资源价值 B_2 的权重最大，这表明在涨渡湖湿地生态旅游资源综合评价中最重要的是旅游资源价值，它提示人们在开展湿地生态旅游项目时，最重要的是保护和营造旅游资源，以便充分发挥其最佳的生态旅游价值。其次，生态环境条件 B_1 与生态旅游开发条件 B_3 的权重相同，这表明在涨渡湖湿地生态旅游资源评价中，生态环境条件与旅游开发条件都是涨渡湖湿地生态旅游开发的重要限制因素，两者同等重要，这是因为湿地生态旅游的开发对生态环境的影响很大，能否可持续发展在很大程度上依赖于湿地生态环境是否得以保护、协调和发展。同时，旅游开发条件的优劣程度对湿地旅游资源的开发起到促进或限制的作用。因此，生态环境条件 B_1 与旅游开发条件 B_3 二者共同影响与制约着涨渡湖湿地旅游资源的开发。

8.5.2 涨渡湖湿地生态旅游开发的整体思路

8.5.2.1 开发现状

湿地生态旅游目前还没有和生态旅游相分离，其开发还是一个崭新的领域，国内外对湿地生态旅游的发展研究也处于初始探索阶段。涨渡湖湿地自然保护区也处于这样一种状态，并未进入到可持续发展和利用阶段。

8.5.2.2 开发的 SWOT 分析

进行 strengths（优势）、weaknesses（劣势）、opportunities（机会）和 threats（威胁）的 SWOT 分析，找出优劣势，扬长避短，达到综合合理地利用资源。

（1）优势分析

1）气候优势。涨渡湖湿地自然保护区属北亚热带季风气候区，四季分明，光照充足，热量丰富，雨量充沛，雨热同期。年平均气温为 17.0℃，冬暖夏凉。夏季（6~8 月）平均气温为 27.4℃，冬季（12 月至翌年 2 月）平均气温为 5.6℃。涨渡湖湖区水域面积大，水的比热大，具有调温作用，所以湖区夏季要比周围温度低，冬季比周围温度高，这是在"火炉城市"开展旅游的最大优势。

2）环境优势。如上文所述，涨渡湖具有丰富多样的野生生物资源，湖区湿地动植物不仅种类繁多，而且产量也很高，属于国家重点保护的动植物物种较多。目前湖区尚未有工业污染源，水质优良，达到国家二级标准，是我国生态环境最好的湿地之一。

另外，涨渡湖还是"红色旅游"区。李先念、陈少敏、张体学等老一辈革命家所领导的新四军五师曾在涨渡湖建立了抗日民主根据地，现有鄂东抗日根据地旧址。还有原长江地委、鄂东专署、黄冈中心县委、中心县政府、中心县宪促会、新四军第五师第十四旅等领导机构办公地点，是武汉地区最完善的抗日根据地（任亮平，2008）。此外，还有西汉古墓群和乌龙镇旧址，旅游题材丰富。

3）区位优势。涨渡湖湿地自然保护区位于武汉市新洲区南部，距市中心仅40分钟车程。涨渡湖地处长江中游北岸，水陆交通便利，形成了直达汉口机场航空港和阳逻深水港，连接京九铁路和京广铁路两线铁路，贯通京珠高速公路和沪蓉高速公路的水、公、空、铁的立体交通网络。

（2）劣势分析

1）资源劣势。1954年在涨渡湖修建控制闸后，与长江隔离，加上围垦和淤积使水面面积发生一定的缩减；湖泊的围养超过了湖泊系统的环境承载力，造成湖区水环境质量下降，影响整个湖区湿地生态系统的健康发展。

2）环境劣势。渔船干扰，农药污染，人口增长，农业开发及自然环境变迁，降低了湖泊的自净能力，动植物的生境改变，生态环境质量下降；某些外来物种的入侵，使原生态的物种数量开始下降。

3）开发条件劣势。首先，湖区人们湿地保护意识淡薄，参与度不高，旅游配套设施不全，生态环境比较脆弱，生物多样性不够，湿地旅游仍处在启蒙阶段，总体规模不大，针对在开发中出现的环境问题，防御监控措施不健全，存在经济增长与环境保护、长远与眼前利益冲突。其次，湖区面积大，涉及环保、国土、水产、林业等各部门的多头管理，权属层次不清，客观造成了湿地生态旅游发展中的"负外部性"。

（3）机遇分析

自进入20世纪80年代以后，生态旅游受到全球普遍重视并获得迅速发展，我国也将1999年定为中国的生态旅游年，因此湿地生态旅游具有巨大的市场。同时人们开始转向参与型的旅游形式，尤其是原汁原味的自然与文化生态旅游产品更是得到世界范围内的广泛关注。2002年世界自然基金会把涨渡湖确定为示范项目，成为吸引中外游客的一个亮点。在武汉市旅游总体规划中把新洲区划为生态休闲区，更是为涨渡湖的生态旅游业的发展提供了良好的机遇。

（4）挑战分析

首先是市场挑战，目前国内发展了许多的湿地旅游项目，建立了一定数量的湿地公园和湿地生态保护区，各具特色。加上湖北省又是"千湖之省"，在武汉市周边，还有沉湖、斧头湖等湿地游吸引了武汉以及周边地区的游客。其次是心理挑战，新洲区在新中国成立前是血吸虫的疫区，虽然现在已经得到控制，但是在人们心理上可能会产生一定的影响，致使游客可能选择其他地区旅游。最后是资源挑战，当地居民环保意识较弱，管理不够完善，加之一定的人为干扰，使得湖区生物多样性受到一定的破坏。

（5）结果分析

从涨渡湖湿地生态旅游开发的 SWOT 分析结果可以看出，湿地生态旅游开发具有可行性。虽然在开发的过程中会存在一定的制约因素，但是可以通过采取相应的措施加以改善或避免。应充分利用现有得天独厚的湿地资源，通过对湿地生态旅游进行科学合理的规划，使湿地生态旅游的开展建立在对湿地生态环境的保护利用基础上，涨渡湖丰富的湿地资源也只有在科学合理的利用中才能得到最有效的保护。

8.5.2.3　开发模式

涨渡湖湿地拥有丰富的自然资源，进行单一开发，不仅闲置、浪费了其他自然资源，而且降低了湿地景观的多样性，削弱了生态系统的平衡性，开发风险也随之增加。因此，湖区湿地必须进行生态开发，充分利用湿地资源的多样性，进行多层次、多尺度的综合开发利用。近年来，学术界应用系统论和生态学原理，对我国主要湖泊湿地进行了旅游资源生态开发的研究，对涨渡湖区湿地旅游资源的生态开发具有借鉴意义。针对涨渡湖湖区湿地旅游资源的特征及湖区经济发展的需要，依据生态学和旅游学的一些理论和方法，设计了涨渡湖区湿地旅游资源开发利用的生态模式，以实现湿地资源保护和旅游业可持续发展的目标。

（1）观赏型生态旅游模式

涨渡湖湖区广阔的水面、河湖交汇的壮观景象、丰富多样的生物资源、优美的田园风光均为可供欣赏的旅游资源。春天，滩涂与绿丘相间，飘出阵阵鸟语花香；夏天，滩涂隐没，子湖相连，湖水苍茫，浩瀚无边，藕池荷花争艳飘香；秋天，芦苇荡漾，蟹黄香鱼儿肥；冬天，滩涂上的红嘴鸥，湖边的水鸟，百鸟飞翔，竞相比翼。游客可以从中获得大自然最亲切的感受。

（2）参与型生态旅游模式

涨渡湖湖区具有丰富的鱼类，是我国重点经济鱼类——黄鳝鱼的原产地，是全国为数不多的人放天养的水产养殖基地；同时鸟类资源和水产品也很丰富，可供旅客参与捕鱼、垂钓黄颡鱼和品尝水鲜、野果等生态旅游活动，也可以利用开放成熟期的农园，让游客观景、赏花、采摘，品新鲜茶，喝莲子汤，体验自摘自食的农耕生活，享受田园风光的悠闲乐趣。

（3）科研型生态旅游模式

涨渡湖湿地丰富的动植物资源和人文景观对教育和科研是一种重要的资

源，吸引了不少国内外科学工作者进行科普旅游和科学考察。例如，2006 年武汉部分高校的专家教授对涨渡湖地区社会经济基础、自然资源、生物多样性等内容进行了为期 10 天的科学考察，形成了该区历史上最具权威性的涨渡湖地区科学考察报告，在此基础上制定出了《涨渡湖湿地自然保护区总体规划》，为湿地保护和生态恢复提供了科学依据（任亮平，2008）。

在湖区进行科学研究，借助前人的研究成果，搭建科普平台，开展各种科普活动，接纳游人，面向社会。例如，建立湿地博物馆，用文字、图片、幻灯、实物，乃至用高科技手段，宣传湿地是"地球之肾"，保护湿地就是保护生态、保护家园、保护人类自己；宣传保护涨渡湖湿地对保护长江的作用等。

（4）复合型生态旅游模式

把湿地资源与其他资源结合起来的生态旅游模式，如上海把湿地旅游与城市旅游结合起来开发出新的旅游模式等。涨渡湖区不仅有西汉古墓群和乌龙镇旧址，还是鄂东抗日根据地旧址。李先念、陈少敏、张体学等老一辈革命家领导的新四军五师在涨渡湖建立了抗日民主根据地及游击区，并先后设立了长江地委、鄂东专署、黄冈中心县委、中心县政府、中心县宪促会、新四军第五师第十四旅等领导机构。涨渡湖抗日根据地面积是武汉地区最完善的抗日根据地。涨渡湖的旅游开发可以把湿地资源与红色旅游结合起来，形成叠加吸引力和整体优势，可大大增强湿地旅游的吸引力和感染力。

8.5.2.4　可持续管理模式

湖区发展生态旅游是建立在对资源环境保护的基础上的，没有完整的资源环境，生态旅游就无法实现可持续发展。湖区发展生态旅游在取得一定经济效益的同时，要把对资源环境的负面影响降到最低程度，这是适应湖区自身发展的需要。湖区的一切旅游经营活动要体现在对自然生态环境和人文景观的科学组织管理和保护上，使得湖区的资源环境得到改善。在开发生态旅游相关模式的过程中，必须坚持以资源保护为中心的导向机制，保护是开发利用的前提，资源保护要贯穿在开发的整个过程中，这就要求保护区在旅游管理上，不能仅仅停留在一般的旅游活动管理上，而必须以资源的可持续利用为出发点考虑具体的旅游生产经营管理（黄晓玲，2003）。

（1）分区管理

湖区生态旅游区实施分区管理，对核心保护区实行绝对保护，严禁任何类型的旅游活动，缓冲区对旅游项目和游客密度进行严格限制，只允许从事观光、科普活动，并采取定时、限量放人进入。旅游者实行"景区游、区外住"，派专人负责垃圾废物的管理，将景区内的垃圾废物运送到旅游区外进行处理。

（2）制定完善的管理计划和规章制度

完善的管理计划和规章制度是湖区生态旅游可持续发展的前提和保证。其内容应对经营者、旅游者、社区居民等进行协调与控制，对湖区各种动植物，特别是对于重点保护对象如何进行管理、保护与救护，对游客安全如何保证，对突发事件、火灾险情如何应对，以及各项奖惩制度如何落实等（赵国军，2007）。

（3）宣传教育

湿地旅游开发的决策者的开发行为和旅游者的旅游活动对生态环境影响很大，因此必须通过宣传媒体和教育培训强化相关利益者的湿地保护意识。首先，向广大公众宣传湿地的生态效益、经济效益和社会效益，使游客认识到湿地生态环境保护的价值与意义。其次，定期培训从业人员，提高其素质。我国目前急需兼具旅游专业知识、生态知识和湿地知识的湿地旅游管理人员、策划人员、服务人员，定期培训是生态旅游管理的重要组成部分，让所有从业人员真正理解生态旅游的必要性和优越性，从而保证从硬件建设到软件配置都以保护湿地环境为出发点。

（4）社区参与

湿地是一个集自然、经济、社会于一体的生态系统，社区是湿地生态旅游最重要的相关利益者之一，协调好与社区的关系是湿地生态旅游能否成功开发的重要一环。针对这一情况，首先，要加强对社区宣传，利用广播、电视、宣传册等手段，经常宣传介绍自然保护区建立的目的、湿地资源知识、有关湿地保护法律法规以及湿地生态旅游开发前景；其次，要积极与社区有关部门建立联营管理组织，围绕湿地资源利用、旅游经济活动等展开多种形式的工作；最后，重视社区利益，要吸收当地居民参与湿地生态旅游的管理工作，选派社区代表参与管理决策，吸纳社区居民从事销售门票、环境保护、景点导游等旅游服务，抽调社区居民组织一支兼职湿地巡护员，发动群众的力量来推动湿地生态旅游的健康发展。

8.6　结论与建议

8.6.1　结论与建议

本章在借鉴前人的理论研究成果及开发利用实践的基础上，以可持续发展理论为指导，分析了武汉市湿地资源、湿地生态旅游资源及其保护利用现状，研究了武汉市湿地生态旅游的潜力和运用层次分析法进行旅游资源定性定量分析的基础上，找到武汉市湿地旅游资源优势所在，同时结合相应的资源优势，提出了武汉市湿地生态旅游开发模式和管理模式，并以涨渡湖为例进行湿地生态旅游的实证分析，以期对武汉市的湿地旅游的可持续开发起到一定的促进作用。这其实是对武汉市湖泊湿地利用与发展前景提出的一点思考。武汉市湖泊星罗棋布，得水独优，湖泊旅游资源优势明显，在湖泊湿地的开发中要充分考虑到利用湖泊水体的自然风光，结合历史人文资源，利用湖泊湿地的生态旅游优势，发展湖库区的旅游产业。但与其他地区的湖泊湿地生态旅游开发相比，武汉市的生态旅游开发还存在很多需要探讨的问题，特别是在生态环境保护、湿地资源与人文科教资源的整合和自然资源的保护利用上。

8.6.2　不足之处

由于时间和水平的有限，本章只是提出了武汉市湿地生态旅游开发利用的一点建议，尚未形成全面的具体规划方案。在分析武汉市湿地生态旅游资源优势的基础上提出的武汉市湿地生态旅游开发模式具有一定的主观性。

武汉市湖泊的旅游资源优势显著，但与其他地区的湖泊湿地生态旅游开发相比，还存在很多需要探讨的问题，特别是在生态环境保护、湿地资源与人文科教资源的整合和自然资源的保护利用上涉及甚少。

王　俊[1,2]　刘　海[3]　（1. 孝感学院新技术学院　2. 华中农业大学经济管理学院和土地管理学院　3. 长江水利委员会综合管理中心）

第 9 章
富水水库消落区湿地两栖
林业开发与利用①

9.1 绪 论

本专题是在完成湖北省自然科学基金"鄂域水库消落区湿地营林基础与配套技术研究"、湖北省科技攻关计划项目"鄂东南库区农业资源综合利用"及湖北省社科基金"库区农民增收问题研究"等课题的基础上完成的。

随着人口数量的增加，粮食的需求也随之增加，土地作为一种基础资源，数量有限性及供给的稀缺性，与社会需求增长性之间的不协调，使不少区域人地矛盾突出，严重限制了区域经济的发展和社会进步，水库库区（reservoir area）即是最典型的例子。

人类社会的发展离不开对土地资源的利用和改造，可以说人对土地的信赖关系是整个人类社会发展史中的最基本的生产关系，而土地资源的健康开发（healthy exploitation）与可持续利用（sustainable utilization）就是这种最基本的生产关系的升华。

9.1.1 问题的提出

我国已建水库（reservoir）86 353 座，其中大中型水库 3710 座（农业部，2011），水电工程移民达 2000 万人，平均每年安置近 20 万人（魏先超等，2010）。水利部和原电力部部属水库移民已超过 560 万（顾茂华和李红，2002）。库区面积 20 多万 km²，为世界水利大国。由于历史与经济的原因，我

① 基金项目：湖北省自然科学基金项目"鄂域水库消落区营林基础与配套技术研究"（99J092）；湖北省科技攻关计划项目"鄂东南库区农业资源综合利用"（961P0707）；湖北省社科基金项目"库区农民增收问题研究"（[2002]165）；武汉市社科基金项目"基于湿地生态建设模式的武汉市生态文明建设研究"（whsk10016）；湖北省社科基金项目"湖北生态用地结构优化与调控政策研究"（[2010]107）。

国早期水库移民历史遗留问题很多，库区经济发展严重滞后（黄朝禧，1999）。通过扶贫攻坚，虽然解决了库区多数人的温饱问题，但农户收入低，增收难度大。

库区农户增收难的主要原因是由于修建水库的外部不经济性所造成的，表层原因是多种粮油没有地，多养牛羊没有饲料，精养鱼虾没有技术，优化产品结构和促进产业升级没有资金。深层次原因则是修建水库所破坏的生态环境长期得不到有效修复与改良，没有理顺建设与发展、建设与环境、建设与增收的关系，人口、资源、环境之间的矛盾突出。在大中型库区，各级政府专为库区农户制定的许多优惠政策没有落到实处。对口支援只看重钱物，人才和技术的引进只停留在口头上，特别是缺乏安居型和实用型科技人员，也缺少能够修复库区生态环境且有经济效益的资源开发项目。要改变这种被动局面，就得以库区优势资源开发为主线，采用点、线、面结合的联动方式，将资源开发、生态建设与农户增收紧密结合起来，逐步实现库区经济的可持续发展。本研究曾与库区政府合作，从1998年春开始，在湖北通山县富水库区建立试验基地，着重在水库消落区（drawdown area of reservoir）湿地（wetlands）发展两栖林业（amphibious forestry），探索将消落区湿地资源的健康开发与库区生态环境建设以及库区农户增收紧密结合起来的新路子，取得了较明显的成效。

水库的消落区又称为消涨区、消落地、消涨带、消落带、涨落带、消落带、涨落区等，英文表达法也有多种，如drawdown area，drawdown area of reservoir，water-level-fluctuating zone，zone of transition，inundated area of reservoir，riparian zone等。水库消落区湿地是水库的水陆结合部，常指水库死水位与水库最高水位之间的接近闭合的环形地貌单元，地处陆地生态系统和水生生态系统之间的过渡带（黄朝禧等，2005）。

库区土地资源稀缺是众所周知的事实，湖北大型库区人均耕地不足 0.04 hm^2（合 0.6 亩[①]），劳均耕地不足 0.1 hm^2，土地短缺已经前所未有地阻碍着库区农村经济的发展，耕地保护和集约利用都呼唤库区土地资源的健康开发，消落区湿地显得更加重要。

经过多年开发，库区山地，种植业和经济林方面有了长足的发展，在南方老库区初步形成以柑橘、油茶、楠竹和茶叶为主的库区传统支柱产业；水库渔业已形成较大规模的渔业经济基地。但从富水库区现实情况看，库区土地环境容量已趋饱和，未来库区土地承载力可能呈下降趋势。只有水库消落区湿地，在课题研究时还大部分处于自然荒芜状态。大型水库岸线长，消落区湿地面积

[①] 1 亩 ≈ 666.7m^2。

大，其中大部分土地是原来耕地和园地最为集中的河滩地带，岸坡平缓，土质肥厚，利用潜力大。如何将消落区湿地的"荒滩荒岸"变为"黄金库岸"，成为库区政府、水库主管部门和库周农民关注的焦点。

水库消落区湿地作为水库的一部分，在蓄水发电、防洪、灌溉等方面发挥效益，而在退水成陆期间，消落区湿地又具有农业开发利用价值。由于其水土资源的动态属性，利用措施不当会严重损害湿地功能，也会给使用者带来损失。富水库区的当地农民在消落区湿地种粮种菜往往是十年九不收，而且是年年耕种，年年失收，需要科学的保护利用措施和方法来保证库区群众能够种而有收，种而多收。

老库区的土地经过几十年的开垦，能挖的都挖了，能用的都用了，只剩下石山秃岭无人问津，数量也很有限，这样必然要转向荒滩荒岸的开发，而水库消落区湿地即属这一类的后备土地资源（reserved land resource）。但过去对水库消落区湿地的开发利用仅仅停留在书本上作知识性的介绍，研究的少，而且实际利用的也少，利用效果差，需要寻求最佳的生态经济开发模式和最佳开发效益，促进库区生态、经济、社会的协调发展。本研究要解决开发利用水库消落区湿地的有效途径、具体措施和最适模式，并对适宜模式进行实地试验，试验成功后推广应用。

9.1.2 研究对象和研究区域的确定

9.1.2.1 研究对象

水库消落区湿地，是由于季节性水库水位涨落而使库区周边被淹土地周期性出露于水面的一圈特殊区域，是在水生生态系统和陆生生态系统交替控制下的特殊地域综合体，起着承上启下的生态耦合作用（刁承泰和黄京鸿，1999），具有较大的资源潜力和很强的环境功能。

水库消落区湿地所提供的功能、用途和属性，是通过水库消落区湿地生态系统的生态服务价值来体现的。从生态学和经济学的角度看，水库消落区湿地有特殊的生态功能和经济价值，它具有持续为人类提供原材料、食物和景观的潜力。对于水库湿地，所提供的非实物型生态服务功能，将直接影响到库周群众的经济生活，有的目前还不能通过市场交易反映出来，这在水库消落区湿地的开发利用过程中，有可能存在着短期行为，容易造成库区生态环境的严重破坏，最终对水库消落区湿地生态系统的服务功能造成损伤，使水库湿地生态系统向库区民众提供的福利减少，直接威胁到库区经济可持续发展的生态基础。

本研究是以促进库区人口、资源、环境和经济社会协调发展为目标，重点研究水库湿地资源开发利用的方式方法、利用模式及其对库区环境和库区经济的影响，为国家相关部门和库区制定区域发展战略和规划提供科学依据。

9.1.2.2　研究区域的确定

在中观上，水库消落区湿地的空间研究范围应该是库区。因为库区是在水库汇水面积范围内，由后靠水库移民与原居民构成的新社区。大、中型库区的显著特征就是有库区独特的自然条件和移民文化。而消落区湿地资源的开发利用又与整个库区自然资源的开发利用有着直接的联系。在进行水库消落区湿地的健康开发和利用过程中，必定涉及库区内的地势地貌、水文地质、气象物候、植被覆盖、社会经济和人文环境等，也就是消落区湿地的外延区域，有时还延伸到水库的整个汇水面积。

在微观上，水库消落区湿地的空间研究范围就是消落区湿地的内涵区域，其最大空间范围应是水库校核洪水位与水库死水位之间的部分。这个最大范围对很多大、中型水库来说是夸大了的，因为只有极少数水库达到过校核洪水位，就是达到过，时间也非常短，一般不影响消落区湿地的整体利用。有关水库消落区湿地的狭义范围，学者们的说法不尽相同，但多数认为水库消落区湿地是水库的水陆结合部，地处陆地生态系统和水生生态系统之间的过渡带，具有很大的资源潜力和很强的环境功能。目前，库区土地资源利用的薄弱环节或者说具有巨大潜力的是水库消落区湿地，其综合开发不仅对于库区经济增长和农民增收具有现实作用，而且对库区生态环境的可持续发展具有长远意义。

按照水库业主的征地高程或移民高程来计算消落区湿地面积是多数人的做法，计算简单，与实际非常接近，对一般大、中、小型水库都实用，本研究的实证部分即根据这一原则计算而得。

9.1.3　研究目的和意义

9.1.3.1　研究目的

20 世纪 90 年代后，国家动工兴建了一批大型和特大型水电工程，特别是在"十五"、"十一五"期间，水库移民数量年均增长 10 多万，移民安置问题更加突出。移民安置问题其实是土地问题。开发性移民战略的实施，客观上要求把移民安置和移民安置区域的经济开发以及拓宽农民的增收渠道进行系统的研究，以建立库区农民增收的长效制度机制和政策机制。很显然，探讨水库消落区湿地资源的健康开发模式和有效利用途径，结合库区外围环境的利用，达到协助解决库区移民生计问题的目的。

（1）发挥消落区湿地资源优势促进库区经济发展

富水水库消落区湿地中的大部分在1999以前未有效利用。南方水库消落区湿地，长期以来被视为种植的禁区（李科云，2002），通过比较研究和试验，论证和选择水库消落区湿地健康开发的途径和模式，提高消落区湿地开发利用的保证率，并进行小面积的科技示范，为其健康开发模式的运作提供科技示范，减小利用风险，使之成为通过库区自然资源开发，从而使库区农民增收的长期可靠途径。

（2）开发消落区湿地资源缓解库区人地矛盾

我国水库、库容和移民数量为世界之最，移民历史遗留问题也最多，移民安置难度也最大。在三峡水库移民安置过程中，水库消落区湿地的开发利用就是主管部门关注的重要方面，现已着手消落区湿地的系列研究和试验开发工作，但真正把消落区湿地的开发落实到可安置多少移民数量上，目前还只是探讨。我国的"水情、地情、人情和区情"决定了需要修建大量的水库枢纽工程，库区土地资源的严重缺乏呈加剧的态势，而消落区湿地面积却越来越大，研究它的开发利用可为库区安置移民数量提供依据，特别是科学确定就地后靠移民的数量，也为在建和待建水库工程的移民安置提供参考指标。

（3）摸清富水水库消落区湿地资源家底，为其健康开发提供基础信息

利用已有图面资料和实地调查，测算出富水库区可开发利用的消落区湿地资源数量、质量、特征和空间分布状况，为消落区湿地资源的科学开发和合理利用提供依据。

（4）研制开发利用模式为水库消落区湿地的健康开发提供技术支持

探寻和构建符合库区实际的消落区湿地开发利用模式、管理模式、合理的水库调度运用模式等，为水库消落区湿地的开发利用提供易于操作的应用技术和管理技术成果，并依据我国库区管理和水库管理体制，启动与水库消落区湿地资源开发相适应的协调机制和制度安排，使水库消落区湿地的开发利用真正纳入库区经济建设的正常轨道。

（5）分析与评价水库消落区湿地资源开发利用的绩效

重点对水库消落区湿地两栖林业开发进行综合效益分析和评价，尤其是两栖林业对库区生态环境和农户增收的作用与影响。以应用性研究为主，以便有较大的推广应用价值，为水库业主和库区政府提供水库消落区湿地开发的科学依据。

9.1.3.2　研究意义

水库消落区湿地是库区宝贵的后备土地资源，一旦有效利用，可能成为库区经济发展的一个新的增长点，特别是对库区生态环境的修复与改良以及对农户增收都有积极作用。通过水库消落区湿地资源的健康开发，发展库岸经济，向上促进山地经济，向下拉动水域经济，从而带动库区经济的全面发展。其研究成果虽然是针对水库消落区湿地，但可推广应用到河道和湖泊消落区湿地、浅海滩涂以及荒水湿地的开发利用上。很显然，探讨水库消落区湿地资源的健康开发模式和有效利用途径，对库区资源开发工作重心的掌握，对指导库区农民增收有重要的指导作用，可为库区扶贫工程以及国家西部大开发战略的实施提供借鉴参考。由此可见，研究水库消落区湿地的开发利用既具有重要的现实意义，又有重要的理论意义。

（1）为恢复和重建库区湿地生态健康系统，增强其综合生态功能和提升经济利用价值提供科学依据

水库消落区湿地是库区宝贵的后备土地资源，一旦有效利用，可能成为库区经济发展的一个新的增长点（叶磊和罗明强，2002），特别是对库区生态环境的修复与改良以及对农户增收都有积极作用。通过消落区湿地的开发利用，发展库岸经济，向上促进山地经济，向下拉动水域经济，从而带动库区经济的整体发展。其研究成果对河流、湖泊消落区湿地、浅海滩涂以及荒水湿地的开发利用都有重要的指导和借鉴作用。

特别是缓坡消落区湿地，为建库淹没的河滩地，原本是优质耕地。水库蓄水后，表层沉积有水中微粒物质，土壤肥力有可能增强。但土壤受周期性的淹没和出露的影响，土壤水多气少，耕性差，需要采取一定的改良措施后才可耕种。尽管如此，水库消落区湿地仍是库区后备土地资源中最具开发价值的优质资源。

湿地效益是湿地所提供的功能、用途和属性的总称，并通过湿地生态系统的生态服务功能价值来体现。从生态学和经济学的角度而论，湿地有特殊的生态功能和经济价值，它具有持续为人类提供食物、原材料和水资源的潜力，并在防洪抗旱、保护生物多样性以及旅游休闲等方面发挥着重要作用，给人类带来了巨大的经济效益、生态效益和社会效益。其中的非实物型生态服务功能间接影响人类的经济生活，其经济价值还不能通过商业市场反映出来而被忽视，但有巨大的发挥潜力（张志强等，2001）。

水库消落区湿地是我国南方除淡水湖泊湿地以外最大的景观生态系统之一。但由于库区特殊的经济状况，长期不合理的开发利用，特别是大库之中围

小库，小库之中围池塘，不合理的水产养殖方式和方法，使库岸消落区湿地分割零碎，有些地方成了违章建筑的集散地，无论是生态景观还是生态功能都受到很大伤害，严重地影响了湿地资源的可持续利用和库区人民生活水平的提高。因此，以科学发展观开发利用水库消落区湿地资源，恢复和重建库区湿地生态环境，对库区农业资源进行综合管理，重建库区适应洪涝灾害发生规律的复合高效生态系统具有十分重要的意义。

（2）为有效利用消落区湿地资源和提高利用效益提供科学依据

截至 2006 年 6 月 30 日，湖北省的水库移民为 186.13 万人[①]。库区经济与建库前条件类似的非库区相比，经济发展严重滞后，库区群众人民生活水平没有明显提升，有些地方还有恶化的趋势，一时库区就成了贫困地区的代名词。通过声势浩大的扶贫攻坚，库区农村经济由弱转强，绝大多数移民解决了吃饭问题，但与非库区农村比较，差距仍很大，单靠政策倾斜和自身的"造血功能"是很难稳步建设库区小康社会的。在移民历史问题得到较为妥善的解决时，主要就看库区资源是否做到可持续发展型的整合开发，恢复库区的综合生态功能，增强抵御自然灾害的能力，走"内调外输"整体发展之路。

根据湖北 20 座大型水库的已有水库特征水位与淹没面积的资料计算，每座水库平均可利用的消落区湿地面积为 318.49 hm^2。以此估算，湖北省 61 座（不含葛洲坝和三峡）大型水库，比较容易利用的消落区湿地面积有 19 428 hm^2，占消落区湿地总面积 78 247 hm^2 的 24.8%，全省的移民人均占有可利用的消落区湿地面积 104.4 m^2。总量再加上中小型水库消落区湿地的可开发利用面积最少有 3.74 万 hm^2，数量十分可观。如果能把消落区湿地充分利用起来，所产生的综合效益无疑是巨大的。

（3）为改善库区生态环境和增加库区农民收入提供资源保障

试验表明，每公顷优质消落区湿地林地每年净产值达到 4100 元（2004 年价）。湖北有水库 5794 座（中国农业年鉴，2009），可用于两栖林业开发的消落区湿地面积 2.64 万 hm^2，约占水库淹没耕地面积的 1/4，库区移民人均可增加优质林地约 140 m^2，比现在增加 1 倍以上，这对地少质劣、人地矛盾突出的库区来说是一大宝贵财富。仅消落区湿地开发一项，库区农民人均年增收 57 元，约占年总收入的 6%（按 2000 年水准）。消落区湿地两栖林业开发，可有效转移库区富余劳力，优化库区生态环境，发展库区特色产业，是目前靠资源开发增收的主要途径之一，发展两栖林业是今后一定时期内富水水库消落区湿地利用的主要方式。这对缓解库区人地矛盾，促进库区农村经济的持续发展具

---

① 关于印发湖北省大中型水库移民后期扶持政策实施方案的通知［鄂政发（2006）53 号］。

有重要的现实意义。对指导在建和待建水库的开发性移民也有一定指导意义。

消落区湿地地表有暂时或永久浅层积水，应充分发挥其生长湿生植物（如挺水植物）的优势，使库区湿地具有更强的净化水源、蓄洪抗旱、促淤保滩、保护湿地生物的功能。据统计，湖北已建成大中、型水库 315 座，淹没耕地达 19.71 万 $hm^2$①，已经移民近 190 万人，工程效益与淹没损失的矛盾十分突出。如果能够在不影响工程设计效益的发挥及兼顾消落区湿地利用的前提下，仅消落区湿地资源的综合利用一项，就可利用耕地 3 万 hm^2，占淹没耕地总数的 15%，可有效安置 2 万多移民，相当于安置了平均 2 座大型水库的移民，其开发效益非常可观。

9.1.4 研究思路、方法和主要内容

9.1.4.1 研究思路

本研究以富水水库消落区湿地的开发利用为研究载体，在土地资源健康利用的理论指导下，结合库区经济背景和消落区湿地资源禀赋，构建健康开发框架及综合利用模式，通过消落区湿地资源的科学开发，达到库区经济发展与环境建设双赢的效果，进而为库区农民增收长效机制的建立奠定环境基础。在深入水库消落区湿地资源调查和实证分析的基础上，找出问题，总结经验，在通过科学预测与评估后，筛选出满足库区生态环境修复和库区经济可持续增长的开发模式和利用措施，针对利用中存在的问题和资源潜力，提出务实的利用思路及可操作性强的政策建议。本文籍完成湖北省自然科学基金项目——鄂域水库消落区湿地营林基础与配套技术及湖北省科技攻关计划项目——鄂东南库区农业资源综合利用的基础上，以库区两栖林业为主线，以库区环境建设和农户增收为目的，打开健康开发与科学利用的广阔空间。同时也为我国库区生态环境的恢复和重建的理论研究和应用决策寻找新的支撑点和依据。

根据研究实践，水库消落区湿地资源的开发利用不但要有科学模式和相应硬技术的支持，而且也要有与之相适应的管理软环境，才能保证水库消落区湿地资源的开发实施，才能将资源和劳动力优势转变成经济优势。

本章从水库消落区湿地资源的属性和特点出发，运用土地经济学和相关理论，研究水库消落区湿地的健康开发途径和创建有代表性的利用模式，通过消落区湿地两栖林业开发的实践，探讨消落区湿地开发利用的可行性、经济性、

---

① 根据相关资料推算而得。

生态性。

9.1.4.2 研究方法

消落区湿地资源的健康开发和可持续利用不仅仅是模式构建、绩效评价和管理体制等问题，它还直接涉及区域资源配置、水利经济体制、制度变革等诸多方面，单一的研究方法、单一的分析视角很难抓住问题的实质，要有创新和发展，需要从机制、措施、方式、方法等方面综合运用相关理论和研究方法，深入系统地探寻水库消落区湿地资源开发利用的切实有效途径。针对富水水库消落区湿地资源丰富、开发利用严重滞后等现实问题，运用土地经济与管理理论，对水库消落区湿地资源的林业、渔业、种植业和旅游业等几大方向的开发利用进行实施方案和预期三维效益进行纵横比较，为主选模式的择优提供依据。采用综合研究法：①定量分析与定性分析相结合；②静态分析与动态分析相结合；③实证研究和规范研究相结合。

9.1.4.3 研究内容

本文根据水库消落区湿地资源利用的特征和属性，结合前人的研究和笔者已做的小规模试验，探讨水库消落区湿地资源健康开发途径和保护利用模式，分析和预测富水水库消落区湿地开发利用效益和对库区农户增收的近期作用和长期的生态影响，以满足库区经济建设的实际需要和理论研究的需要，设计以下研究内容。

（1）富水水库消落区湿地资源现状及开发利用要解决的问题

在到库区调查前，没有富水水库消落区湿地资源的数量、质量和分布情况等数据，而这些基础信息对于制定开发规划和方案、选择利用模式、进行项目管理决策和应用推广等都是必需的。本章是从库区社会经济和水库管理体制方面的调查开始的，逐渐扩展到库区湿地资源属性、分布、数量、质量、特征和利用现状的调查上。

（2）消落区湿地资源的健康开发和可持续利用，对促进库区经济发展和农户增收的作用和影响

针对富水库区经济发展现状和面临的挑战，在经济发展严重滞后的情况下，通过水库消落区湿地资源的健康开发战略，改善库区生态环境，加快库区剩余劳动力的转移速度，有效增加库区农户收入。

（3）富水水库消落区湿地资源健康开发模式

在研究水库消落区湿地水土环境演变规律的基础上，探寻和构建符合强化库区生态复合系统建设需要的消落区湿地资源健康开发模式，为水库消落区湿

地资源的开发利用提供易于操作的应用技术和管理技术成果，将消落区湿地的开发利用真正纳入库区经济建设的轨道。

分析水库消落区湿地开发利用的绩效。重点对消落区湿地两栖林业开发进行投入产出分析，特别是两栖林业对库区生态环境和农户增收的作用与影响。以应用性研究为主，加强推广应用价值的挖潜。

（4）富水水库消落区湿地资源健康开发和可持续利用的实证研究

以鄂东南富水水库消落区湿地的开发利用实践为实证，结合前人的研究和作者几年来的开发实践，优化两栖林业开发模式和推广应用技术研究，促进库区土地利用结构调整与产业升级，转变库区农户增收方式和增收绩效。

（5）消落区湿地资源健康开发和可持续利用过程中有关问题的讨论

由于水库消落区湿地资源的特殊性，其开发利用必须坚持从库区实际出发，坚持在总量动态平衡的基础上，把着力点放在水库消落区湿地资源的开发利用上，盘活存量农用土地，提高土地的承载力和利用率，从而有效缓解库区人地矛盾。但在试验开发的实践过程中，常遇到水库消落区湿地管理问题、消落区湿地开发与水库调度之间的矛盾等。这些棘手问题，本章虽然不作深入研究，但也不可避免地作了讨论。

9.1.4.4　本文的特色与可能的创新点

水库消落区湿地资源的健康开发和可持续利用是一项挑战性很强的重大研究课题。在我国，真正意义上的水库消落区湿地生态利用的时间并不长，从新安江水库消落区种植挺水树木林（江刘其和陈煜初，1992）算起，也只有二十多年的历史。只是在小浪底水库和三峡水库的移民安置中，有人建议将水库消落区湿地资源的开发利用与移民挂上钩（陈建西和何明章，2006），再加上三峡水库消落区湿地面积大，水位变幅大，水库岸线长，其开发利用方式和方法，对三峡库区环境影响大，从而影响库区经济的可持续发展，于是库区政府、三峡工程总公司和有关学者、实际工作者，在三峡水库蓄水至135 m高程以后，在较短的时间内，比较集中地讨论了消落区湿地资源的利用对策和必须研究的诸多问题，也使消落区湿地资源的综合利用研究提上了较重要的议事日程，可以说大规模的调查研究才刚刚起步，尤其是理论研究涉足不深。从这个意义上说，尽管本研究难以解决消落区湿地资源开发利用的所有问题，但无疑具有一定开拓性。

（1）研究重点和难点

本研究的重点就是针对富水水库消落区湿地资源的特征和属性，选择利用保证率高，三大效益突出，库周群众易于接受，操作技术简单，一次性投入少，能充分利用库区剩余劳力，而且在项目实施后，能够长期有效地增加库区农民收入，实施方案易于得到库区政府、水库主管部门和库区群众一致的赞同和支持，真正使消落区湿地的健康开发和可持续利用落到实处，见到实效，得到库周群众的自觉响应的生态利用模式。在理论和实践上真正解决一些消落区湿地资源开发利用上遇到的难题，在利用方式方法上和项目实施的保障机制方面有一定创新，为建立库区资源节约型和环境友好型社会作出积极的贡献。研究难点是水库消落区湿地两栖林业的主栽树种选择、栽后管理和三维效益的分析评价上。到目前为止，还没有看到一个比较详细和比较完整的研究个案，可借鉴的资料也非常少，希望通过本文得到一些启示。

（2）研究特色和创新点

本章以发展库区农村经济为出发点，在国内已有研究的基础上，通过项目试验，积累了水库消落区湿地资源的健康开发和可持续利用的实践与理论研究成果，对库区生态环境状况和农民增收难等问题进行系统剖析与研究，考察库区经济现状与政策演变，结合库区农村经济发展的实际，设计衡量库区农村经济发展水平的指标体系及适度水平的测定标准，提出适应不同经济发展阶段的水库消落区湿地资源优化利用的模式框架，探讨现阶段实施水库消落区湿地资源技术开发的可行性、经济开发的效益性和资源开发的环保性，提出开发利用水库消落区湿地资源是当前库区生态环境修复和再造，以及长期有效提高库区农民收入的战略构想，以期为库区经济的发展和农业资源开发的战略转移提供技术支持和政策设计依据，突出应用性特色，促进优选模式的实施与推广。在此基础上探讨库区农民增收的新思路和进行制度安排。为库区经济建设和资源可持续利用搭建一个基础发展平台。

本章的研究特色主要反映在以下方面：一是在水库消落区湿地研究的视角、方法、方式上争取有一定新意；二是将水库消落区湿地的开发利用与库区环境建设和农户增收联系起来；三是项目的实用性特别强。本章的两栖林业开发模式可直接应用于水库消落区湿地资源的开发利用上，研究成果的应用价值较高，转化速度较快。这对解决现有库区的永久性贫困、指导待建水库的开发性移民工作有一定参考价值。

本章创新点在于以下三个方面，一是对富水水库消落区湿地资源的总量、可开发利用的数量以及地域空间分布有详细的了解，填补了资料空缺。二是提出了两栖林业开发的新概念。在分析了富水水库消落区水土资源利用现状和难点后，按其时空分布特点，将水库消落区湿地划分为长期利用带、汛期利用带和短期利用带，分别探讨了各区带的利用方向，两栖林业在鄂东南其他库区也得到推广，实践证明是可行的。三是在研究方法上有新意，本实证研究的大多数资料为实地调查的原始资料，并在水库消落区湿地进行了两栖林业开发试验和示范，还得到富水库区通山县扶贫办的支持与协作，做到了理论与实践的紧密结合。

9.2 国内外研究概况和发展动态

只有了解水库消落区湿地利用的过去，客观评价开发利用现状，才能开启水库消落区湿地资源科学利用的未来。

本章以简单追溯水库消落区湿地开发利用历史为出发点，对水库消落区湿地利用的内涵、特点和重要理论依据，以及水库消落区湿地开发利用的发展动态等进行系统梳理和评析，为后面的利用模式和效果评价研究及政策设计提供依据与借鉴。

9.2.1 国内研究概况与动态

库区能否缩小与库区以外地区的经济发展差距，顺利实现社会主义新农村的建设目标，在很大程度上取决于能否成功地解决人口、资源、环境等方面的突出矛盾。库区土地资源紧缺的状况将长期存在，未来库区社会经济发展对土地资源的需求同库区资源不足的矛盾可能进一步加剧。

研讨水库消落区湿地资源的健康开发与可持续利用，以及开发利用效果对库区经济和库区农户增收的作用程度与影响力，需要对当前的库区农村经济的宏观发展和改善状况有一个正确的把握。对水库消落区湿地资源利用包括传统的作物种植利用、养殖利用、生物利用以及旅游观光等利用模式和方法应有清晰的认识，需要做出科学客观的评述。

9.2.1.1 水库消落区湿地开发利用的历史初考

早期，水库消落区湿地只作为一个不常用的专业术语出现在教科书和专业书籍中，很少提及它的利用，除水利水电技术人员外，知道消落区的不多，而知道消落区湿地的就更不多了。水库消落区湿地在国外也不被人们关注，知道它的人也不多。

1981 年以后，由于解决库区移民遗留问题的需要，将扶贫与库区农业自然资源的开发结合起来，加上库区土地资源严重短缺，人地矛盾一直是库区经济发展的主要障碍。对于老库区（指 1985 年以前建成的水库），以耕地挖潜为主要形式的库区土地资源开发已延续了几十年，是在后备土地资源的开发利用过程中，才提出了消落区湿地资源的开发利用问题，是库区经济发展要求的结果。

我国最早规模较大的水库，可能是建于春秋时期的芍陂（又名安丰塘），它由楚相孙叔敖主持建造，已有 2600 多年了，并且一直发挥着蓄水灌溉的作用。芍陂位于安徽省寿县南部，位居我国古代著名的四大水利工程（芍陂、都江堰、漳河渠、郑国渠）之首。它是利用低洼地，筑堤围库蓄水。唐宋以后，消落区湿地多数被利用，到明代，围库造田达 3800 hm²，蓄水面积缩小，汛期涨水时，为避免田块被淹，便采取涸泽而渔的方法，使消落区湿地的利用效益和水库灌溉效益都受到严重影响。这虽然是早期水库消落区湿地资源利用不合理的先例，但它却开了水库消落区湿地资源种植业利用的先河。

位于浙江省宁波市的东钱湖，据说在 1200 多年前已建成，也是我国早期规模较大的水库之一。根据库周地带历史遗迹，如陶公钓矶、霞屿锁岚、二灵夕照、白石仙坪等十大文物保护景观来看，这些虽变成现代的旅游景点，但无疑与该库消落区湿地的开发利用是分不开的。据水产专家的考证，该库也是人工养鱼最早的水库之一，水库养鱼范围包括消落区湿地，但无消落区湿地利用的直接记载（熊朝环和黄朝禧，1994）。

新中国成立前，湖北省仅有一座建于 1943～1944 年，库容为 80 万 m³ 的小型水库，即竹山县的桥儿沟水库。现主要担负着向县城供水的任务。

新中国成立后，湖北省最早建设较大库容的水库，是 1952 年 9 月至 1953 年年底建成的位于麻城市的大坳水库，库容 2760 万 m³，属中型水库。随后又建成了孝感市金盆浴鲤水库。由此推算，湖北省建造大中型水库的历史只有 60 年。水库消落区的研究和利用也不过几十年。

若是将水库消落区湿地纳入湿地范畴，其开发利用的历史源远流长，内容十分丰富。水库消落区湿地在《全国土地分类（试行）》中被列入未利用地，属于三级类的沼泽地（编号 313），其含义为经常积水或渍水，一般生长湿生植物的土地。同时，水库消落区湿地也属于三级类中的滩涂（编号 324），是指水库、坑塘的正常高水位与最大洪水位间的滩地。归于滩涂，在正常高水位以下部分的消落区湿地不包括在内。但就湿地本身来考察，其开发利用的理论与实践的研究历史应该比水库消落区湿地的久远。

在富水库区，随着经济的发展、人口的膨胀、移民的回迁，人们对水库消落区湿地的利用欲望更强，一些库区湿地遭到不适当的围垦开发，淤积、污染、过度排涝等导致湿地面积和资源减少，功能和效益下降，生物多样性受损，另外还受区域不利水文情势的影响，使消落区湿地质量处于严重下降的威胁之中。库区湿地数量特别少，保护利用好水库消落区湿地是弥补库区湿地资源严重不足的唯一出路。

9.2.1.2 水库消落区湿地资源的现代开发与利用

（1）水库消落区湿地利用的原动力分析

富水水库消落区湿地的利用的原动力主要源自三个方面：①消落区湿地面积大，平均占水库淹没面积的1/2左右，一般情况，枯水季节和少水年份，消落区湿地出露面积大，时间长，库周群众利用热情高，并抱着侥幸的心理，总认为当年不会涨大水；②库区耕地少，挖潜困难，再加上剩余劳力多，把水库消落区湿地的利用作为一种不计成本的生产活动，至于收获大小并不十分在意；③由于早期的水库移民主要采用就地后靠安置模式，使库区特别是库周地带人口密度骤然加大，人地矛盾尖锐，再加上水库消落区湿地与库区经济带空间位置的密接性，消落区湿地的自发利用自然就与水库的生成同步了。

据调查，富水水库消落区湿地有组织的开发利用始于库区扶贫开发和移民安置，将消落区湿地的开发利用作为移民安置的一种辅助措施，如在库汊库湾进行网拦养鱼或网箱养鱼。

三峡水库消落区湿地的利用和管理是在2003年6月，水库蓄水到135 m高程时，在有关专家学者的呼吁下，三峡水库消落区湿地的利用研究才引起了有关方面的重视。重庆市政府召开了三峡水库消落区湿地生态环境问题及对策研究座谈会（魏星，2003），以全面启动三峡水库消落区湿地的调查研究和综合利用工作，并已组成7个专题研究组，包括消落区湿地基本情况、水土环境演变、岸边水质、生物多样性及耐淹树种选择、地质环境演变、水动力条件变化及库岸再造等。研究重点主要放在三峡水库消落区湿地的空间分布、面积、不同生态类型特征等基本情况的调查研究、消落区湿地可能出现的突出生态环境问题研究、解决各个重大问题的思路、重大项目的论证以及政策措施研究等。通过拟定的7个专题研究，最后形成总体报告，提交给国务院主管部门及库区政府决策时参考使用。

我国的大部分水库消落区湿地都不同程度地利用过或正在利用（邱锡成，1992），利用的方式主要有种植、养殖和工程防护等。

（2）种植业利用

主要是利用水库正常高水位（或称设计蓄水位）以上，中水、枯水年份不易淹没的那部分消落区湿地，通常是以种粮、种菜和种瓜为主，在品种和技术上与常规旱地农业相同。这种利用是自发的，一般没有任何人出面组织和号召，是库周群众的一种自觉行为，有的甚至是生活所迫，特别是一部分返迁移民，没有耕地和园地，只能就近耕种消落区湿地，能收就收，无收则弃，直到现在也是如此。特别是年均降水量较大水位涨落较快的富水库区，常规的种植模式难以奏效，群众年年耕种，多数年份无收成。但也有"借土生财"间接利用的成功实例，如富水库区通山县慈口乡阮家村村民徐善农，在1985～1987年，人工挑取消落区湿地淤泥造橘园，栽橘树600余棵，此后年年高产，成为当地的小康户[①]。这说明消落区湿地利用方式方法的多样性。

水库消落区湿地的种植业利用，在理论上可通过水文频率分析选定丰、中、枯水等典型年，根据典型年水量平衡计算描绘水库蓄水过程线，确定湿地利用的高程（刘斌和石海峰，1998）。如黄河小浪底水库经过水文分析计算后，在262 m水位以上的1933 hm^{2}土地在理论上具备利用价值，并做了简单经济效益分析，库区有关方面曾制定过详细的利用方案（邱锡成，1993）。

（3）种养结合利用

针对南方水库消落区湿地出露的时空特点，林清俤和李铭侃（1997）、李科云（2002）等学者在水库消落区湿地进行了种草养鱼试验，将种和养结合起来，既大幅度地提高了水库鱼产量，又有一定防止水土流失的作用，减少了水库淤积，较好地解决了水位季节性变化明显的南方中小型水库消落区湿地的种养结合问题。但高密度养殖对饮用水水库不适宜。

目前，利用可干性库湾消落区湿地进行坝拦、网拦或网箱养鱼的较多，效果多数较好。但这种利用方式，如果不采用"种青养鱼"模式，消落区湿地只是作为水体的载体而已，并未发挥消落区湿地自身的养育功能，利用并不充分。

（4）林业利用

南方水库的水位升降频繁，幅度大，种植普通作物的收成差，被视为作物种植的禁区。对此，江刘其、陈煜初等从1984年起在浙江省新安江水库（现称千岛湖）消落区湿地进行了6年的营造挺水树木的试验，取得了初步成功（江刘其和陈煜初，1992），使在水库消落区湿地植树造林的设想变成了现实，拓宽了水库消落区湿地的开发利用途径。丹江口库区在实施以生态建设为主的林业发展战略中，以水库消落区湿地为生态建设重点，形成以水库消落区湿地、农户房前屋后、荒滩荒地为主的杨树速生丰产林基地，打造以库岸风景带为重点的森林旅游产业（秦本均和张涛，2005）。这类试验，笔者分别在富水库区（1998～2005年）和三峡库区的试验点做过，特别是富水库区的试验非常成功，已形成大面积的消落区湿地林带，对改善库区生态环境已显初步效

---

① 1997年深入富水库区调查的成果。

果。在林业利用方面，舒东臂等（2003）在进行水库消落区湿地植树造林的试验中，选育出能较好地适应库塘消落区湿地耐水浸型池杉优树18株，在库塘消落区湿地种植池杉也获得成功，并试验采用了林—农—渔生态模式，提高了消落区湿地利用的经济效益。

这里还需重点说明的是，在湖泊消落区湿地的林业利用上，已有较为成功的例子。例如，生长在武昌南湖靠近华中农业大学一侧的池杉和落羽杉是1973年栽的。1974年，由于加高了南湖出水口的堰顶高程，致使湖边所栽池杉、落羽杉从那时起就不同程度地长期淹在水中。30多年来，除受机械创伤而死亡的以外，很少发现它们自然死亡的现象，生长状况良好，沿湖现已形成多个较大林班的茂密森林，这在华中农业大学主页的校园风光中就可欣赏到一部分。水库是人工湖，这为水库消落区湿地的林业利用提供了佐证。

（5）工程防护利用

对位于消落区湿地的大片农田、园地或有其他重要保护价值的资源，或移民安置的需要，可采用围堤、大坝等工程措施，使其免受库水淹没，达到减少淹没损失的目的。李殿球等（1999）对三峡水库消落区湿地防护利用研究表明：消落区湿地是采用防护工程利用，还是非防护型的季节性利用，要通过经济分析和优化设计来确定。这种工程防护措施只是起到减少水库消落区湿地面积的作用，笔者认为这并不属于消落区湿地利用措施之列。

除上述利用方式以外，常在消落区湿地修建码头、浴场、污水净化厂、供排水设施及其他水陆联结工程，特别是位于城镇范围的消落区湿地。这实质上是将水库消落区湿地变成了建设用地，在可能的情况下，应尽量地转用，以节约消落区湿地以外的建设用地，特别是农地。

从土地生态系统角度看，水库消落区湿地属于人工湿地（artificial wetland）。近些年来，中国政府加大了湿地保护与利用工作的力度，于2000年11月8日正式发布了《中国湿地保护行动计划》，它确定了中国湿地保护和合理利用的目标、内容、优先领域和优先项目，使湿地的保护和合理利用工作走上规范化、制度化、科学化的轨道。学术界对湿地的功能、价值、利用与保护等方面的研究都取得了丰硕成果，这些也为水库消落区湿地资源的开发利用提供参考和借鉴。

袁弘任等在1988~1990年，根据三峡建坝后的水文条件，曾研究过水库调度对水库消落区湿地利用的影响（袁弘任和魏开湄，1997）。这可能是较早的有关三峡水库消落区湿地利用的专题研究之一。

上述研究成果，为本研究提供了研究基础，有重要参考作用，其研究思路与方法也值得本研究借鉴。但对富水水库消落区湿地的整体开发和系统利用来说，上述研究只是个案，都是从某个侧面或某一特殊目的而进行的，还缺乏系统性、理论性和拓展性。仍然需要从水库消落区湿地资源的变化规律上、利用机理上、环境评价上、经济效益上进行深入探讨，以便研究出完全适合水库消落区湿地资源特性的利用方式方法，减小利用风险，提高利用效益。

国内有关消落区湿地的研究，近十年来取得了丰硕成果，但这些研究都是被动的，是在水库修好后才着手研究消落区湿地的利用，并没有主动地将其利用纳入移民安置项目，没有建立像就地后靠建设当家地那样的"人一地"对应安置指标。

笔者在进行"鄂东南库区农业资源开发利用研究"中，曾对富水水库消落区湿地进行过实地考察和调查，在有代表性的库岸取了土样，进行了初步分析，并在通山县富有乡政府附近的富水水库消落区湿地（高程 55～57 m,）做过林业开发试验。结果初步证明，至少在富水水库消落区湿地营造池杉纯林是可行的。库区政府在我们课题组的推介和建议下，并在湖北省有关部门的直接帮助下，从 1999 年开始，大面积栽种了杨树，生长状况良好。

综上所述，我国水库消落区湿地资源的利用历史已经较长了，利用方式已涵盖了农、林、牧、渔、建，但利用率低，绝大多数只利用了位于正常高水位以上部分，对于正常高水位以下部分的利用，保收率很低。鉴于此，研究富水水库消落区湿地资源的健康开发与可持续利用，对保障库区土地资源健康利用和加快库区生态环境建设是非常重要的。

9.2.2 国外研究概况及动态

除中国以外，水库较多的国家有美国、俄罗斯、英国、法国、印度、巴西、印度尼西亚等，亚太地区不少国家还在积极修坝建闸，主要用于水力发电。西方国家修建水库的目的与我国有显著不同，美国 13.2% 的水库（最大比例）用于旅游和娱乐，多数水库消落区湿地的利用是顺其自然。

9.2.2.1 水位涨落对水库消落区湿地的作用与影响

美国佛罗里达大学水草研究中心（University of Florida's Center for Aquatic Weeds），通过对佛罗里达州罗德曼水库水位涨落对消落区湿地生态环境的影响研究，得出有关水位波动对消落区湿地系统产生诸多益处的结论（黄朝禧，2006）。在过去的 36 年中，罗德曼水库有 13 次较大的水位涨落，每次水位涨落及出现的现象，都记录在 1979～1983 年的研究档案中。罗德曼水库在 2001年 11 月至 2002 年 4 月期间，水库水位变动范围为 3.35～6.10 m。经观察，水位涨落对消落区湿地产生的好处包括：①有利于底部沉积物的氧化和硬化；②有利于增加本地植物的多样性和覆盖率；③吸引较多的凶猛鱼类进入，可增加捕获量，改善其他鱼类的生存条件，以便发展游钓渔业；④对改善水质有利，表现在可明显减少次年水体的生化需氧量负荷；⑤通过水生植物滞留在消落区湿地或结冰的情况，起到临时控制漂浮水生植物的作用；⑥减少除草剂的使用量；⑦可暂时减少软水草的覆盖，抑制在浅水区能生长发育的软水草芽苞数量；⑧便于改扩建和维修娱乐场所的设备。

此外，周期性的水位变化对保持水库的基本生态健康也很重要，可为消落区湿地的动植物生长提供能量补充，这种补充能大大提高消落区湿地的初级生产力。水位的涨落，对水生系统的动植物群落影响大。所有的天然湿地，都有某种程度的水位变化，与湿地相关的动植物群落已经适应这些水文变化周期，而且它们的种群数量随着水位的波动而消长。如果要保持一个动态的、健康的、自给自足的动植物群体，水库湿地的水位涨落也必须科学管理和控制。研究表明，静止的水抑制生物的生产力。

水库消落区的干湿交替，使水位涨落维持水生生态系统有连续旺盛的、高产的生产力，如同人类已经采用了几个世纪的"休耕制"和水旱轮作制一样。通过控制水位变化来提高消落区湿地的初级生产力并不是什么新设想，而是已经过很多年的实践和研究证明了的事实。水库水位波动有利于提高消落区湿地资源的初级生产力的观点，对国内的研究者来说，可能感到比较新鲜，这对寻找消落区湿地的健康开发途径和利用措施是很有帮助的。

9.2.2.2　间接利用

在印度尼西亚的赛加林（Saguling）水库，靠水库渔业解决550户的生计问题，另有1000余户受益，这里面也包含有消落区湿地水中土地的使用。此外，还有印度尼西亚的萨古岭、支那塔水库，由于要解决移民的脱贫问题，世界银行曾用小额贷款形式扶持过水库开发的试点，收到较好效果（世界银行，1996）。这当中也间接包括消落区湿地的开发。

国际河流网所关注的 Nam Theun 2 水库，修建在老挝与泰国的界河上，为两国共建共管项目。水库工程位于 Nakai 高原，移民6200多人，绝大多数被安置在水库的边缘地带[①]。业主称，通过移民安置而改善原居民的生计条件，依此体现工程的效益而备受国际组织的关注。按照开发者的计划，移民收入将在7年内增加3倍。为达此目标，业主承诺开发新的水浇地、果园、畜牧区，

---

① http://en.wikipedia.org/wiki/Nam_Theun_2#Resettlement.

发展社区林业和水库渔业，仅水库渔业预计可安置1000多渔民，这些项目几乎都与水库消落区湿地的开发利用分不开。对此，国际河流网还派遣了2位专家到 Nakai 高原调查，并再次评估了移民安置计划。评估人员发现，原计划有许多指标不切实际，Nam Theun 2 电力公司高估了其提出的移民安置计划，特别是靠消落区湿地的农业开发安置的移民数量过多。

9.2.2.3　直接利用

国外水库消落区湿地的直接利用，主要是农作物种植和发展草地牧业。如老挝的 Nam Theun 2 水库，专业人员在2004年11月制定的社会发展计划的草案中，将水库消落区湿地和退化林区山地这两个种植区进行了详细规划。他们准备在消落区湿地做种植实验，并通过施肥来改良土壤，但由于多种原因，试验没有成功。有人提出，在消落区湿地实施畜牧业开发计划。在社会发展计划（SDP）中，有46%的再就业人员的收入来自养牛。但是，大部分的牧场被 Nam Theun 2 水库淹没，工程负责人认为，在移民安置区内没有足够的牧场来承载当前数量的牛群。事实上，未来的放牧区将被限制在消落区湿地范围内相对比较小的区域，因此无法承载目前的养牛数。在社会发展计划中，提出的饲料生产的措施是，通过种植、收割和运送饲料来保持当前的饲养数量，但这些措施的投劳和投资更多。在这些措施中，包括利用水库消落区湿地种植饲料作物。

在直接利用实例方面，加利福尼亚技术学会2005年6月完成了 Kariba 水库个案研究。Kariba 大坝是建在津巴布韦境内的赞比西河（Zambezi）上的第一个水利工程，建成于20世纪50年代后半叶，由世界银行的大额贷款提供支持。该水库已移民5.7万人，属于国外移民很多的水库。该水库是热带地区和亚热带地区的第一个全程跟踪研究的水库工程，虽然 Kariba 水库对流域环境和当地社会经济的影响评价不尽一致，但研究为后来的水库规划和工程建设提供了许多可借鉴的东西。如在水库消落区湿地的开发利用和水库渔业方面也都是较成功的例子[①]。

Kariba 水库的收益主要来源于发电、旅游业、水库消落区湿地的种植业及水库渔业。虽然消落区湿地的利用难度大，但比商业化的渔业和有灌溉要求的农地花费要少，因此受到业主的特别关注。当地议会已经与政府达成一致，一旦 Kariba 水库水位下降到限制水位，就允许移民利用消落区湿地。

在 Kariba 库区，消落区湿地适合种植的土地面积可达 2450 hm²，其中有

---

① http://en.wikipedia.org/wiki/Kariba_Dam.

一半的区域位于水库正常高水位附近，约有 4~5 个月的时间可供农作物生长，为早熟农作物和园艺作物的生长提供了较充分的条件。这为度过水库移民安置难关起到了重要作用。

尽管消落区湿地的范围有年际变化，但用于农业和畜牧业的区域是比较广泛的，大多数消落区湿地被开发出来种牧草，用来养大象、水牛和羚羊等野生动物。在 20 世纪 60 年代早期主要投入到养牛业，后来也用于种棉花和其他经济作物。在 20 世纪 80 年代和 90 年代中的一些持续干旱年份和季节，如 1981~1982 年、1998~1999 年，水库水位大幅下降，消落区湿地的利用范围更广泛。现在越来越多的住户搬迁到水库边缘地带，并在消落区湿地从事种植、放牧、养牛和养鱼，但园艺用地大量流失。就是在 1999~2001 年的雨季，水库水位上升到正常高水位，消落区湿地的种植和放牧的数量仍旧有增无减。

这主要来自于两方面的促进，一方面要求生态模型的规则化，当地政府允许在消落区湿地生产食物和经济作物，对农户造成不利的影响应进行实地研究，并对消落区湿地的使用权合法化，无论是国外企业还是国内个人，都限制对消落区湿地的私有化。另一方面，给每个村划出一部分土地用做种植业和畜牧业，并专门设置一些旅游区和管理区域。

现在看来，当地居民在 Kariba 水库消落区湿地种植农作物、放牧、养鱼及发展旅游等都有较成功的例子，但在水库消落区湿地，"化肥农业"模式是要避免的。在国外的水库消落区湿地的开发利用实践中，没有涉及林业利用，没有考虑将水库消落区湿地资源变成林地资源，从而使其发挥更大的生态效益。消落区湿地的林业利用应该是发展的重中之重，本研究将在这方面争取有所突破。

9.3 富水水库消落区湿地的利用属性及开发利用问题

水库消落区湿地是库区土地资源的重要组成部分，国内外的实践证明，水库消落区湿地可以全部或部分地利用是肯定的结论，但只有在弄清资源利用属性和特点，深入剖析开发利用问题，才能对症下药，以实现消落区湿地的健康开发、生态利用和科学管理。

9.3.1 富水水库消落区湿地的利用属性及特点

湖北省已建成大型水库 63 座。在湖北境内的大型水库中，富水水库按库容大小排行第五（前面依次为三峡、丹江口、隔河岩、章河等水库）。富水水库属湖北省水利厅直接管辖，设有富水水库管理局（正处级单位）。

水库消落区湿地是指因水库调度引起的库水位变化而在库周形成的一段特殊区域（范小华等，2006），具有独特的属性：①在空间上分布在水、陆结合部的过渡带；②在时间上呈现周期性干湿交替的动态变化；③在生态上表现为水域生态系统与陆域生态系统的交替控制地带，该地带两种生态系统的物种生命活动非常活跃，具有生物的多样性、人类活动的频繁性和生态的脆弱性（冯义龙等，2009）。消落区湿地与一般耕地不同，它随水库水位的高低变化其出露面积也随之变化，水位低，出露面积大；水位高，出露面积小。当水库高水位维持时间长，除耐淹性强的树木可继续生存，有的还可正常生长外，耐水性差的植物将被淹死。在利用消落区湿地时，必须考虑水位变化的影响，而水位高低又与降雨强度和水库调度直接相关，需要了解库区上游来水情况和水库调度计划及方式。由于消落区湿地受到库水反复的、周期性的淹没浸泡以及水位涨落所产生的冲刷、剥离和淤积作用，消落区湿地的地貌、土壤和水分状况、生物群落都会发生一定的变化，其水土活动特点、景观以及生态功能也会有变化，主要表现在下列方面。

9.3.1.1 多种功能资源特点

消落带是一种具有多种特殊功能的生态资源。作为水库的一部分，消落带大量存在的持水性能良好的水生植物，对抑制洪水、防止暴雨及水流冲刷库岸造成的水土流失有巨大的阻滞作用；而在退水成陆期间，消落带又具有大农业开发利用价值。受库区水位周期性涨落的影响，消落区湿地是库区生态系统中能量、物质的输移与转化的活跃地带，它具有较强的截留来自农田径流和非点源污染（氮、磷、碳）的生态功能，有利于对有机污染物的滞留、降解同化、改善水质、净化污水、保护鱼类和野生动物栖息地、保护生物多样性等（许川等，2005）。而且消落区湿地还是交通港口、淡水资源、旅游目的地的场所。所以，消落区湿地不仅是一种具有多种功能的土地资源，而且是一种具有较高缓冲容量和环境净化及保护功能的资源，是库区人民重要的生存环境。

9.3.1.2 水土活动特点

水库蓄水后，消落区湿地受到库水反复和周期性的淹没浸泡，以及水位涨落所产生的淤积和冲刷作用的影响，其地貌、土壤和水分状况都发生了一定变化。如张金洋等（2004）通过对三峡水库消落区湿地土壤的模拟淹水试验，发现淹水后酸性土壤的 pH 升高，碱性土壤的 pH 降低，这对消落区湿地利用会产生一定影响（张金洋等，2004）。

特别是水位在短时间内的涨落使消落区湿地产生较为强烈的土壤侵蚀。在土质坡面或土石混合坡面，当水位快速下降时，库岸边坡突然失去水体的顶托作用，土质边坡中的地下水不能及时排出，由水体所产生的拉动作用形成的水压力会引起溯源侵蚀，土壤颗粒下转，并在一定范围沉积，使局部侵蚀基准抬高；当库水位上升时，地下水位也会抬高，坡面又受到水的浸泡，土壤内摩擦角减小，抗剪强度降低，土粒容易滑落。在高水位时，泥沙容易在消落区湿地落沉，泥沙颗粒沿坡面可能出现较明显的分选作用。如果库岸坡面和上游的植被好，淤积物中的有机质含量就高，有利于开发。反之，则水土流失严重，淤积物多为砂质，可耕性较差。如大畈镇的和平村库岸段就是这种情况。

对于平坦的消落区湿地，建库时间越长，其上沉淀的物质就越多，土壤肥力虽好但土质板结，耕性差，刚出露的消落区湿地水分过多，不能马上利用，需通过排水和初步改良后才可使用。这样的消落区湿地在三峡库区面积广阔；富水库区的富有乡政府附近的大片平坦消落区湿地就是这种情况。

9.3.1.3 水陆生态特点

消落区湿地是库区的水陆结合部，是最典型的生态过渡带。由于水库水位在一年中周期性地涨落，消落区湿地受到水生生态系统和陆生生态系统的交替控制，使得液相物质与固相物质相互交接，出现了一个既不同于水体，也不同于土体的特殊过渡带。由于受水陆交替的强烈干扰，消落区湿地生态功能不稳定，难以形成边际效益的特征，属于生态环境脆弱带（ecotone）。在这一特殊地带，生物群落的发育较为困难，生物多样性指数降低，很难自然形成稳定的生态群落（涂建军等，2002），只是在正常高水位以上的库周形成一定规模的生态群落，但也会受到水位周期性变动的影响，所以说，水库消落区湿地是一种脆弱的库区人工湿地系统。因此，在对其开发利用时，一定要因势利导、因地制宜、因时制宜，避免生态环境功能的退化。受库区水位周期性涨落的影响，消落带是库区生态系统中能量、物质的输移与转化的活跃地带。而且消落带还是交通港口、淡水资源、旅游目的地的场所，是库区人民重要的生存环境。所以，消落带不仅是一种具有多种功能的土地资源，而且是一种具有较高缓冲容量和环境净化以及保护功能的资源，可以为库区中小城镇污水处理的复合生态环境工程提供土地资源和水资源。

9.3.1.4 湿地景观特点

消落区湿地介于陆生生态系统（水库征用线以上）和水生生态系统（水库死水位以下）之间，是库区生产力最高的生态系统之一。按照景观分类，消落区湿地应属于湿地景观，其景观格局在水平方向和垂直方向分别表现为较为明显的水平层次性和竖向层次性。相邻两个景观之间的界面因水库水位的变化而发生周期性移动，但库岸陆地景观的底部边界则相对比较稳定，交错带的景观变化较大，其尺度、要素以及结构都会随水位的变动而变动，水体景观与交错区景观在年际内相互渗透、相互交错，在不稳定边界的影响下，形成一种不稳定的景观格局。对此，需要通过健康开发的方式和措施，帮助形成稳定的植物型景观格局。

9.3.1.5　局部可利用性及滞后性特点

由于水库消落区湿地的地势地貌、土壤、气候等因素的限制，消落区湿地中只有部分土地除作为水的载体以外具有可开发利用价值，约为消落区湿地总面积的30%。因山丘地区的水库消落区湿地多位于高山峡谷之中，断面狭窄、岸坡陡直，水库周边地形蜿蜒曲折，多为陡峭峡谷，只间杂一些较平缓的山坡，这部分可利用的价值分歧较大；而库区腹地和库尾区段，多为峡谷、山丘、岗坡相间，在两岸有支流注入的库湾区域，消落区湿地处于淹没与出露两种状态下，可利用比例及程度均有所降低。对于刚出露的土地不宜立即使用，需要采取一定的改良措施，使土壤结构、肥力、水分等满足耕种条件，具有开发利用的滞后性。如果利用消落区湿地种植农作物，可能会导致水土、化肥等流失，在库区产生泥沙淤积；若从事集约水产养殖，可能会污染水库水体，造成水体富营养化等环境问题，这也可称为环境影响性。

9.3.1.6　开发利用的随机风险性

受集雨面积内的气候、水文和库区工程措施的影响，水库蓄水位是变化的。在汛期6～9月，富水水库在防洪限制水位附近运行；一般9月中旬以后才开始蓄水，到10月底蓄水至正常高水位，11月至翌年4月为供水期，水位逐步降至防洪限制水位附近。虽然各座水库有各自的调度方案和运行规律，但这种年际间周期性的宏观变动是相同的。消落区湿地受库水反复周期性的淹没、冲蚀及泥沙淤积作用，其地貌和可利用面积与收益、生物群落及生态功能均会发生一系列的变化。因此，所有水库消落区湿地资源的开发利用都具有较大的随机风险性，关键是如何科学地开发利用，以降低其利用风险，这也是本文的目的所在。

9.3.1.7　效益的有限性

在时间上，消落区湿地并非全年均可利用；在空间上，只有根据库区土壤、气候、水文、调度等情况，选用适宜性、季节性、速生性栽培品种；在结构上，由于消落区湿地区位的特殊性，第一、第二、第三产业只有适当比例且有限制的发展，因而消落区湿地资源的开发利用效益也是十分有限的，在考虑经济开发的同时，从保护利用着手，在考虑项目确有良好的生态效益的前提下，发挥可能的最大经济效益。

9.3.2　水库消落区湿地开发利用中存在的问题

健康开发和科学利用库区资源是改善库区经济环境和长效增加库区农户收入的最有效途径。从库区土地资源的构成特点来看，可以将库区分为三类，即山地、水域和消落区湿地，山地不会被水淹，水域则是处于水库死水位以下常年被水覆盖的区域，处于这两者之间的是水库消落区湿地。对于高于水库正常高水位以上的大部分消落区湿地，库周群众多年来已像普通农地那样经营和利用，在不出现大洪水或特大洪水的情况下，粮食、蔬菜等还有一定收获，但效益不高。位于正常高水位以下的消落区湿地，利用的很少，绝大多数仍处闲置状态。前文提及，水库消落区湿地是库区的优质后备土地资源，而且数量可观，对于库区这个极端缺地的区域，这种优质资源为什么得不到充分的开发利用呢？主要存在下列问题。

9.3.2.1　个人行为多，缺乏统一组织和技术指导

库区三缺（缺地、缺粮、缺钱）是库区贫困的主要表现。每年的汛期以及枯水年和少水年的冬、春季，库岸出露大面积的消落区湿地，据实地调查，半数以上是被淹没的原优质耕地。对于极度缺地的农民，看到如此肥沃而又熟悉的土地怎能不动心呢？虽然他们知道在那儿耕种可能颗粒无收，但仍然抱着收获的希望去播种，通常沿袭着建库前的土地使用权和种植习惯，主要是稻、麦、菜、瓜等，尽管他们管理精细，但总是快到成熟时，受降雨影响，水库水位就开始上涨，不到几天庄稼就被淹没了，使快要到手的收获化为泡影。在利用过程中，基本上是以农户为单元的，各种各的，彼此之间没有什么影响，是一种自发行动，没有政府的组织和号召，淹没损失也无人过问，多少年来都如此，特别是多雨的鄂东南，在易淹的消落区湿地耕种，几乎年年失收。库区政府也了解这一情况，由于没有合适的解决方案和有把握的利用措施，也无力出面去阻止这一行为，处于自由开发利用状态。对于在消落区湿地种作物，因为要播种、施肥、松土、打药等大量的管理活动，水库淤积增大，可能污染水质，影响水库综合效益的发挥，对于城镇居民饮水水源的水库，负面影响更大。产生这些问题主要有两方面的原因：一是缺少官方的统一组织，宣传不到

位，缺少理性的消落区湿地利用观；二是没有坚持科学发展观，开发利用的方式方法受到质疑，能够解决易淹地带消落区湿地的利用技术没有得到应用，信息缺失是其根源。另外，库区政府和水库主管部门也没有重视消落区湿地资源的开发利用，只有被动的牵引，没有主动的组织和指导，行政管理功能缺失。

9.3.2.2　只考虑经济开发没有生态利用

在资源贫乏和市场狭窄的状况下，库区政府和农户开发利用消落区湿地资源，多数只考虑眼前经济效益，以解决当前温饱为前提，再加上消落区湿地的开发难度大，开发资金也难筹集，势必以分散和个体开发为主。这样一来，在坡地消落区湿地以种农作物为主的利用方式，必然会引起较严重的水土流失，损害消落区湿地资源的可持续利用。在库湾修坝筑堤发展水库精养渔业，是不少库区开发消落区湿地的做法（杨沁芳，1992），但实践证明，这种在大库中建小库的方法是得不偿失的。以富水水库为例，从 20 世纪 70 年代初期至 80 年代中期，已坝拦养鱼库汊 129 处，面积 440 hm^2，围垦库汊土方达到 63 万 m^3，土方数量相当于水库主坝的 1/10，使水库容积人为地减少了 63 万 m^3，相当于一座较大的小型水库，这给水库应有效益的发挥带来较大负面影响。由于拦汊土坝未设防渗体，汊内水位与大库水位同步变化，水位较高时，围汊有水，大库水位低时，围汊见底，形成可干型库汊，无法连续养殖，有的围堤塌陷严重，又无力修复，以至于放弃精养水面，造成人力、物力和财力的浪费。据通山县水利局的负责人介绍，为修建富水水库拦汊工程，曾申请到水产贷款300 万元，由于养殖效益低，至今无法还贷，造成多方面的经济损失。这种情况，在其他大、中型水库也不同程度存在。实践证明，土坝围汊不是消落区湿地开发利用的上策，危害人工湖的生态环境，不利于发挥水库经济优势，不属于健康开发方式。在三峡水库消落区湿地使用管理规定中，已明令禁止在有效库容范围内的干、支流筑坝拦汊、分割水面、兴建小水库和围垦，以及向水库弃土、弃渣、弃物和填埋物体等一切减少水库库容的行为。在本文前面已提到，即使围栏库湾有较好的经济效益，在围栏库湾以后的消落区湿地仍可继续利用，或者说，围汊养殖不影响消落区湿地的再利用。

9.3.2.3　未形成产业化，没有规模效益

人们开发利用水库消落区湿地资源的目的在于获取最大效益或服务。现代科技发展具有明显的整体化特征，土地利用所追求的效益绝不是某一个方面的，而讲究的是三维（生态/经济/社会）效益的综合体现。湖北已建水库的消落区湿地很大一部分都在利用，关键是如何利用。从目前的开发利用情况

看，存在着用前无规划，经营规模小，分散程度高，利用方式多，不计成本的盲目利用等。这样的经营方式和规模，仍然处在小农经济圈，农户间无法达成种植种类、品种、上市时间、销售价格、储藏加工方式方法等的一致，就是有初级产品剩余，由于没有规模、没有品牌、没有自己的销售中介，也无法以公正的价钱卖出，甚至廉价也无人要。富水库区的柑橘、猕猴桃、养鸭等就经常碰到这种问题。湖北库区有不少特色品种（银鱼、油茶、猕猴桃、乌桕等）有巨大发展潜力，市场需求也较大，但就是没有产业化和规模经营，品牌效应差，产品占领不了市场。当然，这些共性问题可通过库区政府和相关部门转变工作职能，做好消落区湿地开发规划，制定具体措施，加强宏观指导，运用新技术新方法，进行农业产业化生产，发展规模经济，开创消落区湿地利用的新局面。

9.3.2.4 转移剩余劳动力少，社会效益差

经济落后、农户收入低是老库区的基本特点。究其原因：一是缺地；二是剩余劳动力多。消落区湿地的科学利用，可以在一定程度上缓解库区人地矛盾。由于消落区湿地的属性所在，绝大多数农户没有找到高程较低的消落区湿地的有效利用方法，按目前的农户经营单元，单一的作物种植模式，不计成本的利用效果，扩展不了现有劳动力的劳作面积，根本谈不上为库区富余劳动力创造和扩大就业机会，这充分说明传统的种植业利用模式社会效益差。在拓展水库消落区湿地的开发途径时，一定要考虑能够在库区形成支柱产业，并可拉长产业链，使更多的库区劳动力能够原地就业，既减少了就业成本，又可促进库区农村经济的发展，一举两得。

9.3.2.5 现行管理体制难以适应水库消落区湿地资源的深度开发

（1）库区管理体制

开发水库消落区湿地资源的目的是改善库区经济环境和有效增加库区农户收入，这是库区政府和水库业主都十分关心的问题。目前，库区管理是以县级政府为主导的乡、镇分管体制，若整个库区不跨县域，库区管理只是乡镇间的协调与沟通，必要时由县政府统一决策，这种情况较常见。如富水库区，96%的库区在通山县，水库银鱼养殖是县里委托县水产局统管，库周乡镇配合管理各自的辖区，年终按分管面积和投劳、投资比例分成，这样可以调动各方积极性，使银鱼养殖接连丰收，效益也显著提高。但对跨县界的库区，县级政府间的经常磋商是在所难免的，如鄂东的白莲河水库，水库淹没区涉及浠水、罗田和英山三县，从1966年开始，选举产生了库区管理委员会，负责库区管理事

务；1979 年以后，库区由白莲河水库管理处专设的库区办公室管理，并设有定编 5 人的水库派出所，还有护库员 5~7 人，共同管理库区。

（2）水库管理体制

水库实行的是行业管理，根据水库大小，又分成几个层次。小型水库多由乡、镇或村级管理；中型水库一般由县里管；湖北目前的 65 座大型水库中有 48 座由省水利厅直接管理，如富水、漳河等水库，占 73.8%；一部分为省、地、县有关部门联合管理，约占 11%；在大型水库中，还有几座为水利部和原电力部直管的，统称部属水库（有的称中央直属水库，笔者认为称部属水库更合适），如丹江口、陆水、葛洲坝、黄龙滩等水库，占 6%；最近几年建成蓄水的有部分为民营企业所有，如鄂坪、斗岭子水库等，约占 4.6%。除此以外，清江开发总公司主管 3 座大型库，分别是高坝洲、隔河岩和水布垭水库。大型水库的防洪调度由省防洪办统一调度和协调。各管理部门分管的水库个数和比例如表 9.1 所示。

表 9.1　湖北省 65 座大型水库的管理概况

管理部门	水利部	电力部门	省水利部门	民营企业	股份制企业	省清江开发总公司	湖北省防洪办统管
管理个数	2	2	48	3	7	3	防洪管理
所占比例/%	3.0	3.0	73.8	4.6	10.8	4.6	100

资料来源：作者调查与统计的结果

大型水库与库区的分管体制，在目前情况下，可能是现实的选择，但对水库消落区湿地资源的深度开发利用是不利的，可能出现利益冲突。例如，库区群众希望能在汛期水库水位低时，能抢栽抢种一季作物，或者栽后不久需要降低水位的，根据现行的水库调度原则，是难以协调成功的。因为降低水位，水库蓄水就少了，水少发电就少，直接影响到业主的经济利益，目前水库的经济效益主要是发电。库区和水库工程的分头管理，对消落区湿地的使用也造成一定障碍，水库建成后，水库消落区湿地为水库业主所有，库周群众能不能开发，还要看水库所有者的态度，至于使用过程中的水位调节难度就可想而知了。对于老库区，由于当时征地补偿未能全部兑现，目前失地农民无偿使用消落区湿地是理所当然的事，但以后怎样还不清楚，根据《国务院办公厅关于加强三峡工程建设期三峡水库管理的通知》中的有关"三峡水库消落区湿地使用管理"的规定，对库区农民使用消落区湿地的要求相当严格，由此可见一斑。笔者在富水库区做消落区湿地利用试验时，根据试验需要，曾向水库管理部门请求将水库水位稍加控制，以便提高树苗成活率，经几次协商未果。这说明目前的水库管理体制与库区资源开发之间存在较大矛盾，水库管理体制对水库消落区湿地资源的开发利用有直接的影响。对于以县管为主的水库，如三湖连江、太湖港等，可能有利于库区资源的开发利用。

9.3.2.6 开发资金短缺

开发水库消落区湿地资源，需要启动资金，且比一般旱地开发的投资要多，风险要大。以集约式营造速生丰产林项目为例，一个营林周期（10~20年）不计主伐费用的投资强度约为 1.11 万元/hm^2（合 740 元/亩，2000 年价格），第一年的投资只计购苗、整地挖穴、栽植和抚幼管理等约为 0.80 万元/hm^2。如果户均开发 1 hm^2，静态投资也超过农户平均 2~3 年的家庭收入的总和，对于库区农民来说，不借贷是没有钱搞开发的，况且，消落区湿地利用有一定风险，单靠库周农户来开发目前还没有利用的那部分消落区湿地有困难；如果靠库区政府组织搞开发，同样需要资金，就是有以工代赈的机会，也还要苗木费。以试验研究为例，1998 年，我们课题组和通山县有关部门经充分讨论和协商，计划在富水库区洪港镇试验开发 34 hm^2 消落区湿地，而且是试验推广，项目的"三大效益"好，风险也很小，库区政府非常支持，为筹措 30 万元的基本试验费用，我们从县里找到省里有关部门，递交报告好多次，最终还是放弃了。这说明开发消落区湿地的启动资金是个大问题，特别是要大规模开发难度更大，需要各级政府的相关部门和水库主管部门联手解决。好项目好效益，也还要有资金去实施，只有付诸实施，才有希望实现产业化。

9.4　富水水库消落区湿地开发利用模式及其选择

由于水库消落区湿地出露的周期性、随机性和利用的风险性三大特点，它的开发利用须遵循在保护中开发、在开发中保护的原则（黄朝禧等，2006）。首先要考虑生态因素，即考虑到消落区湿地的开发利用不会对库区生态环境产生副作用，不会影响水库本身效益的发挥，不会造成库区水体污染等。其次考虑的是经济因素，在可能的情况下达到效益最佳或最大化。在开发利用过程中，应体现出明显的社会效益，如解决一部分库区富余劳动力的长期就业和有助于建立库区农户长期增收增效的机制等。在实现生态效益、经济效益与社会效益有机统一的前提下，无论是健康开发还是保护利用，都可因地制宜地选取适宜的发展模式，促进库区土地资源和社会经济的可持续发展。

富水水库消落区湿地的总面积约为 16.46 万 hm^2，其中能够开发利用的面积为 4.558 万 hm^2，接近库区耕地面积的一半，占总面积的 27.7%。科学地利用好这一湿地资源，对库区农民增收和生态环境建设的作用十分明显。根据前人的研究和本人的实验与实践，目前比较有效和可行的开发利用模式主要有农业利用、林业利用、渔业利用、工程防护利用等几种，主要是根据水库消落区湿地资源的属性和不同高程带的土地出露时间的长短选择不同的开发模式。对一个水库来说，可采用同一模式，也可几个模式并用。

9.4.1 农业利用模式

这里所指的农业，主要是种植业方面，以农作物栽培为主的产业，它是水库设计蓄水位以上消落区湿地的主要利用模式。主要种植粮食作物、经济作物、绿肥作物，以及蔬菜、花卉等园艺作物。农业利用模式在富水库区主要用在水库正常高水位（57 m）附近及其以上区域，以旱作为主；用于正常高水位以下时，最好是耐水湿、短期淹不死的品种，以减少利用风险。农业利用模式中的主导品种及品种结构，应依据库区农业结构的调整和产业发展取向慎重选择。由于库区缺粮，目前这一区域多数用于种粮、油、菜、瓜等，也有经济林木。由于土地利用率较高，风险较小，技术与一般旱作区相同，但在水库正常高水位附近地带，由于水位波动的随机性，从鄂东南库区的开发利用实践看，常规的农业利用，失收的可能性很大，需要作专题研究（黄朝禧和张波清，2004）。

9.4.1.1 利用范围

农业利用模式的应用区域应是水库正常高水位以上的消落区湿地部分，利用面积视水库类型和水库调度运用方案以及水库所在地区的不同而异，差别较大。鄂东南的年均降雨量在 1600 mm 左右，该区域内的大中型水库多数容易蓄到正常高水位。以富水水库为例，土地征用线高程为 60 m，正常高水位57 m，历史最高洪水位曾到过 59.28 m，就是在冬季水位也经常涨至 57 m 高程。在此高程附近种植农作物，风险很大，农业利用范围大打折扣。湖北省的多数大中型库区也属于这种情况。但少数水库，建库几十年，水位一次也没有到过正常高水位，如王英、张家嘴、石门等水库。对于这种情况，农业利用模式的适用范围可从近几年曾出现过的最高水位算起，上至库区移民线高程。

9.4.1.2 利用时段

能够种植作物的消落区湿地，在已出现的水库最高水位以上部分的消落区湿地，一般不受水位变化的影响，与库周农地一样使用，没有利用时段的限制。

大多数水库，在正常高水位以下至水位周期性的波动区域，利用时限在丰水年和平水年主要是每年的汛期5~9月；在枯水年和少水年，可利用期较长，不但在汛期可利用，在枯水期也可利用。鄂东南的汛期较早，如富水水库目前的汛期调度为每年的5月1日至7月15日，在7月15日以后，水库就可满蓄，在正常高水位的理论维持期达9个月之多，可利用时段大为缩短。由于消落区湿地浸泡时间长，引起土壤条件变化，需采取一定的整理措施使土壤基本满足耕种条件，方可使用。值得说明的是，水位季节性变动随历年降雨量的变化而表现出较大的差异。南北对比可知，鄂西北水库消落区湿地的汛期利用时间比鄂东南的长1个月左右，这有利于消落区湿地资源的开发利用。

对于中、小型水库的消落区湿地的利用时段可直接参考水库调度方案拟订，要客观反映库区水情和地情，利用时段可短不可长，以免影响利用效果，造成不必要的经济损失。

当来水量远大于出水量时，水库水位就会急剧升高，长在消落区湿地上的庄稼快要成熟或已经成熟但来不及收获，就是水库水位变化太突然的结果，加上库区群众信息不灵，没有专人通报水库水情变化和水库调控的结果，这就是大片消落区湿地出露后，库区群众想种而不敢种的重要原因。如蓄水不久的潘口水库，水库消落区原水稻产区群众2011年种的水稻很多来不及收割即被淹没。

当然，遇上枯水年份和少水年份，消落区湿地的利用时段就长，如果及时利用，有的全年都可收获，问题是，库区群众怎么知道哪一年是枯水年和少水年呢？一是目前的天气、水情预报的准确度还十分有限，二是又有谁负责与库区群众沟通和督促及时耕种呢？一遇涝灾，又有谁来补偿群众的损失呢？

上述原因充分说明水库消落区湿地开发利用收益的诸多不确定性，制约着消落区湿地的可持续利用。

9.4.1.3 利用方式

多年来不少国内学者和实际工作者，试图在消落区湿地寻找一条利用风险小、收益高、技术简单、投资少的健康开发途径。但基本上都把着眼点放在种粮、种菜、种饲料作物方面，技术上难度不大，实施起来也较容易，一般也不需要专门人员和机构出面组织和号召，多是库周群众的一种自发行为，直到现在也如此。

水库运用方式决定了消落区湿地出露的时间与范围，也限制了消落区湿地利用的方式。在消落区湿地发展种植业，关键是按不同阶段宜耕地出露的时间和高程范围，合理选择作物品种。通常根据出露情况，结合当地自然条件和耕作习惯，因地制宜，安排农作物。在水库正常高水位以上附近原为稻田的消落地可继续种稻；在正常高水位以下的平坦地可种植水生蔬菜。在浅水中可植菱、莲、芡、慈姑、荸荠、芋、莼菜和茭白等，现都有人工栽培的品种，单产高，经济效益好，但一般只能生长在水深 0.5 m 以内的水环境，也可短期适应干湿交替的水土环境，但多数不耐干旱，难以适应消落区湿地水深变化大、干湿交替频繁的生境。薛治泉等在研究三峡水库消落区湿地的开发利用时，曾对有栽培价值的十多种水生植物进行过仔细比较研究，如茭白、莲藕、荸荠、莼菜等都只生长在几厘米或几十厘米，最多 2 m 的浅水区域（薛治泉，1994）。

经反复查阅资料，目前还没有一种理想的适应水位变化幅度大的既耐淹又耐旱作物，虽然试验性的耐淹稻的耐淹性较强，一般公顷单产可达 4500 ~ 5250 kg（王海，1999）。但耐淹稻生育期较长，一般为 125 ~ 130 天，淹水深度也不大，也不能解决深水消落区湿地的利用问题。针对三峡水库消落区湿地资源开发的迫切性，有关部门和有关科研单位已着手试验研究耐水抗涝高产高效的作物新品种的筛选和培育。特别是选育和研究生长期短且耐水湿的新品种，以适应消落区湿地特殊的水土环境。此外，在满足作物生长的条件下，应优化作物结构，提高产量和效益。考虑到富水水库消落区湿地在风险利用区域，由于水位变化的随机性和偶然性，作物种植的保收率仍很低。

研究人员在做黄河小浪底水库消落区湿地的开发利用规划时，曾采用水利部定的粮食影子价格和消落区湿地耕地面积、粮食作物种植系数、产量、纯收益率及实物调查指标等计算不同高程的土地利用效益，根据消落区湿地利用单位面积上风险收益变化最大的原则，当水库消落区湿地利用高程在 264 ~ 266 m 时，土地利用率达 69%，单位面积的风险净收益最大（刘斌等，2000）。这对区位条件类似地区的消落区湿地利用有一定借鉴价值。

在富水水库，大片的消落区湿地年年都有群众耕种，实际上入不敷出。另外，种植农作物，必须翻地、播种、锄草以及大量的管理活动，势必造成表土松散，库水的上涨和下落都会造成一定数量的表土流失，使消落区湿地失土失肥，增加水库淤积，会给消落区湿地的可持续利用和水库效益的发挥带来负面影响。

在消落区湿地种菜和种饲料，如白菜、萝卜、豌豆、蚕豆、油菜等都是多用途的，在汛期成熟或不成熟都有利用价值。特别是在消落区湿地种青饲料，是发展库区草食动物养殖业的一条有效途径。但受水库运用方式的影响，消落区湿地内只有部分季节性出露于水面的土地可用于耕种，而出露后的土地并不能立即投入使用，需经过一定的土地整理措施以后，使土壤结构、肥力、含水率等满足农业耕种条件，所以具有土地利用的滞后性（熊利亚等，2004）。通过改良品种、扩大耐淹稻播种面积，可在一定程度上缓解用地矛盾。

从现有的水库消落区湿地的农业开发的总体情况看，技术和经营都是传统型的，产量低，收效差；但在开发利用程度上存在较大差异，有的在区位、土质条件相近，粮食和蔬菜单产高低相差2倍以上，提高产量和效益的空间还很大。由于水库消落区湿地的农业开发并非常年可利用土地，一般只能根据库区土壤、气候、水文、水库调度等情况选择相应的农作物进行季节性种植，土地利用率及利用效果是很不稳定的。

9.4.2 渔业利用模式

水库消落区湿地的渔业利用早已引起人们的注意，而且已有较成功的经验和技术。对于消落区湿地资源的渔业利用主要是根据消落区湿地水位的变动规律，最大限度地适时利用这些空间和能量，以期获得更多的渔产品，措施得当可保持消落区湿地的可持续利用。但由于水库消落区湿地各区段所处地理位置不同，其面积、土质、水质、营养物质、天然饵料等存在很大差异，渔业利用的重点多在库区中、上游，尤其是面积较大的库湾。这些地带地势平缓，水土肥沃，容易取得较好的利用效果。目前，水库消落区湿地的渔业开发利用方式主要有种草养鱼、回形鱼池、堤坝拦截等。

9.4.2.1 种草养鱼模式

消落区湿地的最大特点是水、陆交替变动，形成特殊的生物群落和引起能量固定与流动的特殊性，导致植被的年年更新（曹克驹等，1990）。在涨水时原有消落区湿地的陆生植被遭到彻底破坏，退水时成为光秃秃的裸地。随着太阳辐射、气温和降雨量的改变，不能适应这种生境剧烈变化的原库区植物种类自然淘汰，能适应这种变化的植物（主要是草本植物）则相继生长，并组成新的植物群落，但生成速度慢，天然利用意义不大，只有通过人为种植高产品种，才能提高水库养殖的产量和效益。在消落区湿地种草养鱼的成本低、效益高，又能固土护岸，种草养鱼已是较成熟的技术，特别适用于坡地消落区湿地，对非饮用水的水库是一种较理想的养殖模式，在全国有较大面积的推广。适宜在消落区湿地种植的牧草品种较多，表9.2列举出几种牧草的特性及适种区域。

表 9.2　适宜在水库消落区湿地种植的速生优质牧草

名称	播种时间/月	刈割次数/次	公顷单产/t	生长期	适种区域	备注
黑麦草	8~10	3~5	75~110	冬、春季	缓坡消落区中、下部	一年生；多年生入土不深
苏丹草	3~4	6~8	150以上	夏季	所有消落区出露部分	一年生，对土壤要求不高
苦荬菜	3	6~8	120~150	夏季	消落区湿地的肥沃部分	一、二年生
墨西哥玉米	2~4	6~8	90左右	夏季	消落区湿地出露的中上部分	一年生，不耐水淹
杂交狼尾草	3	5~6	100以上	夏、秋季	消落区湿地出露的各部分	多年生，入土不深，耐水耐旱
紫花苜蓿	4~7	5以上	120以上	夏、秋、冬季	消落区湿地上区带	多年生，入土深

资料来源：根据有关书刊资料整理

　　这里需特别指出，在采用种草养鱼模式时，应避免在库周及大库水面引种水葫芦，以免造成生态灾难。如白莲河水库，由于水葫芦自然生长过剩，已覆盖大库水面的30%以上，严重影响了该库渔业的健康发展和水面交通。为此，笔者曾应邀到库区调查，并提出转害为利的措施与途径，由于处理量大成本高，特别是机械和能源费用多。在水库，一旦发现有水葫芦，必须迅速清除。

　　种草养鱼只是消落区湿地草业利用的一种模式，对于大面积的草业开发，在发展渔业的同时，还可发展草食性动物养殖业（如牛、羊、兔、猪等的养殖），促进库区农民增收。

9.4.2.2　坝拦网拦库湾集约利用模式

　　在位于消落区湿地相对高处的库湾，修建不同高度的土坝或堆石坝，形成拦断或半拦断的人工养殖小水面，使有条件的部分消落区湿地成为水库渔业的高产基地。根据水库库湾的不同类型和特点，可采用坝拦库湾、可干性网拦库湾、低坝加拦网式库湾等利用模式。

　　我国是人多地少的国家，凡有条件的地方，原则上可筑坝拦截库湾库汊，形成形状较固定的小水库，可提高土地利用率，便于实行家庭责任承包，有利于推广精养模式，但筑坝土方多、工期长、费用高，如果挖山筑坝，还缩减了库容，取土坡面也容易引起严重的水土流失，还缩减了有效库容，影响水库效益的发挥，特别是水库业主的反对。但对大型水库，由于淹没耕地多，移民安置任务重，以坝拦库湾形式解决部分后靠移民的温饱问题也不失为上策。

9.4.2.3　回形鱼池开发利用模式

回形鱼池（double-square fish pond）是回形精养鱼池的简称，其平面形状呈一回字，即在池塘内四周开挖一道接近闭合的沟槽作为养鱼基本水面，池中留一台地作为饲料地（fodder land），用于鱼、草轮作。它属于种草养鱼拓展型的工程模式，适用于平坦消落区湿地的渔业利用。经实际运用，回形鱼池具有明显的优越性，其主要经济技术指标优于常规鱼池，这种"内含型"种青养鱼模式在正常高水位附近的平坦消落区湿地地带，将有广阔的推广应用前景。

回形鱼池渔业利用模式，主要用于库区农业生产结构调整后消落区湿地的挖潜改良、浅水湖泊的深度开发、退田还库以后的综合利用；鱼池开挖费工费力并计划配置较大面积的饲料地，尽快获得较大精养水面的地方，是发展消落区湿地生态水体农业的最佳模式之一，也是消落区湿地渔业健康开发的理想模式。

9.4.3　林业利用模式

根据笔者的调查，武汉市的湖泊消落区湿地成片营林始于 1972 年，生长在武昌南湖靠近华中农业大学一侧的池杉和落羽杉，是 1972～1973 年栽的。1974 年，由于抬高了南湖出水口（原地名叫老人桥）的堰顶高程，致使湖边所栽池杉、落羽杉从那时起就不同程度地长期淹在水中。30 多年来，除修路砍伐和受机械创伤而死亡的以外，很少发现它们自然死亡的现象，生长状况良好（图 9.1），现已形成多个较大林班的茂密森林。江刘其和陈煜初等在浙江省淳安县的新安江水库（又称千岛湖）消落区湿地，从 1984～1990 年也进行了种植挺水树木林试验研究，并取得了试验的成功。试验表明，在适宜的水库消落区湿地进行大规模营林开发是完全可能的，此后相继又有一些这方面的报导。如牛志明、解明曙等也推荐池杉、意杨和垂柳等作为消落区湿地的主栽树种（牛志明和解明曙，1998）。这几种树都是优质速生用材林树种，经济价值高。经过论证，我们在富水库区和三峡水库选择池杉和意杨作为消落区湿地的首选树种，并进行了连续试验，收到良好效果。

图 9.1　生长在武昌南湖消落区湿地的池杉和落羽杉

资料来源：http：//www.hzau.edu.cn/photos/A04.htm

9.4.3.1　消落区湿地林业开发与库区林业结构调整

库区经济发展的快慢受库区生态环境的影响和制约，生态环境的优劣又与库区发展林业的绩效紧密相关。几十年来，富水库区政府和水库主管部门并不是不重视库区林业建设，而是投入了大量人力、物力和精力大搞植树造林，虽然营造了一部分样板林和防护林，取得了一些成绩，但由于重栽轻管，总体效果并不理想，绿地增加速度不快，甚至停滞不前，过去的不毛之地有很大一部分仍然是光秃秃的，这在一定程度上挫伤了库区群众植树造林的积极性。究其原因有以下两点：

一是过去的林业发展战略不适应改变山区面貌和治穷致富的需要，只追求数量，不讲质量，不讲经济效果，长期粗放经营，管理不善。林木资源遭到破坏，生长缓慢，林分质量差，经济效益低，群众对植树造林不感兴趣，使土地资源和劳动力资源不能很好地结合起来。为此，必须制定新的发展战略和实现新的战略目标。

二是库区林业的发展，多年来总是把战略眼光盯在陡坡和山头上，固然绿化山头和陡坡很重要，但劳力投入多，劳动强度大，灌溉困难，管理不便，树苗成活率低，以致出现年年栽树不见树，年年都在老地方栽的尴尬局面，有人抱怨这是劳民伤财。退一步说，就是在瘠薄之地栽活了的树，生长也特别慢，很难成材，只能起到保持水土的作用。既然是保持水土，为什么一定要栽树而不种草呢？种草又快又省，护坡保土效果又好。甚至不用人工种植，只需封山育草就行了。

如何扭转库区林业发展的被动局面和有效解决库区林业的可持续发展问题，是关系到库区农民生活环境优劣和能否增收的大问题。根据库区生态环境、消落区湿地的资源优势、利用现状以及营林潜能等因素，本章提出以发展水库消落区湿地优质高效林业为突破口，采用先水边后库岸再上山的递进式发展新模式，实现库区林业发展战略的调整和转移。

笔者在富水库区多处看到这样的标语："库区人民要脱贫，少生孩子多造林"，"要致富多栽树"。这话说到了点子上。可造林，为什么总在陡坡上造呢？为什么不把视线从山上转移到山下呢？山下有大面积的消落区湿地，选择适宜树种并采取适当的技术措施在消落区湿地造林，既省力省钱，管理又方便，成活率高，还可植造高产速生用材林和经济林。它既是水库防护林、水源保护林，又是水土保持林和水源涵养林，真正体现了林业的生态复合功能。在水库消落区湿地发展效益林业，既有自然资源优势，又有丰富的劳动力资源优势，经济优势和产业优势都十分明显，只要库区政府和有关部门重视并采取实际支持行动，消落区湿地就一定能成为库区周边经济发展的突破口。

9.4.3.2 两栖林业开发模式

两栖林业的概念，是笔者1997年在写给通山县主管扶贫工作的领导的一份报告中提出的，报告题为《关于建立富水水库洪港段消落区湿地133 hm²（原文为2000亩）池杉生态林的报告》。在2002年的《理论月刊》上发表了《关于库区林业发展战略调整的思考》一文后，两栖林业很快被水库管理部门和库区有关部门所接受，并认为两栖林业是水库消落区湿地最可靠的开发利用方式，由此备受关注。本章的重点和实证研究也都是放在消落区湿地资源的两栖林业开发模式上。

库区人多地少，好地更少，几乎没有优质林业用地，大规模发展优质高效林业的难度很大。库区的山地面积虽大，但由于耕地太少，很多宜林荒地开垦成了坡耕地，林地被挤占现象十分突出。富水库区有未利用地 1.56 万 hm^2，约占库区总面积的 20%，但其中岩石裸露地、陡坡、田坎及其他难利用地有 0.96 万 hm^2，占未利用地的 61.5%，真正可用于营造生态林的只有 29.5%，约 0.46 万 hm^2。库区林地资源的枯竭也促使将发展林业的重点由旱地林业转向"两栖"林业。

水库消落区湿地资源的常规利用具有风险性，开发利用它，需跨过水域与陆地、水利与农业、水库与库区、行业与地方等的界线，综合利用和管理难度大，特别是林业利用，是一项探索性的工作，从目前的实验结果看，成功的把握性大。

所谓消落区湿地两栖林业开发，就是选择具有高度耐水湿性，且能速生丰产的树种在消落区湿地造林，一旦育林成功，水位高时树在水中，水位低时，树在地上，具有两栖性。经过初步试验观察和系统分析比较，在水库消落区湿地营林主要有下列优越性：

（1）解决了库区优质林地问题

水库消落区湿地中有相当一部分地段土质肥沃，特别是建库淹没的河滩地，原本是优质耕地，水库蓄水后，其上又沉积来自库岸坡地表土和水中微粒物质，土壤受周期性的淹没和显露的影响，土壤肥力增强，土壤水分和蓄热性增大。与库区山头和陡坡地相比，消落区湿地地肥土厚，不失为库区最优质的造林用地。初步测算，仅鄂东南 10 座大型水库就有容易利用的优质消落区湿地 3540 hm^2，平均每个大型水库 354 hm^2。如能充分利用起来，所产生的综合效益无疑是巨大的。富水水库可利用的闲置消落区湿地面积近 800 hm^2，约占消落区湿地总面积的 80%。相当于库区现有耕地面积的 22%，水库移民人均 160 m^2（约合 0.24 亩），这对耕地紧缺的库区来说是一笔宝贵的财富。特别是为库区发展优质林业找到了容易开发的林地资源。在 2000 年以后，富水库区大力发展湿地"杨树经济"，显示出良好的生态效益、经济效益和社会效益。

（2）树苗成活率高，造林效果好

在消落区湿地造林，土壤湿度大，且临近水源，灌溉极为方便，就是大旱之年，用库水浇树也容易办到，不像在陡坡上植树，水源困难，浇水成本高，容易出现"年年栽树不见树，栽树是任务"的被动现象。我们对富水库区的初步统计表明，在植树造林低调年份的 1994～1997 年，库区 8 个乡镇 4 年的造林面积之和就有 6177 hm^2，已超过库区总面积的 10%。但当时在库区除看到成片的柑橘园和少量的竹林以外，引人注目的成片生态林很少，不是没有栽，也不是栽少了，而是只管栽不管活，由于成活率低，结果就出现重复造林的问题。在水库消落区湿地栽植意杨、池杉、枫杨、杞柳等，只要一般性的技术措施到位，成活率都可达到80%以上，且生长快，栽后3～4年就可形成规模幼龄林，见效快。

（3）投资投劳少，发挥效益早

适宜林业开发的水库消落区湿地，一般地势较平坦，又临近环库公路，交通方便，营林全程投劳投资少。仅挖树穴一项，按验收尺寸60 cm×60 cm×60 cm和有关土建定额计算，在消落区湿地每个树穴的开挖费用平均为1.8元；而在山坡上每穴的开挖费用为2.6元，前者每穴节约0.8元。若株行距各2 m，每公顷即可节约2000多元，再加上节约的运输、灌溉、抚育管理和采伐等费用，每公顷造林的综合成本至少节省4000元。初步计算显示，山下造林成本仅为山上造林成本的一半。1 hm² 消落区湿地面积营林成本简略计算如表9.3所示。库岸沿线交通方便，基础设施相对较全，容易吸收剩余劳动力，开发难度小，见效快。

表9.3　1 hm² 消落区湿地面积营林成本计算汇总表

计算项目	计算依据	单位面积数量	单价/元	小计费用/元	备注
苗木	株行距2×2	2 500 株	2.0	8 890	苗高2 m以上
苗木损耗	10%×总株数	250 株	2.0	1 336	
挖树穴	株行距2×2	2 500 个	1.8	8 001	60 cm×60 cm×60 cm
栽植	株行距2×2	2 500 株	0.5	2 223	含短距离运苗
抚育管理	株行距2×2	2 500 株	0.2	889	扶正、补栽、培土
灌溉	0.1元/株	2 500 株	0.1	445	第一年
规划/设计、培训	2%×总费用			2%×21 784＝436	最低标准
不可预见费	3%×总费用			654	
合计				22 874	
主伐成本			10 000	10 000	
合计				32 874	考虑主伐成本
				22 874	不考虑主伐成本

（4）便于营造速生用材林和高效经济林

在富水库区可利用的消落区湿地中，优质地占一半左右，可营造速生丰产林近400 hm²，既扩大了营林面积，又充分利用和有效保护了消落区湿地，也不影响水库效益的发挥，两栖林业既填补了库区速生用材林的空白，又使库区农民直接增收。适应富水水库消落区湿地生长的速生用材林和经济林树种较多，如池杉、落羽杉、枫杨、意杨、柳树、香椿、乌桕、杞柳、槐树等。以栽池杉为例，一个 15～20 年的营林周期，可获商品材 19.21 万 m^3，若卖价达到 400 元/m^3，每公顷总产值可达 7684 万元，经济收益为 6155.3 万元，投入产出比为 1:5，经济效益十分明显。

（5）发展生态林业，一林多用

在水库消落区湿地营造水库防护林，减少和阻挡水土流失，固岸护坡，减弱库岸冲刷和崩塌，丰富库区旅游资源。当在消落区湿地植树成林，且乔—灌—草结合，可大大减少风浪对库岸的冲刷，阻截泥沙入库，减少水库淤积，延长水库使用寿命，大大增强两栖林业的使用价值和生态服务价值。营造库边林带，可招引鸟类栖居，鸟粪可肥水养鱼，提高鱼产量。在消落带栽芦苇、水生植物和适当的水产养殖，可构成环库生物密集带，以净化大库水质、减轻或防止面源污染。比照国际生态效益匡算办法，每年至少产生几亿元的生态环境价值。只要树多鸟就多，鸟多鱼就多，鱼多钱就多，就可实现山变绿，水变清，人变富，社会经济的和谐发展。由此看出，两栖林业的生态链与经济链效应都十分显著。

9.4.3.3 两栖林业模式的效益分析

（1）经济效益

在富水库区可利用的消落区湿地中，优质地占一半以上，可造速生丰产林约 400 hm^2。适应富水水库消落区湿地生长的速生用材林和经济林树种主要有池杉、落羽杉、枫杨、意杨、柳树、乌桕、杞柳等。以栽植池杉和落羽杉为例，一个 15～20 年的营林周期，蓄积量按 DB/4200 B64 001—88 标准计算，为 261 m^3/hm^2，综合出材率可达 85%，可获商品材 221.85 m^3/hm^2。估计卖价不低于 400 元/m^3，每公顷总产值可达 88 740 元，扣除营林成本后，经济收益为 6155 万元，投入产出比为 1:5。若选择超速生杨树（试栽杨树新品种 2025#、嫁接 1#、嫁接 2#、和平 1#、南抗 1#、南抗 2#等）为主栽树种，并采用集约栽培法，其林龄 8～10 年的投入产出比可达到 1:6 以上，高者可达到 1:10～15，经济效益非常可观。特别是速生用材林，在贫瘠的坡地上是难以奏效的。当然在陡坡地上也要营造水土保持林，以其发挥生态效益。

（2）社会效益

富水库区可用于造林的消落区湿地面积有 800 hm^2，按保守算法，每个标准劳力经营 1.33 hm^2，一个经营周期 20 年，创造静态产值 11.8 万元，扣除造林投入和主伐成本后为 10.2 万元，年净产值 5100 元，月均收入达到 425 元。

这还只是按主业收入计算的，若考虑林副产品的收入，效益会更好。按人均经营 1.33 hm² 可安排劳力 651 人。若按三峡工程移民 1：0.9 的供养比例计算，可解决 1237 人的生计问题，这对发展库区农村经济和稳定库区社会安定都有重要现实意义。仅此一项，湖北的大、中型水库就能安置农村剩余劳动力 2.3 万人以上，全国可安置的接近 20 万人。由此看出，发展消落区湿地两栖林业，不仅经济效益和生态效益显著，而且社会效益巨大。

另外，建立消落区湿地生态林带，使岸坡变绿，库水变清，游人变多，经济变热，农民变富，使荒芜库岸变成黄金库岸，为发展水库生态旅游，发挥水库综合效益和农民增收打下坚实基础。

（3）生态效益

发展消落区湿地两栖林业，重在改善库区生态环境，提升库区农民生活质量。如富水水库，一旦在消落区湿地造林成功，将形成平均宽约 15 m，蜿蜒长约 500 km 的"绿色长城"，成为挡风、固岸、护坡、吸尘、减少水土流失等的一道围库生态屏障。按营造 800 hm² 林木计算，一般每公顷林地比无林地多蓄水 300 m³，所涵养的水量相当于一座 24 万 m³ 的小水库，按传统方法可灌溉 53 hm²（灌溉定额按 300 m³/hm³ 计算）农作物，占库区现有当家地的 11%。前人的观测和实验表明，25° 山坡的林地径流速度为荒山径流速度的 1/40，每公顷林地的泥沙流失量仅为 50 kg，而无林地则高达 2200 kg，每年共减少水土流失 1700 t 以上，吸收滞留尘灰 944 kg。按此推算，每年减少入库泥沙 1100 m³。

关于 800 hm² 林带的生态价值，参照国内外科学家的测算法，每年可吸收二氧化碳 1000 t，放出氧气 682 t。吸收二氧化硫 336 t，一吨二氧化硫造成的社会经济损失约 800 元人民币，仅此一项就挽回损失 27 万元。每年还可蒸发 490 万 m³ 水，可将林带附近 600 m 范围内的空气湿度提高 8%，极有利于库周柑橘生产。在夏季能吸收 60% 以上的日光能和 90% 的辐射能，使气温降低 3℃ 左右，大大缓解了鄂东南的酷热气候。比照国际生态效益匡算办法，每年至少产生 4.5 亿元的生态环境价值。由此看出，生态链与经济链效应都十分显著。

另外，利用消落区湿地从事农业耕种，会导致水土、化肥等的流失，可能产生泥沙淤积、水体富营养化等不利影响，而两栖林业开发可大大减少农业利用的环境后效性的负面影响。

这里还应强调，调整后的库区林业发展战略应与库区扶贫开发战略相一致，可充分利用扶贫开发、农业综合开发、旅游开发、经济开发等一切机遇和资金，走创新林业发展之路。

9.4.4 生态旅游开发模式

我国修建水库的主要目的是防洪、发电和灌溉，旅游只是辅助项目，而美国有870余座水库专用于旅游，所占比例较大（王建军和李水凤，2007）。库区生态旅游是水利经济的一个重要组成部分，消落区湿地又是库区旅游的主要景点区，针对我国国情，培植库区生态旅游产业，具有突出的山水资源开发和政策倾斜优势，特别是水库消落区湿地更具有发展生态旅游的区位优势。鉴于此，湖北已有不少大中型水库成为生态旅游的目的地，如陆水、王英、浠水、天堂、道观河等水库。全国著名的水库旅游区也有几十处之多，如密云、新安江（又称千岛湖）、官厅、三门峡、三峡等水库。近几年来，发展库区生态旅游已成为地方政府和水库主管部门振兴库区经济和增加行业收入的重要举措，并已大见成效。

9.4.4.1 水库消落区湿地旅游资源优势

（1）水面资源广阔

富水库区的旅游资源优势在宽广的水面和众多的库岛上，大库水面在汛期限制水位55 m的水面面积为6794 hm²，库水清澈，万顷碧波。水面生态旅游项目有水上休闲、娱乐、运动等三大类。水上休闲主要是垂钓、观鱼、休闲渔业操作、渔船和游艇畅游、舰艇冲浪等；水上娱乐项目主要有水上乐园，包括快艇、游泳、划船、气垫船、水上飘伞、水上直升机等。必要时需建立浮桥、游艇码头、网箱养殖示范等。

水是构成库区风景的基本要素之一，无水难成景，有水源就有人缘，水利工程形成的水体景观是一种人为的宝贵旅游资源。

（2）库岛资源丰富

库岛原是水库淹没区内的小山或小丘，山脚和部分山坡甚至全部山坡被淹，露出水面的部分一般是山头和山坡的中上部。库岛一般土层薄，肥力较差，但水、气、光、热和灌溉条件优越，库岛消落区湿地仍然有较好的开发潜力，特别是离库岸较近和有多个库岛组合时，农业观光旅游开发价值大，投资省。常年出露面积在2 hm²以上的大岛，选准旅游开发项目，即使投资较大，其收益也是非常可观的。

笔者在1:7.5万库区地形图上作业，测算出富水水库水位接近汛限水位时，面积在0.66 hm²（约10亩）以上的库岛将达到400个以上，其中有60个面积在0.79 hm²（平均直径100 m）以上，具体分布为东西向水域38个，南北向水域 22 个；面积在 2 hm² 以上特大库岛有 20 个。部分库岛的一部分和部分整体库岛都可用作两栖林业开发，同时也是库区水面旅游景点建设的天然场所，也是大面积水陆旅游观光的码头和基地。库岛资源是库区生态旅游得天独厚的资源，几乎所有的水库旅游项目，都与库岛分不开，甚至以库岛为基点向库区辐射，做大旅游产业。

（3）库区林特资源

1）柑橘资源。富水水库是 1966 年建成的巨型水库，40 多年来，山水资源开发也取得一定成效。1973 年，华中农业大学章文才教授应邀到富水库区考察后，他根据库区气候和土质情况，认定富水库区可以适当发展柑橘产业。据此，在库区政府及有关部门的支持下，经过库区群众的多年努力，柑橘种植面积已达到 2600 hm²，成为湖北的有名柑橘产区，帮助库区不少人解决了温饱。经过现代生物工程技术改造后的柑橘林，已形成较大面积的库区观光农业带，成为库区生态旅游的一道靓丽风景线。其中约 1/4 的橘树在消落区，如果培育出耐水湿柑橘品种，在消落区湿地的种植面积会更大，柑橘产业发展及旅游资源增值的前景将更加广阔。橘树本身就是优质观赏植物，既可观花又可观果，柑橘花色泽洁白，香气浓郁，五月的库岸呈现桔花的海洋，是"农家乐"旅游模式最理想的景物资源。大力培植柑橘产业仍是目前乃至未来多少年发展消落区湿地上区带经济的主流。

2）油茶旅游资源。油茶属山茶科，是亚热带植物，是我国南方各省主要的木本油料树种。油茶种子供榨油。茶油清香可口，是一种高档健康食用油，产区售价二十几元以上。除食用外，也是重要的工业原料。由此看出，油茶是典型的经济植物。油茶树寿命长，适应性强，可开花结实 60～80 年。树老了可以"高接换头"复壮更新，又可开花结果数十年，如此可复壮更新多次。它对土壤要求不严，耐干旱、耐瘠薄，不受地貌限制，不与农争地。油茶既是优良的经济树木，又是最佳的水土保持树种。富水库区山多坡陡，适宜发展油茶。油茶曾是富水库区的支柱产业。在 20 世纪六七十年代，富水库区所在的通山县，在 1959 年就有油茶幼林 4800 hm²，1981 年油茶林增加到 9220 hm²，满山遍野都有分布。但到 1986 年以后，逐渐走下坡路。可喜的是，近几年又提出振兴库区油茶产业的发展战略，富水库区领导和群众利用老资源，引种栽培新品种，开发油茶新产品，实现库区油茶产业化指日可待。同时油茶树、油茶花也为库区增添了丰富的旅游资源。

3）茶叶旅游资源。茶叶是富水库区扶贫攻坚的主导项目之一，生产规模可观，现有茶园面积 660 hm²，年产各类茶叶 350 t，受库区小气候的影响，茶叶品质优良，畅销省内外。大片茶园是生态旅游的最佳场所，品茶观光是许多农家乐文化旅游的必选项。另外，茶树根深根系发达，是水土保持的良好植物，在有条件时，可优先发展茶叶产业，以此带动乡土旅游产业的发展。

库区在历史上已形成柑橘、楠竹、油茶、茶叶四大优势。楠竹主要分布在库区海拔 60～1000 m 的地带，竹材产量居湖北首位，在库区已形成数个竹海，斑竹随处可见，竹林旅游资源丰富，再结合丰富多彩的竹文化，其生态旅游特色更加明显。

4）库区人文自然景观资源。在消落区湿地有水库枢纽工程。凡具有灌溉、防洪、发电、供水、养殖、航运等综合效益的大、中型水库，其枢纽工程至少有大坝、电站、溢洪道、泄（引）水闸四大件。富水水库有高 65 m、长约 1 km 的大坝，有 8 扇 9 m×12 m 钢质弧形闸门的溢洪道，有直径 6.5 m 的发电输水管，有近 10 层楼高的水电站，有规模壮观的总干渠等，还有库区牛鼻孔大桥。这些造型独特、风格各异、结构新颖的水工建筑物雄伟壮观，本身就构成特色鲜明的旅游景点。此外库周还有隐水洞、东海神龟、乌岩峡谷、莲花朝圣、牛鼻穿孔等多种天然和人工景点，是度假休闲、农业观光、田园生活体验、民俗风情鉴赏、水上游乐消遣、奇洞异窟观赏等生态旅游区，具有得天独厚的区位优势和独特的景观价值。

9.4.4.2 水库消落区湿地生态旅游开发的思路

（1）库区生态旅游的概念

生态旅游（ecotourism）兴起于 20 世纪 60 年代，具有休闲、娱乐和教育功能的生态观光游览形式，以吸收自然和文化知识为取向，尽量避免对生态环境的不利影响，确保旅游资源的可持续利用，将生态环境保护与公众教育同促进地方经济社会发展有机结合的旅游活动。它是将农业景观、生态景观、田园风光景观的深层次开发与旅游业延伸交叉形成的新型农业开发模式。库区在发展生态旅游方面条件优越，有较深厚的社会历史文化沉淀，自然资源丰富，客源市场潜力大。"生态旅游"一词是世界自然保护联盟（IUCN）生态旅游特别顾问墨西哥学者 H. Ceballos Lascurain 于 1983 年首先提出来的，1993 年国际生态旅游会议把生态旅游定义为"具有保护自然环境和维系当代人们生活双重活动的旅游活动"。世界银行环境部和生态旅游学会给生态旅游下的定义是：有目的前往自然地区去，了解环境的文化和自然历史，它不会破坏自然，而且会使当地社区从保护自然资源中得到经济收益。我国学者给生态旅游下了这样的定义：生态旅游是在生态学的观点、理论指导下，享受、认识、保护自然和文化遗产，带有生态科教、生态科普色彩的一种特殊的专项旅游活动（肖扬和扬瑞卿，2001）。生态旅游可以实现生态效益、社会效益、经济效益三个效益的统一。

通过生态旅游，人们可以更好、更广泛地了解农林科技、生态环保等方面的知识，提高观光者的科技和环保意识，树立发展"三高"农业的意识。生态旅游是我国农业可持续发展的最佳模式，通过一系列农业高新科技，将农产品生产与环境建设从观赏价值的艺术风格上充分体现出来。它不仅可以增加农产品的附加值，丰富人们的生活内容，而且有利于改善生态环境。因此，结合库区实际，建立资源、生态、旅游等为支柱的生态旅游农业产业体系，不但具有巨大的市场前景和发展潜力，而且可以建立库区农民增收的长效机制，是建设社会主义新农村的重要举措。

（2）水库消落区湿地生态旅游开发模式

库区生态旅游是以水体农业和库岸生态农林景观为载体的新型生态旅游业。根据水库消落区湿地水、陆交替变动，并形成特殊的生物群落的特征，消落区湿地应是建设库区观光农业基地最理想的场所。库区生态旅游开发的主要模式有观光农业园、农业公园、教育农业园、森林公园、农家乐等模式。

生态旅游开发模式是以长期利用带的种养业为主的后勤农业、以村级农产品加工为主的工艺农业、以库区服务为主的服务农业、以汛期利用带两栖林业为主的观光农业和以水库渔业为主的休闲农业等开发模式所形成的资源基础，再附以必需的旅游基础设施就构成以水库消落区湿地生态旅游为主的水库旅游观光模式，是水库消落区湿地资源健康开发的后续产业。做好库区湿地生态景观建设规划，将消落区湿地建成为水禽栖息之地，开辟人工湿地生态教育基地，展现生态湿地的自然风貌，将消落区湿地生态湿地按不同开发强度分等层进行保护性开发，发挥地方特色，以生态旅游为主题，充分体现水库科技和文化底蕴，将库周湿地建设成生态旅游带，作为库区群众奔小康的工程项目。富水库区有很好的基础资源和区位条件，并且有九宫山、富水河、隐水洞、太阳溪、古民居为主的风景旅游区，规划布局时应尽量地结合起来。

9.4.4.3 水库消落区湿地生态旅游开发措施

库区生态旅游，特别是以消落区湿地资源的健康开发为主题所增殖的旅游资源，很容易申请列入国家旅游扶贫开发区计划。库区生态旅游示范区建设主要是利用库区富集的景观资源和水陆生态资源，通过政府和主管部门的引导，各路资金支持，根据旅游市场的发展取向，建设符合市场需求的旅游精品项目和示范项目。

尽管富水水库消落区湿地具有良好的旅游开发潜力，但目前还没有进入大面积开发，示范性的开发也不多，还需要库区政府、水库主管部门和库区群众共同开创库区旅游的新局面，创建精品工程、标志工程和富民工程，构筑有鲜明特色的库区系列旅游景观。把工程建设与旅游景点建设紧密结合起来。例如，把水库防洪工程建设与沿库防护林带建设结合起来，把库区扶贫工程与旅游增收工程统一起来，把交通道路修筑与库区旅游线路建设协调运作，把消落区湿地资源健康开发与科技下乡示范开发结合起来，争取在3~5年内将库区建设成为旅游景观特色突出、文化内涵丰富、旅游增收机制健全的，以休闲、娱乐、健身、观赏和科普宣传为主的新型高品位的绿色旅游市场。

消落区湿地的旅游开发，需要全面规划，分片实施，注重实效，开发一片，成功一片，受益一片。做好消落区湿地利用分带规划，利用大比例尺的库岸地形图，在水平方向按乡镇分段，垂直方向按高程分带，按划分范围计算各块地的面积，并将面积分别标在图上和列入成果汇兑表。在1∶10 000或1∶5000的规划图上用彩色笔绘出各区段边界线。制定分带开发方案，如林业开发带、水产开发区、观赏园艺开发带、牧草种植带、配套工程（码头、栈桥、栈道、给排水设施、游乐场、水岸食宿设施等）等。同时，做好旅游开发资金的筹措计划。能否筹措到足够的开发资金是关系到开发项目能否按计划实施的大问题，库区的旅游开发，首先应充分利用库区所享受的各项优惠政策，如水电利润返还、库区建设基金、扶贫资金、以工代赈、对口支援等。此外，也可搞招商引资及合作开发等。

9.4.5 利用模式的优选

在富水水库消落区湿地资源开发中有农业利用、渔业利用、林业利用和生态旅游利用四种模式，每种利用模式都有其独特性和适宜条件，选择时可根据准备开发的消落区湿地所处的区位条件或高程、地面坡度、土壤情况、水库水质要求、技术难易程度、管理体制等参照表9.4选用。

表 9.4　四种利用模式选用参考表

模式 项目	农业利用模式（作物种植模式）	渔业利用模式（种草养鱼、坝拦网拦、回形鱼池）	林业利用模式（两栖林业模式）	生态旅游利用模式（农业观光模式）
适用高程	正常高水位1 m以上	种草养鱼：汛限水位以上；坝拦网拦：正常高水位以下2 m至正常高水位；回形鱼池：正常高水位附近	汛限水位以下2 m至正常高水位；高差不超过10 m 的区间	汛限水位以上
地面坡度	≤25°	≤10°	≤15°	≤25°
土质条件	不受限制	不受限制	不受限制	不受限制
对水质的影响	有影响	有影响	无影响	不一定
技术难度	无	一般	无	一般
管理难度	小	难	一般	一般
综合效益	差额	较高	优良	较好

　　水库消落区湿地具有生物的多样性、人类活动的频繁性和生态的脆弱性，随着人类活动的影响，已成为库岸带中生态最脆弱的地带。为此，在选择开发模式和利用方式时，应充分考虑到消落区湿地的这些特性。消落区湿地资源的健康开发与适度利用，其管理方式对利用模式的影响很大，它涉及土地、农业、渔业、水利、电力、林业等各个方面，是一交叉管理综合体，应注重政策研究，调节多方利益主体，建立消落区湿地开发利用的激励机制，鼓励个人、团体、外商等开发利用消落区湿地。在富水水库消落区湿地两栖林业开发的实践中，也遇到不少急待解决的问题。例如，由于库区与水库管理存在严重的体制问题，使得水库消落区湿地资源开发与水库调度出现矛盾时难以协调解决，缺失水库消落区湿地资源开发利用的保障机制。

9.5　富水水库消落区湿地资源开发实证

9.5.1　富水库区概况及消落区湿地利用背景

9.5.1.1　富水库区概况

富水库区96.5%的面积在通山县，3.5%的库区面积在阳新县。水库于

1958 年 8 月动工兴建，1966 年 9 月竣工蓄水。水库的主要枢纽工程在阳新县的富水镇。总库容 16.65 亿 m³，以防洪、发电、灌溉为主，兼有灭螺、养鱼和航运等综合效益。水库正常高水位 57.00 m，设计洪水位 62.23 m，校核洪水位 64.30 m，死水位 48.00 m。富水水库为湖北省已建成水库的第四大巨型水库，鄂东南第一大库。库区在通山县东中部，东邻阳新，西至县城通羊镇，南接三源、杨林和横石等乡镇，北靠万家乡和大墓山林场。东西长 48 km，南北宽 30 km。库区总面积 776 km²，占通山县国土总面积的 29%。库区人口约 10 万，约占全县人口的 22%。

富水库区地处长江中游以南，为中亚热带季风气候，温暖湿润。多年平均降水量 1577 mm。年均日照时数 1846 小时，日照百分率 42%，年辐射总量 106 kcal/cm²。年平均气温 16.5℃，极端最高气温 40.5℃；极端最低气温 -9.9℃（慈口）。无霜期 246 天。年均陆面蒸发量 1363 mm。库区春、夏湿度大，秋季湿度小，年均相对湿度≥82%。

库区气候受水库广阔的水面和庞大的水体对气温、降水、温度、湿度等的影响，使库区常年温暖湿润，热量丰富，雨水充沛，且雨热同季，形成了独特的库区小气候，有利于消落区湿地的保护利用。

9.5.1.2 富水水库消落区湿地资源利用背景

富水库区土地资源的构成是"八山一水一分田"。水域主要是水库水面，面积大小随水位变化而不同，最大面积在最高洪水位处，最小面积一般在死水位，平均面积位于汛期限制水位附近，水库死水位以下为永久淹没区；在水库水位高低变动的区域是水库消落区。富水水库岸线长，消落区湿地面积大，而且大部分库岸坡度较缓，土质也较肥，利用潜力大。目前利用的薄弱环节是水库消落区湿地，其开发利用不仅对于库区经济增长和农民增收具有现实作用，而且对于库区生态环境的可持续发展具有长远意义。

富水库区处于富水河中游地带，原是通山县的富庶地区，由于建库蓄水淹没了近 6 万人的田地，留下的山坡地难以养活库区农业人口，不少乡、村长期吃国家供应粮，致使库区长期贫困。库区早在 1986 年就被湖北省及咸宁地区列为双重扶贫开发的重点，10 年以后的 1996 年 6 月，库区所在的通山县又被列入全省 12 个特困县，是扶贫攻坚的重点和难点区域，目前仍是湖北省最贫困的大型库区之一。库区人均耕地只有 273 m²（合 0.41 亩），人均耕地不足 0.1 hm²，人地矛盾尖锐。富水库区农业资源的综合开发始于 20 世纪 70 年代初期，最先开发的是山地资源，在山坡上开垦耕地，栽种茶叶、油茶、油桐、楠竹等，主要开发区域是消落区湿地的边沿地带和山坡，形成了较大面积的经济林板块。其次开发的是库区气候资源，从 1973 年开始，经过二十几年的不间断努力，在消落区湿地的长期利用带和山地坡脚线地带，形成了以柑橘为主体的园艺经济带，一举成为富水库区最大的支柱产业。库区大水面和库湾库汊小水面渔业开发也取得较好成效，特别是放养银鱼的成功，在 1998～2003 年，形成较大规模的渔业经济，并取得了较好的经济效益。山体、水体固然是库区土地资源的主体，但其开发程度和开发数量都是非常有限的，特别是耕地开发潜力小、水体污染严重以及开发成本高等严重障碍库区经济的发展。这样自然就把开发视线由山坡开发转移到库岸消落区湿地的开发利用上。在湖北省科技攻关和自然科学基金的资助下，在通山县主管领导和县扶贫办、水利局、原县计划委员会等的支持和帮助下，我们课题组开展了富水水库消落区湿地资源的开发试验研究，并取得了初步成功。

9.5.2 富水水库消落区湿地面积、分布及其质量

9.5.2.1 消落区湿地面积

（1）消落区湿地总面积

根据水库消落区湿地一般指土地征用线至死水位之间的区域的定义，富水水库消落区湿地应是死水位 48 m 到征地高程（或移民高程）60 m 之间，一接近闭合的环库库岸带，从水库水位与水面面积关系表上查算，总面积为 4236 hm²。考虑到水库自建成至今 40 年的运行中，实际库水位变化范围在 48.00～59.28 m，这区间的消落区湿地面积为 3812 hm²。也就是说高程在 59.28 m 以上 424 hm² 的消落区湿地的利用不受水库水位涨落的影响，与一般耕地相同，收获有保证，不在本研究之列。

（2）消落区湿地分区面积

消落区湿地与一般耕地不同，它随水库水位的高低变化面积也随之变化，水位低，出露面积大，水位高，出露面积小。水库高水位维持时间长，除耐淹树木可继续生存，有的还可正常生长外，耐水性差的植物将会死亡。这就要求在利用消落区湿地时，必须考虑水位变化，而水位高低又与降雨强度和水库调度直接相关。富水水库采用分时段控制汛期限制水位，理论调度曲线如图 9.3 所示：5 月 1 日～6 月 30 日，汛期限制水位为 55 m；7 月 1 日～7 月 15 日为 56 m；7 月 16 日以后为 57 m。汛期水库水位虽然多数时间运行在汛限水位附近，但由于每年的 5～8 月是鄂东南降雨集中的时间，库水位涨落频繁，正常高水位 57 m 以下的消落区湿地利用风险大，常规耕种保收率低。

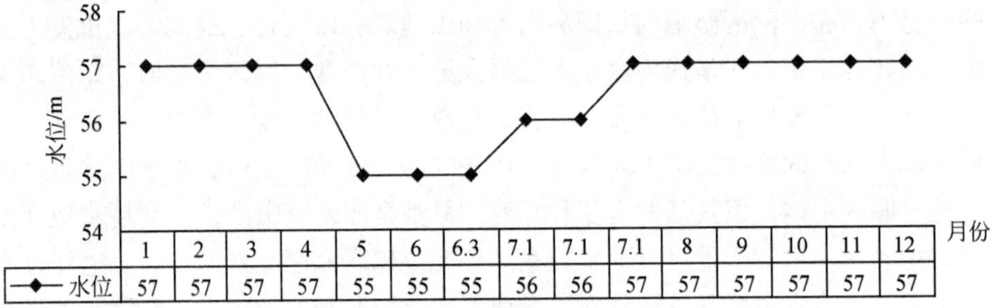
58
57
56
55
54
水位/m
月份
1 2 3 4 5 6 6.3 7.1 7.1 7.1 8 9 10 11 12
水位 57 57 57 57 55 55 55 56 56 57 57 57 57 57 57

图 9.3　富水水库理论调度曲线

根据富水水库理论调度曲线，结合水位实际涨落情况，为便于开发模式的设计，我们按水位标尺方向将消落区湿地从上到下分成三个不同区带，如表 9.5 所示。

表 9.5　富水水库消落区湿地资源分区及数量

消落区湿地分层	所处高程/m	总面积/hm²	占总面积比例/%	理论利用率/%	可利用面积/hm²	说明
长期利用带	59.28 ~ 60	424	10.0	80	339	正常利用
	57.5 ~ 59.28	607	14.3	70	425	
汛期利用带	55 ~ 57.5	961	22.7	70	673	历史最高洪水位消落区湿地总面积 3812 hm²
	53 ~ 55	702	16.6	70	491	
短期利用带	48 ~ 53	1542	36.4	10	154	
合计		4236	100		2178	

资料来源：表中总面积是根据富水水库水位、面积、库容关系表计算而得

（3）可利用面积

富水水库属山丘地区“V”形树枝状多支流水库，消落区湿地岸线较其他相同水面面积的水库要长得多，实际消落区总面积达到 3812 hm²。根据以往经验，库岸坡度≤15°的地段可以利用，用曲线仪在 1∶7.5 万的地形图上实量，量出地面坡度≤15°的库岸线长度为 327.5 km，占该区间总长 505 km 的 65.8%。

根据消落区湿地初步利用分带，长期利用带（57 ~ 60m），按高程一分为二，在 59.28 m 高程以上 424 hm² 的消落区湿地常年不淹，利用上与一般农地相同。高程在 57.5 ~ 59.28 m 的地带，受水库水位涨落的影响较小，淹没机会少，虽然历史最高水位曾到过 59.28 m，近些年冬季高水位也多次超过 57 m，但在通常年景下该地带绝大部分时间处于水上，较多的湿地已被当地农民耕种

利用，考虑到不利的地貌和淹没的随机性，利用率按 70% 计算，可利用面积为 607 hm² × 70% = 425 hm²。

高程在 53 ~ 57 m 的消落区湿地为汛期利用带，这一带库水位变动较频繁，是利用的难点地区，也是本实验的重点研究区域。该地带库岸线长度约 500 km，沿库岸线的平均分布宽度为 29 m，实地分布宽度与库岸坡度大小有关：坡度大，消落区湿地宽度小，利用难度大；反之，坡度小，消落区湿地宽度就大，开发价值就高。消落区湿地宽度沿库岸分布很不均匀，宽者可达几百米，利用潜力大；窄者只有几米，甚至为零（陡崖处），这样的地段就无法利用了。我们把库岸坡角 > 15°（相当于 1 : 3.7 的坡度）的消落带看做是难利用地，在地形图上量测出难利用地段的库岸线长度为 172.5 km，占总长度的 34.2%（主要分布地段如表 9.6 所示），面积为 282 hm²，仅占 19.2%；较好利用的消落区湿地沿库岸分布长度为 332.5 km，占库岸线总长的 65.8%，面积为 1186 hm²，却占两栖林业利用带总面积的 80.8%。可见富水水库 53 m 水位以上绝大部分消落区湿地是适宜开发的。

表 9.6　富水水库消落区湿地难利用地段分布

水域	岸向	起止点	分段库岸长度/km	总长/km
东西向水域	北岸	慈口—北山洞；大畈—板桥	58.3	
	南岸	朱家坝对岸—管家；下陈湾—大库入口两岸	48.0	172.5
南北向水域	东岸	月山前狭口—泉口；其他小段	30.3	
	西岸	月山前狭口—泉口对岸	35.9	

资料来源：研究者在 1 : 7.5 万地形图上用曲线仪量得

根据富水水库的实际调度情况，库水位通常只蓄到正常高水位 57 m，考虑地下水位的影响，57.5 m 高程以上的消落区湿地，当地农民多数时间可以正常耕种，在 57.5 m 高程至汛限水位 55.0 m 之间高差 2.5 m，面积为 961 hm²（合 1.44 万亩），这部分消落区湿地地面坡度较缓，有较大利用潜力，是库周农民原来想耕种但容易失收而不敢利用的地带，经过实地调查，估计利用率至少可达 80%，可利用面积为 769 hm²，相当于库区的慈口、燕夏、洪港等四个乡镇现有耕地面积之和。这说明，充分利用好这些荒滩资源，对于人地矛盾非常突出的库区来说，有其重要的社会意义和经济价值。垂直分布在海拔 55 ~ 57.5 m 一带，沿 505 km 长的库岸线的平均分布宽度为 15.2 m。

汛期利用带水位 53 ~ 55 m 一带的消落区湿地面积为 702 hm²，它的利用率比 55 ~ 57.5 m 区域的稍低，按 70% 考虑，可利用面积为 491 hm²。

消落区湿地的下区地带是指高程在水库死水位 48 m 至高程 53 m，高差为 5 m 的区间，面积为 1542 hm²，占消落区湿地总面积的 36.4%，是三个区带中面积最大的。但水淹机会多，也是利用难度最大的地带，基本上未做种植业利用。在枯水年份，出露部分的消落区湿地可采用种草养鱼模式，但目前还没有实践。所以，下区地带的种植业利用率只按 10% 考虑，可利用面积为 1540 hm²。各区带可利用的消落区湿地总面积为 2178 hm²。各区带消落区湿地的面积、占总面积的比例、理论利用率及可利用面积如表 9.5 所示。

（4）消落区湿地重点造林小班面积和立地条件

1997 年 9 月，笔者在做湖北省科委攻关计划项目"鄂东南库区农业资源开发利用研究"研究时，针对富水库区自然资源状况和利用现状，给通山县政府写了一份《建立富水水库消落区湿地洪港段 2000 亩池杉生态林带的可行性报告和实施方案》报告。当时主管库区扶贫的县长助理、政协副主席刘源芳同志看了报告以后，认为报告的说服力和可操作性很强，于是就向省里领导作了汇报。在省委省政府的安排下，由湖北省林业厅指派省林科院具体负责富水水库消落区湿地造林小班的实地调查，经过一周的实地勘察，并由汤景明研究员执笔完成了《通山县富水水库消落区湿地营造池杉林可行性调查报告》。现将小班调查情况介绍如下：

1）调查方法。用 1∶1 万地形图作为工作底图，沿着通羊镇→大畈镇→慈口乡→燕夏乡→畅周乡→洪港镇→富有乡的调查线路，乘船深入水库较大的库湾、库汊进行宗地调绘。调查时，按照适地适树原则，现场勾绘池杉造林小班。调查高程为 1997 年淹水印迹，不包括农田旱地，坡度 <25，且立地条件较好，适宜池杉生长，小班原则上不跨乡、村行政界线，以便开发管理。

2）调查结果。通过现场地形图调绘和小班实地调查，在消落区湿地能够营造成片池杉的面积在 0.2 hm²（合 3 亩）以上的小班 54 个，各造林小班基本情况如表 9.7 所示；总面积 78.56 hm²，主要分布在库湾和库尾地区，分属通羊、畈泥、大畈、慈口、燕夏、畅周、洪港、富有 8 个乡镇。各乡镇规划的大块池杉栽植面积如表 9.7 所示。

表 9.7　各乡镇规划的大块池杉栽植面积

乡镇	通羊镇	畈泥乡	大畈镇	慈口乡	燕夏乡	畅周乡	洪港镇	富有乡	合计
面积/hm²	13.09	5.73	9.36	8.04	12.73	11.79	13.36	4.31	78.41
小班数/个	4	4	5	6	16	9	7	3	54

注：参加调查的人员有汤景明、顾省亚、陈春芳、何杨林、卫汉斌。调查时间：1998 年 4 月 7～12 日

9.5.2.2 消落区湿地资源质量初步评价

富水水库消落区湿地位于原富水河中游（通羊镇至富水镇）两岸，大部分是原富水河两岸平畈的边缘缓坡地和坡地，多为耕地，一部分为园林用地，原是粮棉油主产区。土层厚，土壤的水、肥、气、热及耕性等状况良好。水库蓄水后，承雨面积内的地表各种营养物随着地面径流流入水库，库岸是必经地带，这些物质中的一部分沉于消落区湿地，越是平坦的地方沉淀的越多，使消落区湿地土壤覆盖层变厚。在水库投入使用后，消落区湿地受到库水反复和周期性的淹没浸泡，以及水位涨落所产生的淤积和冲刷作用的影响，其地貌、土壤和水分状况都发生了一定的变化。特别是水位在短时间内的涨落使消落区湿地产生较为强烈的土壤侵蚀。地面坡度较陡的区段，表层长期被库水浸泡，当水位快速下降时，在土质坡面或土石坡面，表层土易下滑，并在一定范围沉积，使局部侵蚀基准抬高；当库水位上升时，地下水位也会抬高，坡面又受到水的浸泡，土壤内摩擦角减小，抗剪强度降低，表土易失，时间一长，陡坡消落区表面全露岩石或坚土，对这部分消落区湿地目前还无力利用。但如果库岸坡面和上游的植被好，淤积物中的有机质含量就高，有利于开发。反之，则水土流失严重，淤积物多为砂质，可耕性较差。如大畈镇的和平村库岸段就是这种情况。

对于平坦的消落区湿地，建库时间越长，其上沉淀的物质就越多，土壤肥力好，土质板结，可耕性差，需通过改良后才可使用。富有乡政府附近的大片平坦消落区湿地就是一例。

富水库区的土壤以红壤土为主，分布面积占 70% 以上；依次是水稻土，约占总面积的 10%，潮土和石灰土共占 10% 左右。多数土壤的 pH 为 5.5 ~ 6.3。据在畅周乡颜家采集的土样分析结果，pH 为 6.45，偏酸性（汤景明，1998）[①]。在实地调查中看到，种植在富水库区港墈村消落区原为河滩地上的小白菜生长了一个月还只是嫩芽，需要正常生长两个月以上才有较好的收获价值，这说明消落区湿地要经过适当的整理后才适于种菜。

由于缓坡消落区湿地表面已沉积了较厚的一层淤泥，不管它的成土母质分解成哪种土壤，该范围的消落区湿地都较肥沃，还可为水库消落区湿地以上库岸的果树、茶树及菜园等提供肥源。慈口乡阮家村的徐善农，就曾经挑库岸淤泥造橘园，年年获高产。这表明消落区湿地沉积物的肥效好。

---

① 汤景明 . 1998. 通山县蓄水水库消落区营造池杉林可行性调查报告，提交通山县林业局的工作报告。

9.5.3 消落区湿地开发模式

水库消落区湿地的出露和淹没具有一定的周期性和随机性，前者的内在规律表现在以年为周期的汛期和枯水期的简单重复性，一般较易把握；而后者则是周期性中的偶然性，难以准确把握，使其利用风险加大。对此，实际工作者和学者们试图寻找一条水库消落区湿地利用风险小、投资少、收益高、技术简单的开发利用途径。

在对富水库区水土资源利用现状详细调研基础上，根据水位变化规律和水库调度实际，将消落区湿地分成上、中、下三个层次，并探索不同层次的资源特征和利用途径，对长期利用带、汛期利用带、短期利用带分别采用综合开发利用、渔业开发和两栖林业开发模式。本研究是以林业开发为主，结合几年的开发实践和消落区湿地两栖林业带的初步形成，认为合理开发与利用消落区湿地资源是缓解库区人地矛盾、转变库区农户增收方式、实现经济结构优化和生态可持续发展的有效途径。

根据富水水库消落区湿地资源的属性和试验设计方案，针对三个不同地带的特征，采取不同的三种开发模式，如图9.3所示。

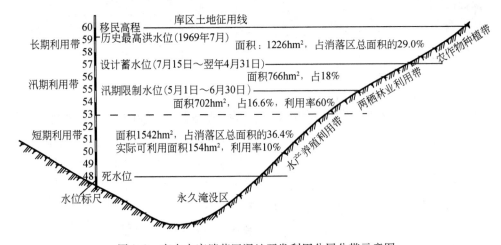

图9.3　富水水库消落区湿地开发利用分层分带示意图

9.5.3.1　长期利用带——综合开发利用模式

长期利用带属常年低风险利用区域，可作农、林、牧、副各业用地，依据各地经济和产业发展取向选择某一适宜开发模式。由于库区缺粮，本带主要用于粮油生产和菜篮子工程，也有经济林木和饲料作物。农作物大都以收获籽实为目的，而青饲料生产是以收获茎叶、块根、块茎等青绿多汁部分为目的。有的青饲料作物再生力强，如黑麦草，种一季能刈割多次，产量高，消落区湿地土壤肥，适宜多种。在没有专用青饲料品种时，可种蚕豆、豌豆、油菜等代替。在选择品种时，主要考虑气候适宜性和种收时间适宜性两大原则。经筛选，适宜富水水库消落区湿地种植的粮、饲、菜作物有几十种之多，其中产量高且容易种植的有蚕豆、豌豆、油菜、小麦、黑麦草、红三叶、草木樨、苕子、萝卜、大白菜、包菜等。由于利用率高，风险小，技术普通，一般只作排频计算，无需专题研究。在 56.5 ~ 57.5 m 水位附近的平坦地，可采用回形鱼池"种青养鱼"模式。回形鱼池的堤顶修至 58 m 高程是很安全的，最大池深按 3.5 m 设计，这样池内饲料地的地面高程约为 56.5 m。在富水库区的富有乡港墈村一带有大片的消落区湿地可建造回形鱼池。利用水库消落区湿地进行渔业开发有两大途径：一是通过大量种植鱼用青饲料或绿肥作物，加大水库特别是已拦库汊的草鱼放养密度，提高鱼产量；二是利用库汊浅滩修建回形鱼池，增加精养水面。在洪港、燕厦附近水域、新屋至新庄沿线、大畈至高坑一线、衢潭至板桥一带等区段，消落区湿地地势平坦，地沃水肥，适合开发大面积的回形鱼池。

由于可利用部分的消落区湿地，其种植与收获的连续时间为跨年度的 8 个月左右，这就要求要种植生长期短，能在第一年的秋末播栽，而在第二年的 4 月下旬以前能够成熟，或有较好的收获价值，这对根据气候条件选择什么样的作物、饲料等品种非常重要。最好是选择适合消落区湿地栽植的树种成片造林，作"长线投资"，收获更大，这是本文重点讨论部分。

在消落区湿地种植农作物，所施用的农药、化肥等沉积在土壤中，会在土地再次被淹没时释放到水体中，从而破坏库区水质。为此，专家们建议，库区应停止对消落区湿地内的土地进行耕种开发，并在消落带内种植特定的植物，利用其根系固定土壤，截流地表径流中的污染物。

9.5.3.2 短期利用带——渔业开发模式

富水水库的集雨面积大，年均降水量 1600 mm 左右，现在的 16.65 亿 m³ 的库容还不够大，弃水还较多，为不完全年调节水库，下区地带在丰水和中水年份经常有水，旱作机会少，水土资源主要用于水产养殖。在枯水年份，本带消落区湿地可能有一段时间的出露，如能抓住时机，可以短期利用，如种植苏丹草、黑麦草、紫云英、小米草等青饲料，采用种草养鱼模式，或利用青饲料发展畜牧业。如 2004 年富水水库进行大坝加固和放空隧洞引水工程施工，受其隧洞引水口地质条件的限制，施工围堰未能达到水库的防洪限制水位，汛期防洪限制水位正常的 55 m 降至 52 m。再加上 2004 年富水库区年降雨量仅为 1144.4 mm，春、秋、冬季干旱，全年降雨量比历年平均值减少 31.2%。在消落区湿地的利用上，可充分利用这一低水位进行种草、种树。但总体上看仍属难利用地带。靠近死水位 48 m 的部分，土地出露机会更少，且无法把握，只能顺其自然。

9.5.3.3 汛期利用带——两栖林业开发模式

（1）两栖林业开发模式的提出

处于汛期利用带的消落区湿地，其开发利用是目前学者们研究的核心区域，它对于整个消落区湿地的有效利用起着决定性作用。在富水库区，若按 70% 的利用率计算，该地带可利用区域达到 1164 hm²，相当于利用了修建该库时淹没耕地总量的 27%。汛期利用带上至正常高水位以上 0.5 m，下至 53 m，落差为 4 m。按土地出露的随机性和周期性，又可将该带分成汛期限制水位以上和以下两个部分，上部分面积 673 hm²，土地的出露机会大于下部分。从利用机理来说，该带反映了消落区湿地的真正属性。本带虽然利用方式方法较多，灵活性较大，但对年均降雨量多且汛期雨量集中的富水库区来说，常规的种植模式难以奏效。对于汛限水位以下的消落区湿地，过去几乎无人利用，长期闲置。本研究是以林业开发为主，选择耐淹树种，可将种植业利用区扩大延伸至汛期限制水位以下 2 m 左右，小面积利用已到 52 m 高程。随着试验的深入，可以预测，两栖林业利用还有可能进一步下移的空间。

（2）两栖树种的选择

根据富水库区雨量充沛、热量充足、湿度大和无霜期长的气候特点，宜选喜湿、耐热、抗水性很强的树种作为试栽对象。已初步掌握十几种耐水、耐淹性能较好的树种资料，通过对生长在武昌南湖和东湖的池杉和落羽杉的考察，结合在库区实际调查的散生耐水湿树种的基础上，又进行了多种适应条件的比较研究，选出以池杉、落羽杉（*T. distichum*（*L.*）*Rich.*）、枫杨（*Pterocarya stenoptera C. DC.*）、意杨（*P. euramericana CV.*"*I*-214"）、乌桕（*Sapium sebiferum*（*L.*）*Roxb*）、杞柳（*Salix purpurea L.*）等树种为主栽树种，特别是池杉、落羽杉、意杨不但耐水湿性强，而且抗性好，速生材质好，育苗技术简单，栽植成活率高，树形优美，为其首选树种。

根据精选的树种，搜集了有关种苗信息，并考察了武汉马鞍山森林公园苗圃、磨山植物园苗圃、黄陂苗圃场等几个较大的圃园。受经费限制，不可能靠购苗作较大规模的实验，于是决定采种育苗。采种育苗于 1997 年 10 月在黄陂苗种场购得带壳池杉和落羽杉种子 200 多 kg。1998 年 3 月在通山县扶贫办下属果茶场整地建圃播种，育苗取得成功。同样的育苗试验，还于 2000 年 3 月在秭归县沙镇溪镇梅坪村选址建圃，由于将高产稻田选作圃地，土壤肥、土层厚、管理措施也比较到位，出苗较齐。经 2001 年 3 月 8 日实地观测，苗高在 0.50~1.34 m，总株数在 10 万株左右。但受播种后的较长干旱无水灌溉的影响，出苗率受一定影响。

根据富水库区过去的开发经历，经过调查和比较后认为，在水位消涨频繁区域，只有栽植淹不死的树才是必由之路，即两栖林业开发模式最为可靠。从地域上看，富水库区气候条件与池杉、落羽杉原产地北美地区及我国主要引种区类似，具有引种的气候和立地条件。

富水库区植被为中亚热带常绿阔叶林，植物种类繁多。据《通山县志》介绍，全县木本植物 530 余种。从 20 世纪 80 年代初，通山县开始引种池杉，但规模很小。仅在库岸附近的 4 个地方见到，即通山县林科所、县政府办公楼后空地、燕厦乡政府院内和新桥李渡村一小厂办公楼前。其他地方未见引种。实物调查表明，池杉在库周地带生长良好，适合富水库区的生态条件，适宜在消落区湿地栽植。调查结果如表9.8所示。

表9.8 在富水库区对池杉生长情况的调查（调查时间：1997 年 9 月）

生长地点	县林科所	新桥右桥头	燕夏乡政府内院	县政府大院
株数/棵	16	6	2	1
栽植年份	1983	1991	1988	不详
平均树高/m	15.7	8.0	6.8	15.1
最高/m	16.5	8.4	7.1	15.1
平均胸径/cm	19.8	8.4	8.5	16.6
生长情况评价	很好	很好	良好（红壤石渣地）	很好

注：参加调查的人员有柯常青、徐良久、黄朝禧

另据江刘其、陈煜初等在新安江水库消落区湿地的试验，他们也筛选出以池杉、落羽杉和垂柳为代表的优质强耐水湿树种。牛志明、解明曙等也推荐池杉、意杨和垂柳等作为消落区湿地的主栽树种。富水库区位于我国引种池杉较成功的武汉市、湖南省、江西省之间，自然条件优越，且通山县引种点池杉生长良好，这说明富水库区的大部分地方具有引种池杉的自然环境条件。

意杨在富水库区的行道树中较常见，生长情况也较好。据库区富有乡村民介绍，20 世纪 70 年代，该乡范围的部分消落区湿地内生长有不少的大杨树，后来受上游造纸污水的影响都死了。这些事实也说明，在消除重大污染源以后，池杉、落羽杉、杨树等耐淹树种完全能适应富水水库消落区湿地的生态环境，发展两栖林业是水位涨落频繁地带消落区湿地健康开发与利用的重要

途径。

从理论上是以发展水库消落区湿地生态林业为主，主要目的是护岸护坡，是典型的防护林，而实施起来却要考虑近期的经济收益问题，只有短期内看得出有较好的经济效益，库区政府和群众才会有热情。池杉与杨树相比，虽然池杉也是速生树种，而且材质好，用途广，但杨树特别是意杨比池杉生长更快，生长速度快一倍以上，林带形成快，见效早。在用途上意杨可用于胶合板，在咸宁市就有一个生产规模较大的胶合板厂，曾与通山县签订有合同，通山县有多少杨树厂家都要，并作为咸宁市对通山县的一大扶贫项目，所以我们的试验与地方的经济建设挂上了钩，由咸宁市政府的有关领导和通山县的主管领导负责督促在富水水库消落区湿地大面积营造杨树用材林，使我们的项目研究成果很快就应用于生产实际。

尽管池杉比杨树生长速度慢，推广面积也小一些，但池杉的良好抗水性能是其他树种所不可比拟的，在未来的消落区湿地开发利用中，无疑是水库消落区湿地生态防护林的主栽树种，而且经济效益和社会效益非常显著，所以我们仍然不懈地致力于池杉的推介和示范。

（3）两栖林业开发模式的实施

我们在做湖北省攻关计划和自然科学基金项目时，在阶段性研究成果中就提出了两栖林业开发的思路，同通山县扶贫办和有关乡镇协商后，确定了富水水库消落区湿地的试验开发方案，并选择东西向水域的下杨村和南北向水域的港塘村为首批试验点。在县领导和县扶贫办的协作和支持下，1998年春在港塘村栽了第一批池杉苗，尽管受1998年大洪水的影响，所栽树苗年底仍有部分成活。当年11月，又在原黄陂区苗圃购池杉和落羽杉种子200多kg，在县扶贫办的果茶场育苗，并取得成功。由于项目的示范性强，1999年库区县利用扶贫专款购买了以意杨为主的杨树苗，栽植了70余hm²，还在库区的畈泥和富有两乡建立了杨树苗圃。市里、县里把发展杨树产业作为振兴库区经济的突破口，接下来连续两年的大量栽植，使杨树在消落区湿地的汛期利用带的种植面积达到600余hm²。经过几年的努力，目前杨树长势喜人，基本形成以库岸林带为主体的速生用材林和生态林。如果后期能管理好，病虫害防治有方，"杨树经济"一定会给库区群众带来明显的增收效果，并有助于建立农民增收的长效机制。

在富水水库试验区已试栽了意杨（含少量其他品种的杨树）和池杉（含落羽杉）。2000年和2001年春季，富水水库消落区湿地栽植了较大面积的意杨，几乎库岸8个乡镇都或多或少地栽了。如富有乡政府附近、畈泥乡、大畈镇等地。沿着通羊到慈口和到横石潭镇的公路靠近库边一侧的缓坡消落区湿地都栽了；靠近县城的新桥（李渡村）河滩地和县林科所门前的河道消落区湿地也都栽了。

位于富有乡港堪村村部附近消落区湿地，由于地势较平坦，又位于横石河河口，土壤肥沃，栽植两年的杨树高至 6 m，平均胸径 6 cm。杨树虽然长势好主要是靠深厚而肥沃的土壤，以及较低消落区湿地的地下水位高，水分充足的结果，并非人工精细管理的结果。相反，管理上还存在不少漏洞，在富有大桥上看到，有人在幼林地放牛，无故砍伐等。有人说树是三分栽七分管，这意味着管理是核心。

9.5.4 富水水库消落区湿地两栖林业开发的效果

按土地生态系统来分，水库消落区湿地的效益应是所提供的功能、用途和属性的总称，并通过水库消落区湿地生态系统的生态服务功能价值来体现。从生态学和经济学的角度看，水库消落区湿地有其特殊的生态功能、社会公益性和经济价值，它具有持续为人类提供原材料、食物和景观的功能和潜力。对于水库消落区湿地，所提供的非实物型生态服务功能，将直接影响到库周群众的经济生活，有的目前还不能通过市场交易反映出来，这在水库消落区湿地的开发利用过程中，可能存在着短期行为。容易造成对库区生态环境的深度破坏，从而对水库消落区湿地生态系统的服务功能造成损害，使消落区湿地生态系统向库区民众提供的福利减少，并直接威胁到库区可持续发展的生态基础，所以消落区湿地两栖林业开发在维护和发展库区生态环境以及提供更多的服务与产品方面，对库区农民的直接增收与间接受益将收到良好的效果（陈建军和黄朝禧，2009）。

本试验开发主要是探讨在水库消落区湿地能否发展两栖林业和怎么发展的问题，其效果也主要是反映在消落区湿地营林对库区生态环境修复和对库区经济的直接作用上。

9.5.4.1 缓解了库区优质林地资源非常缺乏的矛盾

修建水库最大的弊端是淹没耕地和产生移民。富水水库，在水位 57.5 m以下能够作林业用地的消落区湿地面积最少有 1164 hm²，地面平均坡角只有 8°8′或 1：7 的坡度，优质地也占到一半左右，可造速生丰产林 580 余 hm²，老水库移民人均 117 m²。这对耕地和林地资源十分紧缺的库区来说无疑是一大宝贵财富。

9.5.4.2 提高了库区群众植树造林的积极性

适于植树造林的消落区湿地，土层相对较厚，湿度大，林木灌溉最为方便，在水库消落区湿地栽植意杨、池杉、枫杨、杞柳等，只要抓住季节，把握"栽早、栽深、栽紧"三大要领，树苗的成活率都可达到85%以上。在坡地特别是陡坡地上植树，幼树灌溉困难，在土层薄、坡度大的山坡上栽树的成活率低，时间长了，群众植树的积极性就消失了。笔者在库区看到，对口扶贫单位和利用世界银行贷款购买的树苗，由村里组织栽植，或分发给农户，有的把树苗一捆一捆地丢掉。在他们看来，苗子是送的，不栽也无所谓，再者，即使栽了多数也栽不活，这种现象在其他库区也有。从1998年开始，通山县政府接受了我们课题组的建议，将造林重点由库区陡坡转向交通、灌溉、管理和收效等都较好的消落区湿地，经过几年的努力，在消落区湿地可以看到大片的杨树纯林，位于河滩地的杨树长得很快，在富有大桥附近的成材杨树已砍伐两茬，群众看了很高兴；在畈泥乡的下杨村，栽在消落区湿地的意杨也已长成密林，这些都为在消落区湿地推广两栖林业提供了实证。库周群众看到造林的成功示范，不少人主动在离家较近的消落区湿地大胆地发展庭院杨树经济，由被动利用变成主动参与，这给消落区湿地的利用带来了生机。1998～2006年，"两栖林业"和"退耕还林"使富水库区的生态面貌发生了巨大改观，初步形成一个山清水秀的库区新农村。正是有了库区群众发展两栖林业的自觉性，才能真正实现消落区湿地的健康开发与合理利用。

9.5.4.3 保护库岸使水库发挥更大效益

发展消落区湿地两栖林业，构建水库沿岸防护林体系，对保护库岸稳定、库周森林植被和减少水土流失起到非常重要的作用，是水库长期发挥综合效益的基本保证。富水库区的两栖林业开发对保护库岸减少减轻水库塌岸（reservoir shore avalanche）和发展库岸经济的作用明显。

富水水库蓄水40多年来，黄壤土、红壤土和松软岩体岸坡在库水位涨落和波浪冲蚀作用下，有不少岸坡崩塌现象比较严重，如大畈镇镇政府西侧的黄壤土库岸段崩塌较严重，燕夏乡和洪港镇的不少库岸的塌岸现象也很严重。塌岸的连锁反应使边坡变形、岸线后移并形成水下浅滩。在塌岸地带的房屋、道路和农田会受到破坏，有的库岸住户不得不拆房后移，造成较大经济损失。库岸崩塌增加水库淤积，减少有效库容，降低了水库效益。在消落区湿地两栖林业基本形成的岸段，据笔者的初步观察，对遏止水库塌岸起到了很好的作用。从1998年开始营造的库岸林木的下限高程约为55 m，若延伸至53 m高程，护岸效果会更好。特别是栽植深根型的池杉和落羽杉的固岸效果更理想。而这两种树在黄壤土、红壤土以及松软土类地段生长都良好，有利于发挥固岸作用。对已发生崩塌的岸边段，可以乘冬春季节多栽耐水树木，栽深、栽密、栽牢。

缓坡地宜栽池杉、落羽杉、意杨等，坡度大一些的可栽杞柳，由下至上，由缓到陡，形成密集的防护林带，对治理塌岸无疑是有效的。

为了更有效地固土护岸，维持水库生态平衡，消落区湿地资源的健康开发模式只有两栖林业才能够实现。根据产生水库塌岸的诱因，首先宜在水位53 m以上的岸坡植树造林，上限至宜耕消落带，对凸岸或被冲沟割切的岸段确保早造林、早受益，以减少塌岸面积和土方。在实施过程中，应做好规划，按不同土壤类型、岸坡大小、沿岸形态和高低台阶，首先在粉细砂层、土质坡面、原为农田的台阶地等容易造成大量坍塌的地段造林，再逐渐扩展到抗冲刷性较弱的沙石土和软石质岸段，最后完成零碎岸点的林木护岸工程，从而形成一完整的库岸生态防护林体系。这一单位面积投资少、技术成熟、施工容易、效果显著的开发模式将在以后的水库消落区湿地资源的开发利用方面占绝对优势。

9.5.4.4　消落区湿地集约利用应注意的几个问题

一是注意与水库调节功能的协调。水库运用方式决定了消落区湿地出露的时间与范围，消落区湿地可利用的时空，因水库调节性能及用途而定。通过合理调度使库水位在某一时期保持在一个较低的水平，则库区可利用的土地就较多；如水库水位长期处在较高的情况下运行，灌溉和发电的效益大，但可供利用的土地面积小，集约利用的程度低。富水水库是不完全季调节水库，水位消涨期短，长则个把月，短的只有几天，做好水库各个时期的来水量预报和科学的调度运用，对水库消落区湿地集约利用就显得至关重要。

二是做好规划与引导。目前，库周群众利用消落区湿地的土地进行种植，一般多凭经验，有则收，无则弃，收效差。因而，当地政府及相关部门应对消落区湿地的资源总量、分布及特征进行分析，根据土地特点布局相应种养业，引导农民积极参与消落区湿地的开发利用，同时，应合理地确定土地利用高程和利用方式，以及需要通过水库的科学调度与管理来选择不同时期的水库水位。在制定消落区湿地的土地利用规划时，应有水库主管部门和水库运行管理方面的技术人员参加，以便做出既有利于提高消落区湿地利用率和保障率，又有利于水库效益得到充分发挥的开发决策，并建立长期有效的协调机制，使科学规划变成集约利用的现实。

三是依靠科技进步。消落区湿地的集约利用程度，可以通过科技进步来提高，如选育耐水性强、生长周期短、利用价值高的作物新品种，特别是深水陆生蔬菜和饲料作物。结合水库水位变动特点，研制出适应其这种变动的集约利用模式。同时，加强信息平台建设，及时准确进行预报预测，减少利用风险。

四是经济效益与生态效益的结合。消落区湿地属生态脆弱区，其集约利用必须注重生态平衡，两栖林业是最佳结合点，在实施过程中要遵循自然规律，不能盲目破坏已有植被，应采用林业生态技术发展两栖林业。对于消落区湿地利用的效益，主要应着眼于长远的生态效益，生态能量的释放，必然促进经济效益的稳定提升，从而使库区农民稳定增收，以达到三大效益的综合发挥。

五是做好水情预测预报工作。做好水情的预测和预报，提高流域水情的中短期预报精度，及时为水库调度和库区土地利用提供可靠的水位消涨数据，以便采用积极的应对措施，减少不必要的损失。另外根据水情变化趋势，制定阶段性水库消落区湿地利用规划和具体措施，在发挥水库正常效益的同时，通过合理调度，提高消落区湿地资源的利用程度和效益。

两栖林业开发是一项崭新的工作，要实现产业化，还需库区政府、水库主管部门、库区群众统一思想和认识，解决好管理体制、投资与收益分配机制以及相关政策问题，以科技为依据，统一规划，分段实施，栽一片，活一片，管好一片，受益一片，才能真正达到水库消落区湿地资源的集约利用和库区经济可持续发展的目的。对指导在建和待建水库的开发性移民也有一定指导意义。

9.6　结论与讨论

本文是在完成湖北省攻关计划课题"鄂东南库区农业资源综合利用"、国家社科基金"库区贫困现象的特点及反贫困战略研究"和湖北省自然科学基金"鄂域水库消落区湿地营林基础与配套技术研究"等相关课题以后，在总结国内外水库消落区湿地资源利用经验的基础上，结合富水库区实际和富水水库消落区湿地两栖林业开发的初步试验，提出了消落区湿地资源健康开发和合理利用的思路、途径与措施。

本文从生态特征、环境影响、经济效益等方面对富水水库消落区湿地的开发利用特点进行了初步分析。为充分利用水库消落区湿地，根据利用与保护相结合的原则，提出以种植业、林业、草业、渔业、旅游业及农业工程等利用方式为主的因地制宜地利用模式，实现生态效益与社会效益、经济效益的有机统一，促进水库消落区湿地的可持续利用。本文的初步结论和有关重点问题讨论如下。

9.6.1　富水水库消落区湿地资源总量的可观性和部分可利用性

本文主要对富水水库消落区湿地资源的属性、数量、质量、分布和开发潜力进行了定性和定量分析，在找出开发利用的内在规律和建立可行的现代库区管理机制的基础上，提出合理利用模式，并对各模式的利用效果进行评估，以利选择。

经过比较研究，并结合试验开发时选取的特征库水位，推算出可开发利用的富水水库消落区湿地资源总面积为 4.558 万 hm^2，平均利用率为 25.6%。大型水库的初始移民人均占有可开发利用的消落区湿地为 220 m^2，为库区人均耕地面积的 82%；中型水库的初始移民人均占有可开发利用的消落区湿地面积为 481 m^2，为库区人均耕地面积的 1.8 倍。由此可见，富水水库消落区湿地资源可开发的总量非常可观，水库移民人均占有量超过现有耕地面积，开发潜力巨大。

上述结果是用数量有限的水库资料计算出来的，难免有些误差，特别是小型水库消落区湿地资源可利用总量的误差可能达到 ±10% 以上，原因是早期修建的小型库多数没有准确的水位与库容、水位与水面面积的数据，甚至部分小型水库没有特征水位资料，只能根据可养水面进行估算，幸好消落区湿地资源量的多少只影响开发规模和利用总效益，但不影响开发途径与利用模式。笔者准备在结合其他课题研究时，搜集全省所有大、中、小型水库的消落区湿地资料，准确地计算其消落区湿地资源总量和可利用总量，为鄂域消落区湿地的实质性大规模开发利用提供准确的基础信息。

9.6.2 作物种植模式的广适性和收获的不确定性

水库消落区湿地的作物种植模式的特点是使用的范围广，技术简单，收获不稳定。作物种植模式是目前高位消落区湿地资源利用最为广泛的一种，主要动因是库区缺地缺粮。主要种植粮食作物、经济作物、绿肥作物，以及蔬菜、园艺作物等。该模式在富水库区主要用在水库正常高水位附近及其以上区域，以旱作为主。从技术和投入来说，库区农民容易接受，无需库区政府的督促和指导，是自然形成的一种利用方式。根据湖北省的水情特点和大、中型水库实际的运行调度经验，富水库区的损益线在正常高水位 1 m 以上，这部分面积占消落区湿地总面积的 19.7%，利用绩效随着高程的降低而降低，当作物种植高程低至正常高水位时，在丰水年和中水年收获的可能性小，致使库区群众利用消落区湿地的意愿下降，导致大量消落区湿地荒芜，与库区的严重缺地形成巨大反差。需要研究新的抗水耐涝作物新品种，以提高收获率。可以预料，含有耐淹基因的高产优质的作物新品种可能会选育出来，使正常高水位附近消落区湿地作物种植的效果大为改善。

9.6.3 渔业利用模式的可行性和局限性

本文根据已有的科研成果和消落区湿地利用的属性，结合在富水库区实地调查结果，认为种草养鱼、网拦库湾养殖和回形鱼池三种模式比较实用。网拦和坝拦（早期修建的，现在不使用）养殖模式已广泛应用，基本没有技术障碍，由于水域环境保护的需要和加强，使网拦养殖规模越来越小，有些地方是明令禁止的。种草养鱼可广泛用于各种类型的水库，尤其适用于平原和丘陵地区的水库，是一种比较可行的消落区湿地养殖开发新途径，特别是不跨县界和以养殖为主要经营方向的水库，种草养鱼模式是非常实用的。目前在富水库区没有采用。但种草过程中的松土、施肥等管理活动，会造成一定的水土流失，对保护消落区湿地和水库水质不利。所以种草养鱼利用模式在富水库区有较大的局限性。

回形鱼池利用模式，主要用于靠近水库正常高水位附近的平坦消落地，与普通鱼池相比，鱼池开挖费用可降低28%～43%，养殖水面形成快，养殖技术容易掌握，配合种草养鱼效果更好。关键是要有人出资出力，开挖大面积的回形精养池塘，做好养殖科技示范，一旦取得好实效，群众就会仿效，如果库区政府出面组织技术人员指导生产，把握性就更大。但回形鱼池也只能用于中高位的消落地，推广面积也很有限；对于土壤保水性差的地段，收获的把握性降低，该模式的推广使用也有区位和水土条件的局限性。

9.6.4 两栖林业利用的可靠性和现实性

两栖林业的概念，是笔者在1997年在写给通山县领导关于富水水库消落区湿地开发利用的报告中首次提出来的，得到湖北省水库管理部门、通山县主管领导和县扶贫办的高度认可。因为两栖林业是水库消落区湿地保护利用的可靠方式，有利于拓宽库区农民增收的渠道，引起了多方面的关注。

根据水位变化规律和水库运行特征，对富水水库消落区湿地进行分层利用与管理，提出在水位53～57m变化较频繁的消落区湿地进行营林开发。与山坡地比较，在消落区湿地的营林成本只有山坡地的60%，造林效果好。所推选的两栖树种为池杉、落羽杉、意杨、乌桕、枫杨等。从富水库区的开发试验和消落区湿地两栖林业带初步形成的效应来看，发展两栖林业产业是水库消落区湿地资源健康开发和生态利用的最理想模式，有利于缓解库区人地矛盾，转变库区农户增收方式，实现库区农业经济结构调整的动态优化和生态经济的可持续发展，对改善库区生态环境和增加库区农户收入都有明显的作用。研究和实践证明，发展富水库区两栖林业是水库消落区湿地资源保护利用的现实选择，在水库、江河和湖泊消落区湿地以及其他荒滩洼地的开发利用上，具有广阔的推广应用潜力。

水库消落区湿地资源的两栖林业开发，是一项崭新的工作，要实现产业化，还需库区政府、水库主管部门和库区群众的共同努力，统一思想和认识，解决好管理体制和投资收益分配机制，配套相关政策，科学规划，分片实施，确保"栽一片，活一片，管好一片，受益一片"，真正达到水库消落区湿地资源的健康开发与集约利用的目的。对于消落区土地利用的效益，只有着眼于长远的生态效益，生态能量的释放，才能促进经济效益的稳定增长，从而使库区农民稳定增收，以达到生态效益、经济效益和社会效益的综合发挥。库区消落区土地资源利用，特别是两栖林业开发是一项崭新的工作，要实现产业化，还需库区政府、水库主管部门、库区群众统一思想和认识，解决好管理体制、投资与收益分配机制。发展消落区湿地两栖林业具有明显的优势和可靠性，是今后一定时期内鄂域乃至我国南方水库消落区湿地利用的现实选择。

9.6.5 生态旅游开发模式的后续性和迫切性

库区生态旅游是当前乃至将来若干年库区经济发展的热点。生态旅游模式是利用高位消落区湿地的种养业作为后勤性农业，以村级农产品加工为主的工艺性农业、以库区服务为主的服务性农业、以汛期利用带两栖林业为主的观光农业和以水库渔业为主的垂钓体验性农业为旅游载体和背景，再附以必需的旅游基础设施和设备，就构成以水库消落区生态旅游为主的水库旅游观光模式。库区生态旅游模式是水库消落区湿地资源健康开发的后续产业，不影响其他开发模式的实施，但需要整合库区空间旅游资源才能收到好效果。如果只局限在水面娱乐项目上，缺少实质性的生态旅游素材，把生态旅游变成水上运动，那样就变味了。通过建立水库消落区湿地生态旅游资源带，带动整个库区旅游经济的发展，从而改变库区农户的经济增长方式，促进库区经济和水利经济的可持续发展。

黄朝禧[1] 柯常青[2] 徐良久[3] （1. 华中农业大学经济管理学院和土地管理学院 2. 湖北省水利水电职业技术学院 3. 通山县水利局）

第 10 章
湿地保护利用政策绩效评价
——以武汉市为例①

10.1 绪 论

10.1.1 选题背景及研究意义

10.1.1.1 选题背景

湿地介于陆地和水体之间，是一个过渡客体，也是人类社会赖以生存与发展的重要自然资源，2011 世界湿地主题定义为"湿地与森林"，关注森林湿地对世界环境带来的影响，"2009 湿地中国行"活动更是将湿地与公民的义务联系在一起，一次次地重申了湿地在整个人类生态系统中不可忽视的作用。

据统计，全球湿地总面积为 $5.73 \times 10^8 hm^2$，约占全球陆地总面积的 4.3%（宁龙梅，2004）。我国湿地面积约 $3.85 \times 10^7 hm^2$，居亚洲第一位，世界第四位，同时，我国湿地类型多样、分布广泛。

关于如何保护与合理利用湿地的研究在我国环境保护中的地位尤为重要，但这方面我国起步较晚，且没有形成一个系统性的科学研究，同时，对于湿地评价方面的研究也较少，主要是针对湿地中某单一的自然要素进行定性或定量评价，很少对湿地系统这一整体进行评价。

长期以来，我国在发展经济的过程中，没有足够认识到保护湿地的重要性，只是片面地追求当前的经济利益，造成了如今湿地资源数量和质量上的锐减。从 20 世纪 80 年代以后，我国开始意识到了湿地资源的生态、经济和社会

① 基金项目：湖北省社科基金项目"湖北生态用地结构优化与调控政策研究"（〔2010〕107）；国家星火计划项目"库区两栖林业技术开发示范与推广"（2005EA105006）；湖北省教育厅重点科研计划项目"库区土地资源优化配置研究"（B200605001）。

价值，制定了一系列与保护湿地有关的法律法规，随之又开展了长达 8 年之久的全国性湿地及湿地资源的专项调查，从此我国开始进入了保护湿地资源的重要阶段，《生物多样性保护行动计划》、《21 世纪议程》和《中国湿地保护行动计划》都是在这个时期产生的。

10.1.1.2　研究意义

据统计，全球湿地面积占地球陆地面积的 6.4%，其中湖泊为 2%，酸沼为 30%，碱沼为 26%，森林沼泽为 20%，洪泛平原为 15%（林鹏，2003）。湿地面积之大，范围之广，对环境的影响作用不容忽视。

同时，湿地是介于陆生和水生两种生态系统之间，这种特殊性也决定了湿地系统的脆弱性，同时，它又有巨大的生态效益、经济效益和社会效益，所以它越来越多地引起各国政府和民众的关注，而我国湿地面积位居亚洲第一位，世界第四位，且湿地类型多样，因此更需要对其进行系统性地保护研究。

尽管我国湿地资源总量大，但是人均湿地面积小，正确处理好湿地资源开发利用与保护之间的关系显得尤为重要，这也是政府制定湿地保护法律法规时首先要考虑的问题。关于如何保护与合理利用湿地的研究，在国际上特别是在发达国家已经取得了很好的研究成效和实际意义，但在我国，湿地保护利用（wetland protection and utilization）政策的绩效不尽如人意，每年仍然有大量湿地消失，湿地生态环境恢复速度十分缓慢。

目前，对湿地的农业开发、天然湿地用途的改变及城市发展占用天然湿地等仍是中国湿地质量下降、数量减少的主要原因，特别在沿海及沿湖地区，湿地保护形势非常严峻，湿地管理工作显得尤为重要。

但是从已有的湿地研究成果来看，我国大多数研究主要集中在湿地生态、人工湿地等方面，而对我国湿地保护利用政策绩效的研究则很罕见，研究深度和广度都不够，因此很有必要针对我国的实际情况，借鉴相关政策绩效评价（policy performance evaluation）的方式、方法，建立一个湿地政策绩效评价体系，并选择一个有代表性的城市进行实证评价，最后针对评价结果进行分析，为我国湿地保护和生态集约利用政策的制定和测评提供依据和建议，为尽快建立起适应我国湿地资源环境特点的湿地政策管理体系提供参考。

10.1.2　国内外湿地政策绩效研究现状

10.1.2.1　国内研究现状

1992 年，我国政府正式加入了《湿地公约》，并将我国的青海湖鸟岛、吉林向海、湖南东洞庭湖、江西鄱阳湖、黑龙江扎龙和海南岛东寨港六个湿地自然保护区列入《国际重要湿地名录》。1997 年 7 月 1 日，香港米埔也被列入名录，至此中国共有 7 处湿地被《湿地公约》确认为国际重要湿地。

目前，我国就如何保护与合理利用湿地的研究已加大了力度，主要围绕着湿地的规划、环境评价、湿地生态的恢复、湿地资源的开发利用、湿地的保护管理等方面展开，并取得了很好的经济效益、生态效益和社会效益。

在国际交流方面，我国也参与了许多保护湿地的国际合作，国家林业局代表我国政府同 9 个国家签署了 11 个政府间协定，同近 20 个政府间国际组织建立了良好的合作关系，同世界上 41 个国家林业部门签署了部门合作协定，同 15 个非政府组织签署了合作协议；我国还加入了《濒危动植物种国际贸易公约》、《联合国防治荒漠化公约》、《湿地公约》，参与了《联合国气候变化框架公约》及《生物多样性公约》等谈判；同时我国还是《湿地公约》的常委会成员，任亚洲区域代表。

我国正日益完善保护与合理利用湿地资源的有关政策措施，虽然这些方面的研究还很少，没有形成系统性的研究，不能为我国湿地政策的制定、改进提供可行性建议，但是关于湿地功能评价、湿地价值评价和湿地环境影响评价则比较多，关于耕地、林地、房地产等与土地、环境相关的政策绩效研究也很多，因此可以借鉴前人经验来研究湿地保护利用政策实施绩效。

10.1.2.2 国外研究现状

世界各国都很重视湿地的开发、保护和利用，特别是发达国家，如美国、加拿大、澳大利亚、德国、日本等，关于湿地保护利用方面的研究比我国早，在湿地政策及湿地评价方面的研究也比我国先进，它们已经取得了很好的生态效益、经济效益和环境效益，在很多方面值得我们借鉴。

《苏联和西欧的沼泽类型及其地理分布》是世界上最早的关于沼泽湿地的专著，标志着湿地研究的开始阶段；德国沼泽学家韦伯等学者创造的关于沼泽统一发育过程的学说理论，是早期湿地科学的主要理论（Crowe and Rochefort, 2000）；同时，对于红树林以及淡水湿地的研究国外也已经形成了比较系统的研究。至 20 世纪 80 年代初，湿地科研工作者协会成立，国外开始大规模地运用现代生态学理论对湿地生态系统进行研究。于 1971 年签订，并于 1975 年正式生效的《湿地公约》标志着在国际上对湿地的保护到了一个新的阶段。

1977 年，美国政府颁布了第一部国家性的专门保护湿地的法规，同时在 2000 年，美国总统签署了《保护湿地法案》，从此关于湿地保护与管理方面的研究也多了起来。美国提出了湿地保护的"零净损失"，希望在保护湿地的同时，取得相应的经济效益，在保护中开发，在开发的同时注重保护，通过市场手段来实现政府保护湿地的目标。同时，美国还开展了由国家环保局、交通局、国防部等参加的 HGM 湿地功能评价的国家计划。

欧洲也开展了 FAEME、PROTOWET 等湿地功能评价项目（吕宪国，2002）。加拿大的湿地面积为 $1.27 \times 108 \ hm^2$，居世界第一位，加拿大政府采取了一系列措施来保护湿地，如 Fraser 河流行动计划、2000 年大湖计划、加拿大北方河流生态系统计划、大西洋沿岸行动计划和 2000 年 St. Lawrence 河计划，这类行动对加拿大湿地的保护和管理方面都起到了很好的效果。

1996～2000 年，澳大利亚为编制国际重要湿地管理计划，制定国家湿地政策，设置湿地研究和发展项目等共投资约 1400 万美元。除《湿地公约》外，澳大利亚签署了许多关于保护湿地的国际公约，如《国际贸易中濒危野生动植物保护公约》、《南太平洋自然保护公约》、《生物多样性公约》、《联合国海洋法公约》、《世界文化与自然遗产保护公约》等。近些年来，澳大利亚在管理水源、恢复与重建湿地、湿地环境影响评价和湿地保护计划等方面也取得了很大的进展。

相对于上述几个发达国家，德国则主要关注湖泊的保护和沼泽湿地的恢复方面。20 世纪 50～80 年代德国对博登湖进行了污染治理，21 世纪初又通过了《保护与恢复沼泽地计划》。

这些是发达国家在湿地保护利用政策制定方面取得良好成效的例子，可以借鉴来制定我国湿地保护利用政策和改善政策绩效。

10. 1. 3　研究的主要内容、方法及思路

10. 1. 3. 1　研究内容

主要研究内容是建立我国湿地保护利用政策绩效评价指标体系，并应用指标体系来研究武汉市湿地保护利用政策绩效。分析我国湿地保护利用的特点，结合国内外研究现状，利用政策评价的方法，建立起湿地保护利用政策评价指标体系，并以武汉市为例，利用这个评价指标体系分析武汉市湿地保护利用政策的绩效，探讨湿地保护利用政策绩效改进之路。

10. 1. 3. 2　研究方法

在湿地保护利用政策绩效评价指标体系的建立上，针对湿地特点建立指标

评价体系，基于国内外政策绩效评价的基础，运用隶属度分析、相关性分析、辨别力分析等方法对指标进行筛选，并对筛选出的指标体系进行信度和效度检验；然后运用层次分析法，用构造的指标体系计算武汉市湿地保护利用政策绩效，并分析结果，提出对策建议。同时在绩效评价操作过程中，还涉及专家打分法、对比法，在数据的处理上采用了 MATLAB7.0 和 SPSS 分析软件。

10.1.3.3　技术路线

本文通过对湿地保护利用政策绩效的分析，探索当前湿地保护利用绩效的改进之路。首先，根据政策绩效的原理和方法以及湿地保护的特点，并对指标进行筛选，构建了湿地保护利用政策绩效评价指标体系。然后，以武汉市为例，计算出 1998~2009 年武汉市湿地政策绩效评估的综合值。最后针对绩效评价结果提出对策和建议。研究技术路线如图 10.1 所示。

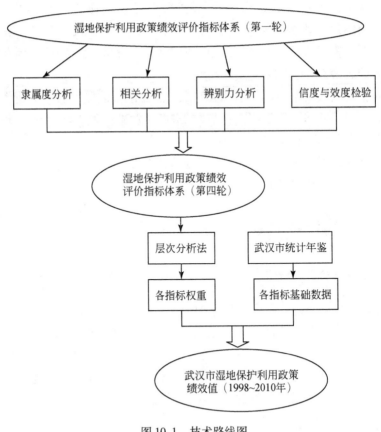

图 10.1　技术路线图

10.1.4 论文的创新点

目前，湿地保护利用的研究文献多，湿地政策绩效的系统研究还没有，而各地湿地保护利用专项行动在我国已经开展起来，因此无论从理论方面还是实践方面来说，湿地保护利用政策绩效研究都是一项新课题。

本研究借鉴政策绩效评价方法，针对湿地保护利用特点，通过指标筛选，建立了湿地保护利用政策绩效评价体系，并以武汉市为例，论证了此指标体系的可行性，这些都是本研究的创新之处。

10.2 湿地保护利用政策的绩效研究的理论框架

10.2.1 我国与湿地保护利用相关的政策法规简述

保护好湿地资源，需要提高全民的意识，需要制定相应的法律法规对湿地资源依法进行保护。

"政策"是国家机关、政党及其他政治团体在特定时期为实现或服务于一定社会政治、经济、文化目标所采取的政治行为或规定的行为准则，它是一系列谋略、法令、措施、办法、方法、条例等的总称。湿地保护利用政策则是一个国家在一定时期内为实现湿地保护利用的目标而制定的各种相关制度，以及在制定实施过程中所采用的各种手段的总称，同时，这些湿地保护利用政策需要在实践过程中不断完善。

关于保护湿地的法律法规的制定和实施，在湿地保护和开发利用项目管理中具有特殊意义，同时这也是一个复杂的过程。湿地处于水陆交错地带，这决定了湿地管理就是一种跨地区、跨行业、跨部门的管理，而且很容易造成管理界限不清、权责不明等问题。随着经济的发展和资源的稀缺化，湿地引起了政府机关和开发商的关注，湿地问题便渗透到了政府、地方和企业利益之中。我国政府虽然十分重视湿地的保护，先后制定了许多关于保护环境的法律法规，并把湿地保护和合理利用划入 21 世纪议程的优先项目。但是，面对湿地这种复杂的新生保护对象，现有的法律法规不可能完全覆盖现在出现的问题及以后可能会出现的新状况。目前在湿地保护与合理利用过程中存在着无法可依、执法不严的严重问题，制定合理、有效的湿地保护利用的法律法规是从源头上控制湿地破坏和退化，改善湿地生态环境现状的重要举措。

湿地管理是个复杂的过程，就拿湿地自然保护区的管理来说，就比自然保护区的建立工作要复杂得多，目前，人力、财力的短缺是世界上所有自然保护区普遍存在的问题，也是湿地自然保护区目前面临的主要问题。湿地自然保护区的保护对象是珍稀动植物及其栖息地，其日常管理工作主要包括以下几方面：物种编目，建立健全湿地与水禽保护的法律法规；建立检索表和自然保护区资源数据库；对不同层次的湿地及水禽管理的科研职员进行系统的培训；开展监测和研究，不断收集和分析数据，提出湿地保护管理建议；不断更新湿地自然保护区的管理计划和策略，积极创造、改善保护的工作条件，使保护管理计划更好地贯彻执行（国家林业局野生动植物保护司，2001）。

　　湿地管理的内容较多，除湿地规划、湿地控制和湿地自然保护区的管理以外，还包括湿地环境监测、湿地渔业管理、湿地水文管理、湿地牧业管理、退化湿地生态系统的恢复与重建等诸多内容，针对这些管理内容，就目前来看，我国已经制定了很多与湿地保护利用相关或者专门针对湿地保护和集约利用的政策，在湿地政策的制定上已经取得了很大的进步。

　　20 世纪 70 年代，在《宪法》中提出要保护环境，并明确提出"保护环境和自然资源，防治污染和其他公害"；《水产资源繁殖保护条例》（1979 年通过）对有经济价值水生动物赖以生存的"水域环境"提出了相关保护措施；1979 年的《刑法》和 1987 年的《民法通则》分别就破坏"水源"、"草原"、"野生动物资源"、"水面"和"滩涂"等自然资源所有权人、使用权人以及管理权人的权利和义务，分别作出了明确的规定。上述这些都是从侧面来制定保护湿地的相关政策。

　　到了 20 世纪 80 年代，进入了湿地保护立法的发展时期，1981 年的《中日保护候鸟及其栖息环境的协定》就有关候鸟的保护作出了要求；1982 年以及后来的各部《宪法》中，将"滩涂"、"草地"等湿地或与湿地相关的资源明确列入了调整范围，禁止任何组织和个人以任何手段侵占或破坏自然资源；1984 年《水污染防治法》（1984 年通过，1996 年修正）就"江河、湖泊、运河渠道、水库"和《草原法》（1985 年通过）就"一切草原"，《森林和野生动物类型自然保护区管理办法》（1985 年）、《渔业法》（1986 年）就"内水、滩涂"，《河道管理条例》（1986 年发布）就"湖泊、人工水道、行洪区、蓄洪区、滞洪区"等均作出了一些具体规定；《上海市滩涂管理暂行规定》（1986 年）、《中澳保护候鸟及其栖息环境的协定》（1986 年）、《土地管理法》（1986 年通过，1988 年修正，1998 年修订）、《野生动物保护法》（1988 年）、《水法》（1988 年）、《环境保护法》（1989 年）和《吉林省查干湖自然保护区管理办法》（1989 年）分别就养殖水面、水、草原、野生动物、江河、湖泊、水库、渠道等与湿地系统有关的方面作出了具体的规定。

进入到 20 世纪 90 年代，湿地立法保护更加受到重视。1991 年颁布了《水土保持法》；1991 年 7 月，中国正式加入《湿地公约》，并将"湿地的保护与合理利用"列入《中国 21 世纪议程》和《中国生物多样性保护行动计划》的优先发展领域。1992 年颁布了《陆生野生动物保护实施条例》；1993 年的《水生野生动物保护实施条例》提出重视维护和改善水生野生动物的生存环境；1993 年还颁布了《野生植物保护条例》。

1994 年发布的《自然保护区条例》就珍稀野生动植物赖以生存的"陆地水体"或者"海域"，其中第 10 条第 3 款还明确规定，在有特殊保护价值的地域，如海岸、岛屿、湿地、森林、草原、内陆水域、海域和荒漠应建立自然保护区；1994 年 3 月，国务院通过并颁布了《中国 21 世纪议程——中国 21 世纪人口、环境与发展白皮书》，其中许多章节提到湿地保护及合理利用，是制定《中国湿地保护行动计划》的重要依据；1994 年完成的《中国生物多样性保护行动计划》，对制定《中国湿地保护行动计划》具有重要的指导意义。

1995 年《海洋自然保护区管理办法》第 2 条规定"一定面积的海岸、湿地、河口、岛屿或海域"为需要进行特殊保护和管理的区域，第 6 条第 4 款还规定，"具有特殊保护价值的海域、海岸、岛屿、湿地"应当建立海洋自然保护区；1995 年又制定了《中国 21 世纪议程——林业行动计划》，是实施《中国 21 世纪议程——中国 21 世纪人口、环境与发展白皮书》中的一个专项行动计划，对《中国湿地保护行动计划》有重要的参考价值。

从此以后几年，便开始了地方性的保护湿地专项行动，揭开了湿地保护利用的新篇章。1996 年《黑龙江省自然保护区管理办法》第 9 条规定建立"湿地类型自然保护区"为重点自然保护区；随后发布的《黑龙江省野生动物保护条例》第 13 条规定，"开发湿地、整治河道"等的同时应维护野生动物生息繁衍环境；1996 年出台的《辽宁省乡镇企业环境保护管理条例》第 14 条也规定，乡镇企业在从事"荒地、草原和湿地开垦"时，必须严格按照环境影响评价制度执行。1994 年国务院批准了《跨世纪绿色工程规划》，规划中包含了国家和各地大量水污染治理和生态环境保护工程。

1997 年的《云南省自然保护区管理条例》第 9 条规定具有特殊保护价值的森林、水域、湿地应当建立自然保护区。《防洪法》也就"江河、湖泊、水库、蓄滞洪区"和"平原、洼地、水网圩区、山谷、盆地等易涝地区"的治理提出相关保护措施，强调湿地的蓄滞洪水的功能。1997 年的《刑法》也专门提出了"破坏环境资源保护罪"的罪名。

1998 年，《关于下达广东省 1998 年至 2002 年环境保护目标与任务的通知》中，广东省政府在强调对"重要湿地、重要渔业水域、水源保护区、优质滩涂和海湾"等生态区域进行重点保护；1998 年，海南省就湿地资源特殊类型之一的"红树林"湿地专门制定了《海南省红树林保护规定》。

1999 年，《中华人民共和国海洋环境保护法》提出的"海滨"保护的规定，以及 1999 年修订的《海洋环境保护法》明确提出了"滨海湿地"的保护。1999 年国务院又正式公布了《全国生态环境建设规划》，对从现在起到 21 世纪中叶全国的生态环境建设进行了全面部署，对此后中国湿地的保护和合理开发利用具有重要的推动作用。

2000 年，我国又正式公布了《中国湿地行动保护计划》；2002 年的《水法》强调了维护水体的自然净化能力，维持江河的合理流量和湖泊、水库及地下水的合理水位；2000 年颁布的《环境影响评价法》将规划纳入了环境影响评价，在一定程度上预防和减轻了规划对湿地环境的不良影响；2000 年还颁布了《农业野生植物保护办法》；2002 年，民进中央向全国政协大会提交了关于尽快制定《湿地法》的提案，并指出《湿地法》应包括湿地资源的所有权、适用范围、湿地保护的原则和措施、湿地的行政管理、法律责任、湿地资源开发利用的审批制度等主要内容。据官方数据库，2002 年全国政协大会关于湿地的提案有 6 份，2003 年 4 份，2004 年上升到 15 份。

1995～2003 年进行了全国湿地资源调查；2003 年开始实施"湿地监测"试点工程，国务院批准了《全国湿地保护工程规划》；2003 年第十届全国人民代表大会第一次全体会议上代表们提出了三个关于制定湿地保护法的议案。2003 年先后通过《黑龙江省湿地保护条例》、《上海市九段沙湿地自然保护区管理办法》、《甘肃省湿地保护条例》、《江西省鄱阳湖湿地保护条例》。从此，湿地保护专门立法进入了国家和地方立法机关的议事日程，各地间纷纷起草湿地保护条例，制定湿地保护区管理办法。

2005 年，国家林业局等 10 个政府部门，编制了《全国湿地保护工程实施规划（2005～2010 年）》，确定了湿地保护、恢复、可持续利用、能力建设等工程建设项目，计划投资 90 亿元，实施 400 多个项目，目前，已审批实施近 200 个项目。2006 年 1 月，在新疆维吾尔自治区十届人大四次会议上，参会的 10 名新疆人大代表联名提出了建议制定《新疆维吾尔自治区湿地保护条例》的议案，希望最大限度地遏制新疆湿地环境的恶化趋势；2006～2010 年，中央和地方政府将根据《全国湿地保护工程规划（2002～2030 年）》投入 70 多亿元，开展湿地恢复的试验性工作，保护和合理利用好一批湿地，并且把湿地保护纳入法律保护的框架内。2007 年《辽宁省湿地保护条例》（2007 年 10 月 1 日起施行）颁布。

2009 年 11 月 18 日，"千湖之省"湖北的省会城市武汉也颁布了《武汉市湿地自然保护区条例》，2010 年 1 月 15 日湖北省第十一届人民代表大会常务委员会第十四次会议批准，于 2010 年 3 月 1 日开始施行。

改革开放以来，我国在关于保护和合理利用湿地的立法方面取得了很大的进展，当前正处在一个飞速发展的时期，但这些法律规范是否切实可行，如何进行实施效果评估，至今还没有定论，因此进行湿地保护利用政策绩效研究是当务之急。

10.2.2 湿地保护利用政策绩效评价原理与方法

10.2.2.1 湿地保护利用政策绩效评价

绩效，顾名思义，指成绩和效果，最早被应用于社会经济管理方面，后来又在人力资源管理方面得到广泛应用，经常用绩效来评价政府活动。伯纳丁等则认为绩效是特定的时间内，特定的工作职能、活动或者行为所引起的产出，这种定义将绩效与产出的结果等同起来。更多人则认同后一种说法，坎贝尔等认为绩效是指活动本身，而不是单指活动结果，是人们实际做的，与组织目标相关的而且可以观察到的行动或行为，并且这些行为完全能由个体自身控制。

而政府政策，就是为实现一定的社会经济目标政府设计并推行的行动准则、方案等，湿地保护利用政策绩效是指湿地保护利用政策其执行过程中或任务完成后的相应的业绩或效果。绩效评价是对绩效进行识别、观察、测量和评估的一个过程，湿地保护利用政策绩效评价就是根据统一的评估指标和标准，按照一定的程序，通过定量定性对比分析，对一定时期内评估对象（即湿地保护利用政策）的实施成绩做出准确、客观的综合评判，从而为决定政策变更、政策改进和政策终结提供依据，政策绩效评价也是政策过程中的一个重要环节。

10.2.2.2 湿地保护利用政策评价方法

根据以往公共政策理论研究，政策绩效评价的主要方法有成本—收益分析法、系统分析法、专家判断法、层次分析法等几种。

（1）成本—收益分析法

要进行有目的的生产经营活动，不可避免要耗费一定的资源，这种耗费的货币总额就是所费成本。在这种有目的的实践活动中所耗费的和所得到的之间的比例就是效益，具体到湿地保护利用政策中的效益是实施有关保护与合理利用湿地的政策后所带来的生态效益与经济效益、直接效益与间接效益、宏观效益与微观效益之间的统一。将整个政策运行过程中所投入的保护湿地的成本和所取得的现实收益进行对比分析就是湿地保护利用政策的成本—收益分析，可借助成本效用曲线。用这种方法来分析湿地保护利用政策绩效的优点在于能够比较总成本和总收益之间的关系，分析湿地保护利用政策对经济产生的结果，比如渔业的增收情况，从而确定哪些政策或者政策的哪些部分需要保留扩充、修改或者废除。

但这种方法的缺点是在计算湿地保护利用政策的成本时，有些成本可以用某种方法来进行量化，但有些收益项目却很难量化，如湿地产生的生态效益、社会效益，就不能用货币来衡量或很难估算其成本和收益。

（2）系统分析方法

系统分析是政策绩效分析时用到的一种最基本的方法。湿地保护利用系统指的是由若干个与湿地相互联系又相互作用的要素组成的具有特定功能的湿地生态系统整体。可以运用合适的方法对构成湿地系统的进行相互关系分析，比较、评价和优化可行性方案，为制定湿地保护利用政策的决策者提供可靠的依据。

系统分析主要是依靠分析人员的价值判断，采用经验的定性分析，从多个备选方案中找到最令人满意的方案。用系统分析法来评价湿地保护利用政策绩效时，遵循定量分析与定性分析相结合、内部条件与外部条件相结合、局部效益与整体效益相结合、当前利益与长远利益相结合的原则。系统分析的内容包括结构分析、逻辑分析、整体分析、环境分析等方面，这也是用这种方法来分析湿地保护利用政策绩效时的一个难点。

（3）专家判断法

专家判断法指的是组织土地部门或者林业部门的专家审定各项关于湿地保护利用政策方面的记录，研究这些政策的执行过程，对湿地保护利用政策的制定者和湿地管理者进行调查，撰写评估报告，从而评定湿地保护利用政策的效果。这个方法的优点是，由于这些专家都是长期从事与湿地相关的工作，专业知识扎实，因此对湿地保护利用政策的分析结果也会比较科学，同时，这些专家相对于湿地保护利用政策的制定者、执行者和政策对象来说都相当于局外人，能够比较客观、公正地来进行评判。

（4）层次分析法

层次分析法是一种定性与定量分析的综合决策方法，这种方法不仅可以保证模型的系统性与合理性，而且还可以将有价值的经验和判断介入评价过程中。通过对行为、方案和决策对象进行评价和选择，建立一个完整有序的递阶评价系统，再对系统中各个有关因素进行两两比较评判，并采用定量的方法确定每个因素的权重，通过数学模型的计算，最后得到评价结果。

层次分析法比较适用来评价湿地保护利用政策这类复杂的生态环境政策体系，与上述的专家判断法相结合，能够使评价更准确，达到比较好的评价效果。

除以上方法外，还有成本—效能分析法、博弈论分析法、前后对比法、对象评定法等都可以用来进行政策绩效评价，本研究只简要介绍文中相关的几种研究方法。

10.3 湿地保护利用政策绩效评价指标体系的建立

10.3.1 指标体系的设计原则

（1）综合性原则

湿地保护利用政策实施绩效是由湿地数量、湿地质量及其时空分布特征等方面综合反映的。同时，还涉及湿地的生态效益、经济效益、社会效益等各个方面，这要求评估指标体系的涵盖面要广，能充分反映湿地保护利用政策实施绩效的综合性特征。

（2）动态、导向性原则

湿地保护利用政策实施绩效是一个动态的积累过程，实施影响有一定的滞后性，很难在较短时间内获得其真实值。因此，在选择评估指标时，既要有测试湿地保护利用政策实施绩效的现实指标，又要有反映湿地保护利用政策实施过程的指标，能够反映湿地保护利用政策实施绩效的现状和未来趋势。同时，湿地保护利用政策实施绩效评估的目的是为了通过绩效评估，获得有效的绩效信息，了解湿地保护利用政策实施绩效的现状，以改善和提高湿地保护利用政策的实施绩效，因此，评估指标的选择必须以有利于实现湿地保护利用政策实施绩效评估为目的。

（3）有效性、易于操作原则

所构建的湿地保护利用政策绩效评估指标体系必须与所评估对象的内涵、结构相符合，体现湿地保护利用政策实施绩效的本质特征。因此，设立的评估指标体系应能反映我国湿地保护利用政策实施绩效的实际情况。建立绩效评估指标体系是为了在湿地政策绩效评估中发挥作用，因此要求易于操作，计算公式科学合理，指标的数据易采集，评价过程简单实用，且便于掌握和操作。

（4）独立性、可比性原则

选入湿地保护利用政策绩效评价指标体系的各项指标必须具有独立的信息，相互间不能替代，同时，要保证评价结果能够进行横向及纵向比较，以便于了解各地湿地保护利用政策实施绩效的实际水平和变化趋势,且评估指标要尽量采用相对指标。因此,宜选择反映信息多并且能最恰当地反映湿地保护利用政策的特点和完成程度的指标。

10.3.2 评价指标体系的建立

由于绩效评价因素众多,关系复杂,而湿地系统又是一个复杂的生态系统,经过综合考虑影响我国湿地保护利用政策绩效的因素,按照政策绩效评价的技术性和可行性的要求,提出第一轮湿地保护利用政策绩效评价指标。该指标体系由生态效益指标、经济效益指标、社会效益指标等共 55 个评估元素构成,如表 10.1 所示。

表 10.1 湿地保护利用政策绩效评价指标体系 (第一轮)

目标层	领域层	指标层	变量标志
		湿地总面积	X_1
		湿地总面积年变化率	X_2
		人工湿地面积变化量	X_3
		天然湿地面积变化量	X_4
		湿地总面积占调查区总面积比	X_5
		水域占区土地面积的比例	X_6
		主要河流利用率	X_7
		主要湖泊利用率	X_8
		年地表水总量	X_9
		生物种数	X_{10}
湿地保护利用政策绩效评价指标体系(第一轮)	生态效益评价指标	森林覆盖率	X_{11}
		植被覆盖率	X_{12}
		土壤污染面积占土地面积比例	X_{13}
		水土流失面积占土地面积比例	X_{14}
		天然草地面积占土地面积比例	X_{15}
		天然湿地面积占土地面积比例	X_{16}
		自然保护区面积占土地面积比例	X_{17}
		天然水域面积占土地面积比例	X_{18}
		人均公共绿地面积	X_{19}
		鸟类种数	X_{20}
		珍惜、濒危物种种数	X_{21}
		CO_2 贡献率	X_{22}

目标层	领域层	指标层	变量标志
湿地保护利用政策绩效评价指标体系（第一轮）	经济效益评价指标	农民人均收入	X_{23}
		水产品产量	X_{24}
		水产收入	X_{25}
		农林牧渔业总产值	X_{26}
		农林牧渔业中渔业产值	X_{27}
		农林牧渔业中渔业构成	X_{28}
		社会经济增长率	X_{29}
		农民全年人均渔业生产支出 *	X_{30}
		农民人均消费鱼虾量	X_{31}
		农村居民人均渔业收入	X_{32}
		渔业上交税金	X_{33}
		湿地开发利用项目收入	X_{34}
		农村住户年人均生活费支出	X_{35}
		农村住户年人均纯收入	X_{36}
		财政支出	X_{37}
		财政收入增长率	X_{38}
	社会效益评价指标	湿地保护行政管理费占土地管理费比例	X_{39}
		湿地保护工作人员占土地总工作人员比重	X_{40}
		水利、环境和公共设施管理业人员	X_{41}
		农林牧渔业从业人员	X_{42}
		国营农林牧渔场农业从业人员	X_{43}
		国营农林牧渔场非农业从业人员	X_{44}
		湿地科技人员占总人口比例	X_{45}
		文化教育事业支出	X_{46}
		吸引游客人数	X_{47}
		湿地政策稳定程度	X_{48}
		湿地政策完备程度	X_{49}
		湿地政务公开程度	X_{50}
		公众对湿地保护利用工作的满意度	X_{51}
		湿地教育与科研价值	X_{52}
		城市化率	X_{53}
		农业人口结构	X_{54}
		乡村户数	X_{55}

注：表中带 * 项为逆向指标，下同

第一轮评价指标是依据我国湿地政策绩效的内涵和特征，具有较强的个人主观色彩。因此，有必要对第一轮的指标进行隶属度分析、相关分析和辨别力分析，从而遴选出能反映评价结果的指标，使评价指标更具有科学性、合理性和可操作性。

10.3.2.1 评价指标体系的隶属度分析

隶属度的概念来源于模糊数学（fuzzy mathematics），模糊数学理论认为，在社会经济生活中，存在着大量的模糊现象，其概念的外延不是很清楚，也无法用经典集合论来描述，某个元素对于某个集合来说，不能统一地定义是否属于，只能说在多大程度上属于，元素属于某个集合的程度则被称之为隶属度。

如果把湿地保护利用政策绩效评价体系 $\{X\}$ 看做一个模糊集合，把每个评价指标看做这个集合中的一个元素，然后对每个评价指标进行隶属度分析。

将湿地保护利用政策评价指标制作成专家咨询表，采用专家调查法，通过电子邮件的方式，请求 90 位来自于土地管理部门、林业部门、大学研究机构的专家，根据他们的专业知识以及实践经验，从 55 个评价指标中选择 30 个他们认为最具代表性的评价指标。

假设专家们选择第 J 个评价指标 X_j 的次数总共为 D_j 次，那么一共有 D_j 位专家认为 X_j 是评价湿地保护利用政策绩效的比较理想指标，那么该评价指标的隶属度便为：$R_j = D_j/100$。

对专家咨询表的结果进行隶属度分析计算，便分别得到了 55 个湿地保护利用政策绩效评价指标的隶属度。

通过这轮隶属度分析，去掉 21 个隶属度小于 0.3 的评价指标（表 10.2），剩下的 34 个评价指标，构成我国湿地政策保护利用绩效评价的第二轮综合指标体系。

表 10.2　被删除的隶属度小于 0.3 的 21 个评价指标

目标层	领域层	指标层	变量标志
湿地保护利用政策绩效评价指标体系	生态效益评价指标	生物种数	X_{10}
		植被覆盖率	X_{12}
		鸟类种数	X_{20}
		CO_2 贡献率	X_{22}

目标层	领域层	指标层	变量标志
湿地保护利用政策绩效评价指标体系	经济效益评价指标	农民人均收入	X_{23}
		社会经济增长率	X_{29}
		农民人均消费鱼虾量	X_{31}
		渔业上交税金	X_{33}
		湿地开发利用项目收入	X_{34}
		财政支出	X_{37}
		财政收入增长率	X_{38}
	社会效益评价指标	湿地保护行政管理费占土地管理费比例	X_{39}
		湿地保护工作人员占土地总工作人员比重	X_{40}
		湿地科技人员占总人口比例	X_{45}
		文化教育事业支出	X_{46}
		吸引游客人数	X_{47}
		湿地政策稳定程度	X_{48}
		湿地政策完备程度	X_{49}
		湿地政务公开程度	X_{50}
		公众对湿地保护利用工作的满意度	X_{51}
		乡村户数	X_{55}

10.3.2.2 评价指标体系的相关分析

在第二轮湿地保护利用政策绩效评价体系中，各指标之间通常还存在着一定的相关性，这种相关性可能导致被评价对象信息间的重复使用，从而降低评价结果的有效性。因此，必须通过对各指标之间的相关分析，删除那些相关系数大且隶属度偏低的指标，减少或消除由于评价指标之间的相关性而对湿地保护利用政策绩效评价结果的影响，提高评价结果的准确度。

评价指标相关分析可以分为以下三个步骤：

第一，需要对评价指标进行标准化处理，从而减少评价指标的不同计量单位对分析结果所带来的影响。

设 X_i 为评价指标的原始数据，Q_i 为评价指标的标准差，Z_i 为标准化值，则有

$$Z_i = \frac{X_i - \overline{X}}{Q_i} \qquad (10.1)$$

第二，计算各个评价指标之间的相关系数 S_{ij}

$$S_{ij} = \frac{\sum_{k=1}^{n}(Z_{ki} - \overline{Z_i})(Z_{kj} - \overline{Z_j})}{\sqrt{\sum_{k=1}^{n}(Z_{ki} - \overline{Z_i})^2(Z_{kj} - \overline{Z_j})^2}} \qquad (10.2)$$

第三，根据相关分析要求，需要确定一个临界值 N（$0 < N < 1$），如果 $S_{ij} > N$，则删除两者之一的评价指标（X_i 或 X_j）；如果 $S_{ij} < N$，则保留这两个评价指标。

通过查阅《中国国土资源公报》、《武汉市统计年鉴（1998～2010 年)》、《武汉市国民经济和社会发展统计公报》、《湖北省（1997～2010 年）土地利用总体规划》等资料中的武汉市关于第二轮指标体系得到的 34 个统计指标在 1997~2010 年的各项值，采用社会科学统计软件 SPSS 进行相关性分析，得出各个评价指标的相关系数矩阵。

本研究中设定临界值 N 为 0.8，结果共有 8 对评价指标的相关系数大于临界值 0.8（表 10.3）。

表 10.3 相关系数大于临界值 0.8 的评价指标

保留的评价指标	删除的评价指标	相关系数
X_5 湿地总面积占调查区总面积比	X_1 湿地总面积	0.912
X_2 湿地总面积年变化率	X_3 人工湿地面积变化量	0.893
X_2 湿地总面积年变化率	X_4 天然湿地面积变化量	0.901
X_6 水域占区土地面积的比例	X_9 年地表水总量	0.903
X_{32} 农村居民人均渔业收入	X_{25} 水产收入	0.874
X_{27} 农林牧渔业中渔业产值	X_{26} 农林牧渔业总产值	0.922
X_{43} 国营农林牧渔场农业从业人员	X_{44} 国营农林牧渔场非农业从业人员	0.945
X_{42} 农林牧渔业从业人员	X_{54} 农业人口结构	0.876

删除其中隶属度较低的 8 个评价指标后，保留其余 26 个指标则构成了我国湿地政策绩效评价的第三轮指标（表 10.4）。

表 10.4 湿地保护利用政策绩效评价指标体系（第三轮）

目标层	领域层	指标层	变量标志
湿地保护利用政策 绩效评价指标体系 （第三轮）	生态效益评价指标	湿地总面积年变化率	X_2
		湿地总面积占调查区总面积比	X_5
		水域占区土地面积的比例	X_6
		主要河流利用率	X_7
		主要湖泊利用率	X_8
		森林覆盖率	X_{11}
		土壤污染面积占土地面积比例	X_{13}
		水土流失面积占土地面积比例	X_{14}
		天然草地面积占土地面积比例	X_{15}
		天然湿地面积占土地面积比例	X_{16}
		自然保护区面积占土地面积比例	X_{17}
		天然水域面积占土地面积比例	X_{18}
		人均公共绿地面积	X_{19}
		珍惜、濒危物种种数	X_{21}
	经济效益评价指标	水产品产量	X_{24}
		农林牧渔业中渔业产值	X_{27}
		农林牧渔业中渔业构成	X_{28}
		农民全年人均渔业生产支出 *	X_{30}
		农村居民人均渔业收入	X_{32}
		农村住户年人均生活费支出	X_{35}
		农村住户年人均纯收入	X_{36}
	社会效益评价指标	水利、环境和公共设施管理业人员	X_{41}
		农林牧渔业从业人员	X_{42}
		国营农林牧渔场农业从业人员	X_{43}
		湿地教育与科研价值	X_{52}
		城市化率	X_{53}

10.3.2.3 评价指标体系的辨别力分析

在评价体系研究中，对指标的辨别力分析也是必须进行的一个步骤。湿地保护利用政策绩效评价指标的辨别力指的是在辨别武汉市湿地保护利用政策绩效方面，该评价指标体系区分不同年份总绩效值的能力。若武汉市每年在某个评价指标上得分相差很小，则可以认为该评价指标的对武汉市湿地保护利用政策绩效辨别力很小，必须删除；而如果不同年份武汉市在某个评价指标 X_i 上得分明显不同，则表明这个指标可以较好地识别不同年份武汉市湿地保护利用政策绩效，必须保留。在评价的指标反应理论（index response theory）中，通常用指标特征曲线的斜率作为评价指标的辨别力参数，斜率越大则表明该指标的辨别力越高。

但在实际应用中，构造项目的特征曲线需要获取较多的实际资料，因而通常用变差系数来描述评价指标的辨别力

$$V_i = \frac{Q_i}{\bar{X}} \tag{10.3}$$

式中，$Q_i = \sqrt{\dfrac{1}{n-1} \sum (X_i - \bar{X})^2}$ 为标准差；$\bar{X} = \dfrac{1}{n} \sum_{i=1}^{n} X_i$ 为均值。

V_i 越小，则表明该指标的辨别力越差；反之，辨别力越强。

根据上述分析，运用 SPSS，对第三轮剩下的 26 个评价指标进行方差分析，在方差分析基础上计算第三轮湿地保护利用政策绩效评价体系中 26 个评价指标的变差系数，删除了其中变差系数相对较小的 9 个指标（表 10.5）。

表 10.5　被删除的变差系数小的评价指标

目标层	领域层	指标层	变量标志
湿地保护政策绩效评价指标体系	生态效益评价指标	湿地总面积占调查区总面积比	X_5
		主要河流利用率	X_7
		主要湖泊利用率	X_8
		天然草地面积占土地面积比例	X_{15}
		天然湿地面积占土地面积比例	X_{16}
		自然保护区面积占土地面积比例	X_{17}
		天然水域面积占土地面积比例	X_{18}
		珍惜、濒危物种种数	X_{21}
	社会效益评价指标	湿地教育与科研价值	X_{52}

删除变差系数相对较小的 9 个指标后，得到第四轮湿地保护利用政策绩效评价指标体系，如表 10.6 所示。

表 10.6　湿地保护利用政策绩效评价指标体系（第四轮）

目标层	领域层	指标层	变量标志
湿地保护利用政策绩效评价指标体系（第四轮）	生态效益评价指标	湿地总面积年变化率	X_2
		水域占区土地面积的比例	X_6
		森林覆盖率	X_{11}
		土壤污染面积占土地面积比例*	X_{13}
		水土流失面积占土地面积比例*	X_{14}
		人均公共绿地面积	X_{19}
	经济效益评价指标	水产品产量	X_{24}
		农林牧渔业中渔业产值	X_{27}
		农林牧渔业中渔业构成	X_{28}
		农民全年人均渔业生产支出*	X_{30}
		农村居民人均渔业收入	X_{32}
		农村住户年人均生活费支出	X_{35}
		农村住户年人均纯收入	X_{36}
	社会效益评价指标	水利、环境和公共设施管理业人员	X_{41}
		农林牧渔业从业人员	X_{42}
		国营农林牧渔场农业从业人员	X_{43}
		城市化率	X_{53}

注：由于最后统计时会标准化为百分比，故指标单位统一为"％"

最终形成的湿地保护利用政策绩效评价体系由目标层、领域层和指标层构成，共 17 个评价指标。其中 14 个指标属于正向指标，即指标值越高，湿地保护利用政策的绩效越高；3 个指标属于逆向指标（注记 *），即指标值越高，湿地保护利用政策的绩效越低，最后计算绩效综合值时逆向指标会采用负值。

10.3.3　评价指标体系的信度与效度检验

10.3.3.1　信度检验

内部一致性信度是指根据评价体系内部结构的一致性程度，对测量信度做出评定，本研究采用内部一致性信度方法来检验湿地政策绩效评价指标体系的信度。本文运用克劳伯克 α 系数法评定评价体系内部结构的一致性程度。其公式如下：

$$R_a = \frac{K}{K-1}\left(1 - \frac{\sum Q_i^2}{Q^2}\right) \tag{10.4}$$

式中，K 为评价体系所包含的评估指标数量；Q 为整个评价体系总分的标准差；Q^2 为评价总分的方差；Q_i 为第 i 个评价指标的标准差；Q_i^2 即为第 i 个评价指标的方差。

运用 SPSS 软件计算出 17 个评价指标的方差和总体方差，进而得到评价体系总体及各类指标的 α 系数（表 10.7）。

表 10.7　湿地政策绩效评价指标体系的内部一致性信度

项目	总体	生态效益指标	经济效益指标	社会效益指标
α 系数	0.771	0.864	0.798	0.735

结果表明三大类评价指标以及总体指标的 α 系数均超过了 0.70，表明了该评价体系内部结构是基本一致的，因此可以确定该评价指标体系可信。

10.3.3.2　效度检验

效度是指测量的有效程度。常用的效度评定方法有预测效度、内容效度、构思效度、判别效度、聚合效度和效标关联度等。衡量政策绩效评价指标体系的效度的最重要指标就是内容效度。在实践中，内容效度主要是通过经验判断法进行评审，采用专家评判法来确定评价指标与所要测量的内容间的相关程度（安胜利等，2002）。

内容效度评定的一个常用指标是内容效度比（CVR），CVR 取值在 [−1，1] 之间

$$CVR = \frac{n_e - \dfrac{n}{2}}{\dfrac{n}{2}} \tag{10.5}$$

式中，n 为评判专家总人数；n_e 为在评判专家中认为该评价指标能够较好表示测量内容的人数。

请土地管理部门、大学研究机构的 90 名专家以电子邮件的方式，判断指标体系中 17 个评价指标与湿地保护利用政策绩效的相关程度。结果有 78 位专家认为这 17 个评价指标能较好地反映湿地政策绩效评价的内容。CVR 值达到 0.73，说明构建的评价体系效度较高，通过了效度检验。

10.4 武汉市湿地保护利用政策实施绩效评价

10.4.1 研究区概况

本文实证研究部分以湖北省武汉市为例。由于湿地是一个复杂的、影响范围广的系统，武汉湿地不能脱离湖北省这个大的湿地系统而存在，而且整个湖北省湿地的管理系统是一致的，因而结果分析及建议方面可以从湖北省的范围内来看研究湿地政策绩效状况。

10.4.1.1 自然地理条件概述

武汉市位于湖北省东部，长江和汉水的交汇处，属于亚热带季风性湿润气候，常年雨量充沛。

湖北省被称为"千湖之省"，而武汉市又是其省会中心城市，武汉市的湿地状况直接关系着整个湖北省湿地系统的状况，同时，整个湖北省的湿地政策的制定和实施绩效又在很大程度上影响着武汉市湿地生态环境的变化。据以往学者统计，武汉市湿地面积 6 年依次为：1.87×10^5 hm^2、1.84×10^5 hm^2、1.79×10^5 hm^2、1.68×10^5 hm^2、1.45×10^5 hm^2、1.39×10^5 hm^2，面积呈逐年下降趋势。从 1978 ~ 1991 年，湿地面积变化还比较缓和，4 年减少了 8.39×10^5 hm^2；而 1991 ~ 2002 年面积则大幅减少，共减少了 3.37×10^4 hm^2；2002 ~ 2007 年又趋于缓和；5 年减少了 6.02×10^3 hm^2。河流湿地的变化不是很显著，面积变化依次为：2.93×10^4 hm^2、2.79×10^4 hm^2、2.73×10^4 hm^2、2.74×10^4 hm^2、2.52×10^4 hm^2、2.4×10^4 hm^2，减少了近 17.8%。人工湿地面积依次为：9.88×10^3 hm^2、1.14×10^4 hm^2、1.23×10^4 hm^2、1.33×10^4 hm^2、1.46×10^4 hm^2、1.49×10^4 hm^2（郑忠明等，2009）。

从生物多样性来看，湖北省天然分布有国家重点保护野生植物 51 种，占全国的 18.6%，其中Ⅰ级 8 种，Ⅱ级 43 种，如著名的"活化石"水杉就是 20 世纪 40 年代首次发现于湖北省利川市，此外，还有红豆杉、台湾杉等。湖北省拥有国家重点保护野生动物 120 种，占全国的 32.5%，其中Ⅰ级 24 种，Ⅱ级 96 种。

武汉市主要以河流、湖泊等天然湿地为主，天然湿地占湿地总面积的 61.4%，其中湖泊湿地占湿地总面积的 46.6%；武汉市区内有面积较大的湖泊有十多个，其中位于武昌的东湖面积最大；市区湖泊河流不仅起到调节局部气候、净化环境的功能，而且为居民提供了近便的休闲场所，居民可以不出市区就享受到湿地生态旅游，武汉市的人工湿地主要以水稻田为主，其次为库塘、藕池，分别占总面积的 12.7%、2.70%、2.6%（葛继稳，2007）。至今为止，武汉市很多湖面被开垦为鱼塘。

武汉市湖泊分布广泛，每个区都有较大型的湖泊，其中以江夏区的大型湖泊较多，库塘藕池的分布多依托湖泊而建，水稻分布在东西湖、蔡甸、汉南区等远城区的湖泊、河流、滩地、库塘之间，市中心区域主要以长江和汉江交汇处展开，在市区有东湖、南湖、沙湖等大面积水域。

以上数据足以说明，不管是天然湿地还是人工湿地，都为武汉市及整个湖北省经济发展作出了重要贡献。

10.4.1.2　社会经济条件

武汉市是中部地区特大型城市，人口众多，不仅是湖北省政治、经济文化中心，也是中部地区最大的经济中心。而且武汉还是东西交通必经之地、南北交通的枢纽，海、陆、空交通都很发达，连接东南西北的经济命脉。

武汉现有国立高等院校 35 所，科研机构百余个，是我国内陆最大的科研与教育中心，科教事业的综合实力强。

现在，武汉已加速建设"8 + 1 城市圈"，这个以武汉为中心，以 100 km 为半径的城市群落，包括了武汉及湖北省内的黄石、鄂州、孝感、黄冈、咸宁、仙桃、潜江、天门 8 个周边城市，加快了武汉市及整个湖北省经济的发展。目前，石武铁路建成，汉宜铁路通车，加上现在的武合、武广高铁，3 年后，武汉将形成一个到全国主要省会城市的 4 小时经济圈，成为一个新时代的"九省通衢"城市。与此同时，《武汉市城市总体规划》于 2010 年 3 月 8 日通过国务院正式批复，武汉在全国发展布局中的功能定位为"我国中部地区的中心城市"。

未来几十年，将是武汉经济快速发展的时期，在这个关键时刻，如何保护好这个"千湖之省"中心城市的湿地资源既是环境问题，也是个经济问题。

10.4.1.3　威胁湿地的问题及成因

（1）围垦对湿地的影响

围垦是天然湿地的首要克星。根据 2004 年国家林业局在《全国湿地资源调查总报告》中的统计数据来看，自 20 世纪 50 年代起到 1997 年长江河口湿地已被围垦的滩涂达 7.85 万 hm^2，相当于辖区陆地面积的 12.4%；全国围垦湖泊面积达 130 万 hm^2 以上，因围垦而消失的天然湖泊近 1000 个。按 20 世纪

40 年代末一般年份的中水位计算，长江中下游各类湖泊总面积有约 351.23 × 10^4 hm^2，到 20 世纪 80 年代初只剩下 231.23 hm^2，有约 1.2 × 10^6 hm^2 的湖泊水面被围垦而丧失，占 40 年代末的 34.2%（杨锡臣等，1982）。

湖北省湖泊湿地围垦非常严重，湖北省农业区划委员办公室统计，从新中国成立开始，湖北湖泊个数已从 1332 个减少到 1988 年统计时的 843 个，数量减少了 489 个，减少 37%，水面积从 8528.2 km^2 减少到 2983.5 km^2。在减少的湖泊面积中，围垦成农田的面积为 1524 km^2，改为人工鱼池的面积为 387 km^2，也有一部分大湖分解成小湖，变为可精养高产的渔业水面。

如今，江汉平原"四湖"（白露湖、三湖、洪湖、长湖）中的前两个几乎全被围垦，白露湖已消失，三湖面积仅有 420 hm^2，只有洪湖和长湖还有较大面积。由于规划不当，部分湖泊经历了围湖造田和退田还湖，退田还湖后，湖泊面积虽然有所恢复，但湿地生态系统已经遭到了严重的破坏。同时，原来湿地丰富的沼泽植被、水域被单一的农作物所取代，食物网结构简单化，生态系统变得脆弱。此外，围垦还大大降低了湖泊的蓄洪能力。

（2）城市化进程加快使湿地面积大幅减少

随着湿地生态旅游的发展，管理部门为了增收大力兴修旅游设施，没有处理好湿地开发与保护的关系。不仅带来许多生活垃圾，污染了湿地资源，而且大大改变甚至破坏了湿地原有的自然景观，反而兴建了许多人文景观。此外，由于城市人口日益增加和经济的快速发展，许多沟塘被填为平地，或作为垃圾的堆放场所，进一步加剧了城市周围湿地的萎缩。

20 世纪 90 年代初，武汉市 7 个城区主要湖泊还有 35 个，总面积 6333 hm^2，目前仅剩下 27 个湖泊，实际面积近 5993 hm^2，10 年净减少水面 340 hm^2。近些年，湖泊受到的迫害日益严重，如武昌晒湖因围垦和房地产开发，使湖面面积急剧减少，目前已基本看不到水面。1995 年以前武昌内沙湖的面积有上千亩，但从 1995 年开始，陆续有填湖事情发生，填湖以后建立起一些市场、修理厂、大楼等，现在内沙湖面积只剩下 5 亩。

湿地污染源主要来自工业废水、生活污水和农药化肥、除草剂的使用。污染物不仅直接毒害湿地生物，而且通过食物链的逐级富集，影响更加广泛的生物种类甚至人类生存。随着社会经济的快速发展，环境污染越来越成为湿地保护和集约利用的重要威胁因子。

（3）水土流失加重了湿地问题

据湖北省水利厅调查数据显示，全省现有水土流失面积 6.85 × 10^4 km^2，占该省国土面积的 36.8%，在长江流域 16 个省中位居第三，平均每年治理 1.9 × 10^3 km^2。清江流域、丹江口库区是湖北省水土流失较严重的地区，流失面积达到 14 425.9 hm²。湖北 20 余条河流，近 20 年来河流含沙量增加 20%，鄂东、鄂南、鄂西的一些多沙河流，河沙平均增高 1 ~ 3m，出现河滩增高达江心洲的现象。

以上三种情况都是为经济发展付出的惨重代价，湿地是一个复杂的生态系统，不能只索取不保护，在强调可持续发展的今天，更要做好湿地保护利用工作。

10.4.2　武汉市湿地保护利用政策实施绩效评价

本研究选择武汉市 1998 ~ 2009 年作为评价对象，以上述构建的 18 个湿地保护利用政策绩效评价指标体系为工具，对武汉市湿地保护利用政策的绩效进行评价。

湿地保护与利用是一个影响众多的复杂的工程，因而在计算湿地保护利用政策绩效结果之前，需要确定每个指标的权重，权重的细微变化会对整个结果有重大的影响，即使上述指标选择得再精确，若权重确定得不合理，也会导致整个湿地保护利用政策绩效的结果不合理，影响本次评价的效果。综合考虑，本文采用层次分析法来确定各指标权重进行湿地保护利用政策绩效评价。

本次评价数据资料来源于《中国国土资源公报》、《武汉市统计年鉴(1997 ~ 2010)》、《国民经济和社会发展统计公报》等。

层次分析法或称 AHP 法，是在处理复杂评价问题中，将问题分解成多个组成因素，并按因素间的支配关系进行进一步分解，按目标层、准则层和指标层排列起来，组成一个多目标、多层次的模型，形成一个有序的递阶层次结构，通过两两比较的方式确定层次中因素间的相对重要性，然后进行因素相对重要性的排序（彭国甫等，2004）。

这种方法不仅适用于多目标、多层次、难以用定量方法进行分析决策的系统工程问题，还可以有效地分析多目标决策问题中确定各项指标权重，因此也比较适用于政策绩效评价指标权重的确定。其基本步骤如下。

10.4.2.1　建立递阶层次结构模型

本文 10.3 构建的湿地保护利用政策绩效评价体系就是一个由目标层、领域层、指标层三个层次构成的递阶层次结构模型。

第一层次为政策绩效评价目标；第二层次包括生态效益、经济效益、社会效益三个评价因素；第三层次共包含 17 个具体的评价指标。如图 10.2 所示。

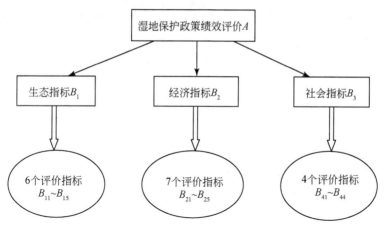

图 10.2　湿地保护利用政策绩效评价递阶层次结构图

10.4.2.2　构造两两比较判断矩阵

建立矩阵 $A = (b_{ij}) n_n$，b_{ij} 表示相对于 A 而言，B_i 和 B_j 相对重要性，矩阵 A 也具有任何判断矩阵应满足的两个条件：①$b_{ij} > 0$；②$b_{ij} = 1/b_{ij}$（i，$j = 1$，2，$\cdots$，n），本小节采用彭国甫等对于政策绩效的研究方法（彭国甫等，2004），具体过程如下：

通常采用 1，2，$\cdots$，9 及其倒数来表示矩阵 A 的标度（表 10.8）。

表 10.8　标度及含义

标度 b_{ij}	含义
1	因子 B_i 和 B_j 同等重要
3	因子 B_i 比 B_j 略重要
5	因子 B_i 比 B_j 较重要
7	因子 B_i 和 B_j 非常重要
9	因子 B_i 和 B_j 绝对重要
2、4、6、8	取上述两两相邻判断的中值
倒数	因子 B_i 和 B_j 比较时，标度为：$b_{ji} = 1/b_{ij}$

依据上述分析，对湿地保护利用政策绩效评价结构模型中的每一层次各因素的相对重要性都可以用数值形式给出相应的判断，并写成如表 10.9 所示的矩阵形式。

表 10.9　两两比较判断矩阵

A	B_1	B_2	...	B_{n-1}	B_n
B_1	b_{11}	b_{12}		$b_{1(n-1)}$	b_{1n}
B_2	B_{21}	B_{22}	...	$B_{2(n-1)}$	B_{2n}
...	...	...	...	...	...
B_{n-1}	$b_{(n-1)1}$	$b_{(n-1)2}$	...	$b_{(n-1)(n-1)}$	$b_{(n-1)n}$
B_n	b_{n1}	b_{n2}	...	$b_{n(n-1)}$	b_{nn}

　　判断矩阵中的指标数值可以根据武汉市统计年鉴、政府报告、调查数据及专家意见综合平衡后得出。

10.4.2.3　层次单排序和一致性检验

　　层次单排序是根据判断矩阵计算对于上一层次某因素而言的，本层次与之有联系因素的重要性次序的权值。归根结底是计算判断矩阵的特征根和特征向量的问题，对于判断矩阵 A，计算满足 $AW = \lambda_{\max}W$ 的特征根和特征向量，并将此特征向量正规化，一般地说，判断矩阵 A 的关于最大特征值 $\lambda_{\max}$ 的正规化特征向量 $W_i = (w_1, w_2, \cdots, w_n)\ T$ 反映了各因子（$b_1, b_2, \cdots, b_n$）对其隶属元素 A 影响的权重值，即单排序权值（彭国甫等，2004）。

　　受到各种主客观因素的影响，判断矩阵很难出现严格一致性的情况，所以，在得到最大特征值 $\lambda_{\max}$ 后，还需要对判断矩阵进行一致性检验。

　　1）需要计算它的一致性指标，定义一致性指标 CI：

$$CI = \frac{\lambda_{\max} - n}{n - 1} \tag{10.6}$$

　　当 $CI = 0$ 时，判断矩阵 A 具有完全一致性；$\lambda_{\max} - n$ 越大，那么 CI 值就越大，即判断矩阵的一致性就越差。

　　2）为检验判断矩阵是否具有满意的一致性，需将 CI 与随机一致性指标 RI 进行比较查找相应的平均随机一致性指标 RI。对于 $N = 1 \sim 9$，RI 的取值如表 10.10 所示。

表 10.10　N 与 RI 的关系

阶数 n	1	2	3	4	5	6	7	8	9
RI	0	0	0.58	0.90	1.12	1.24	1.32	1.41	1.45

3）计算一致性比例 CR：

$$CR = CI/RI \tag{10.7}$$

4）判断判别矩阵是否具有一致性。

当判断矩阵 $CR < 0.10$ 时，则认为此判断矩阵具有令人满意的一致性，反之，就需要对判断矩阵做出修正。

根据专家咨询法，得出了我国湿地保护利用政策绩效评价结构模型的两两比较判断矩阵，再用软件 Matlab 7.0 计算出各自的权向量，并对其进行一致性检验。

根据各指标的重要性构造判断矩阵进行计算，所得结果如下：

1）判断矩阵 $\boldsymbol{A} - \boldsymbol{B}$（相对于总目标而言，各准则之间相对重要性的比较），见表 10.11。

第10章 湿地保护利用政策绩效评价

表 10.11　相对于总目标的判断矩阵

A	B_1	B_2	B_3	W
B_1	1	2	4	0.5396
B_2	1/2	1	2	0.297
B_3	1/3	1/2	1	0.1634

$\lambda_{\max} = 3.0092$，$CI = 0.0046$，$RI = 0.58$，$CR = 0.0079 < 0.10$

2）判断矩阵 $\boldsymbol{B}_1 - \boldsymbol{P}$（相对于生态绩效而言，各指标之间的相对重要性比较），见表 10.12。

表 10.12　相对于生态绩效的判断矩阵

A	B_{11}	B_{12}	B_{13}	B_{14}	B_{15}	B_{16}	W
B_{11}	1	1	4	2	2	3	0.2678
B_{12}	1	1	4	1	1	3	0.2159
B_{13}	1/4	1/4	1	1/3	1/4	2	0.0747
B_{14}	1/2	1	3	1	1	1/2	0.1465
B_{15}	1/2	1	4	1	1	3	0.1956
B_{16}	1/3	1/3	1/2	2	1/3	1	0.0996

$\lambda_{\max} = 6.5923$，$CI = 0.1185$，$RI = 1.24$，$CR = 0.096 < 0.10$

3）判断矩阵 $\boldsymbol{B}_2 - \boldsymbol{P}$（相对于经济绩效而言，各指标之间的相对重要性比较），见表 10.13。

表 10.13 相对于经济绩效的判断矩阵

A	B_{21}	B_{22}	B_{23}	B_{24}	B_{25}	B_{26}	B_{27}	W
B_{21}	1	1/5	1/4	1/2	1/2	1	1	0.0678
B_{22}	5	1	1	1	1	2	3	0.205
B_{23}	4	1	2	1	1	2	3	0.2268
B_{24}	2	1/2	1	1	1/2	2	2	0.1404
B_{25}	2	1	2	1	1	2	2	0.199
B_{26}	1	1/2	1/2	1/2	1/2	1	2	0.0932
B_{27}	1	1/3	1/3	1/2	1/2	1/2	1	0.0678

$\lambda_{max} = 7.3159$，$CI = 0.0527$，$RI = 1.32$，$CR = 0.04 < 0.10$

4）判断矩阵 $B_3 - P$（相对于社会绩效而言，各指标之间的相对重要性比较），见表 10.14。

表 10.14 相对于社会绩效的判断矩阵

A	B_{31}	B_{32}	B_{33}	B_{34}	W
B_{31}	1	2	2	5	0.4434
B_{32}	1/2	1	1	4	0.2499
B_{33}	1/2	1	1	3	0.2311
B_{34}	1/5	1/4	1/3	1	0.0755

$\lambda_{max} = 4.0211$，$CI = 0.007$，$RI = 0.9$，$CR = 0.008 < 0.10$

以上各判断矩阵均通过了一致性检验。

10.4.2.4 层次总排序及一致性检验

利用同一层次中所有层次单排序的结果，就可以计算针对上一层次而言本层次所有因素重要性的权值。层次总排序需要从上到下逐层进行。如果总指标 A 隶属的 n 个指标 B_1，B_2，…，B_n 对于 A 的排序数值向量为 W_{A-Bi}（a_1，…，a_n），B_{ik} 对指标 B_i 的层次单排序数值向量 $W_{B-B_{ik}}$（b_1^i，…，b_n^i），（$i = 1$，2，…，n），此时，B_{ik} 对 A 的数值向量为 B_{ik}。分别将一级指标 B_i 相对于总指标 A 的权重向量 W_{A-B_i} 和二级指标 B_{ik} 代入上述公式，可计算出层次总排序，即二级指标 B_{ik} 相对于总指标 A 的权重向量。综合指标权重即为所求。计算结果如表 10.15 所示。

表 10.15　湿地保护利用政策绩效评价体系各指标权重准则层

准则层	B_1	B_2	B_3	各指标相对于总目标的权重
	0.5396	0.297	0.1634	
指标层 B_{11}	0.1063			0.1063
B_{12}	0.0845			0.0845
B_{13}	0.0281			0.0281
B_{14}	0.0790			0.0790
B_{15}	0.0869			0.0869
B_{16}	0.0398			0.0398
B_{21}		0.0391		0.0391
B_{22}		0.0648		0.0648
B_{23}		0.0685		0.0685
B_{24}		0.0496		0.0496
B_{25}		0.0553		0.0553
B_{26}		0.0341		0.0341
指标层 B_{27}		0.0241		0.0241
B_{31}			0.0978	0.0978
B_{32}			0.0608	0.0608
B_{33}			0.0619	0.0619
B_{34}			0.0193	0.0193

一致性指标为

$$CR = \frac{\sum_{i=1}^{n} b_i CI_i}{\sum_{i=1}^{n} b_i RI_i} = \frac{0.5396 \times 0.1185 + 0.297 \times 0.0527 + 0.1634 \times 0.007}{0.5396 \times 1.24 + 0.297 \times 1.32 + 0.1634 \times 0.9}$$

$$= 0.0668 < 0.10$$

式中，CI_i 为 B_{ik} 对 B_i 的一致性指标；RI_i 为相应的平均随机一致性指标，总的排序结果具有满意的一致性。

根据表 10.15 可以计算出我国湿地政策绩效评价体系各指标层指标相对于总目标 A 的权重，具体如表 10.16 所示。

表 10.16　湿地保护利用政策绩效评价体系各指标权重表

领域层	权重	指标层	变量标识	权重
生态效益评价指标 B_1	0.5396	湿地总面积年变化率 B_{11}	X_2	0.1445
		水域占区土地面积的比例 B_{12}	X_6	0.1165
		森林覆盖率 B_{13}	X_{11}	0.0403
		土壤污染面积占土地面积比例* B_{14}	X_{13}	0.0791
		水土流失面积占土地面积比例* B_{15}	X_{14}	0.1055
		人均公共绿地面积 B_{16}	X_{19}	0.0537
经济效益评价指标 B_2	0.297	水产品产量 B_{21}	X_{24}	0.0201
		农林牧渔业中渔业产值 B_{22}	X_{27}	0.0609
		农林牧渔业中渔业构成 B_{23}	X_{28}	0.0674
		农民全年人均渔业生产支出* B_{24}	X_{30}	0.0417
		农村居民人均渔业收入 B_{25}	X_{32}	0.0591
		农村住户年人均生活费支出 B_{26}	X_{35}	0.0277
		农村住户年人均纯收入 B_{27}	X_{36}	0.0201
社会效益评价指标 B_3	0.1634	水利、环境和公共设施管理业人员 B_{31}	X_{41}	0.0725
		农林牧渔业从业人员 B_{32}	X_{42}	0.0408
		国营农林牧渔场农业从业人员 B_{33}	X_{43}	0.0378
		城市化率 B_{34}	X_{53}	0.0123

＊表示逆向指标

10.4.2.5　政策绩效的综合评价值计算

（1）原始数据标准化

将评价指标期初（1997 年）和某年的原始数据，转化为政府在某年该指标绩效的增量值。采用指数增量法表示，公式为

$$I_i^n = \frac{X_i^n - X_i^0}{X_i^0} \times 100 \tag{10.8}$$

式中，X_i^0 为第 i 项指标的初期值（即 1997 年的数据）；X_i^n 为第 i 项指标第 n 年的值；I_i^n 为第 i 项指标第 n 年相对于基期年的增量值，最后结果保留两位小数。

（2）计算绩效总分值

计算公式为

$$F = \sum_{i=1}^{p} (W_i \times I_i^n) \quad (n = 1998, \cdots, 2009; \ p = 1, \cdots, 63) \tag{10.9}$$

式中，F 为湿地政策绩效评价总分值；W_i 为第 i 项评价指标的权重值；I_i^n 为第

i 项指标第 n 年相对于基期年的增量值；p 为评价指标的个数。

武汉市湿地政策绩效评价总分值计算结果如表 10.17 所示：

表 10.17　武汉市湿地保护利用政策绩效评价总分值（1998~2009 年）

年份	1998	1999	2000	2001	2002	2003	2004	2005	2006	2007	2008	2009
总分值	5.36	4.13	9.38	11.17	14.12	15.48	17.72	22.89	25.48	27.34	29.18	30.56

10.4.3　实证结果简要分析

单纯从图 10.3 中武汉市 1998~2009 年的湿地政策绩效分值来看，武汉市湿地政策绩效总体偏低，这表明近十年来武汉市湿地保护利用政策绩效总体成绩不理想。

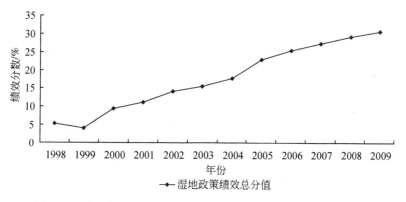

图 10.3　武汉市 1998~2009 年湿地保护利用政策绩效评价总分值

从武汉市湿地绩效评价结果图（图 10.4）上看来，武汉市湿地政策绩效在 1998~2009 年总体呈上升趋势，只有 1999 年比前一年下降了 1.23。比较原始数据发现，1999 年数据下降是由于受到 X_{28} 和 $X_{35}{}^*$ 的影响（X_{28} 和 $X_{35}{}^*$ 原始数据如图 10.5 所示，数据来源于《武汉市统计年鉴（2000 年）》），在参与计算的 17 个指标中，1998~2009 年的其他数据在均呈上升趋势（带 "＊" 的呈下降趋势），只有 X_{28} 和 $X_{35}{}^*$ 出现相反变化。

其中，2009 年和 2005 年上升幅度最大，且从 2005 年后，上升趋势变缓。

这主要是由于一方面随着武汉市乃至全国对于湿地保护利用越来越重视，并颁布了一系列相关法律法规来保护湿地，各地（包括武汉市）加大了湿地生态系统的保护及管理工作的力度，制定了一些能够促进地方政府较好履行保护湿地职责的约束激励措施；另一方面是由于对湿地环境重视度的提升，武汉市政府本身保护湿地的能力也大大加强了，能够拿出更多的人力、物力、财力来投入，因而取得了好的效果。

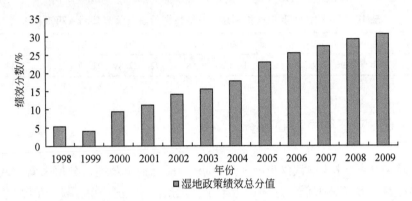

图 10.4　武汉市 1998～2009 年湿地政策绩效评价结果

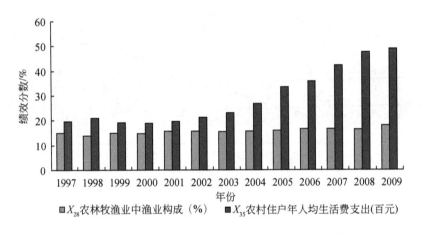

图 10.5　武汉市 1997～2009 年 X_{28} 和 X_{35} * 原始数据

10.4.4　结论

武汉市是国内陆湿地资源最丰富的特大城市之一，湿地占全市国土总面积 39.5%。据调查，武汉市湿地保护区是南来北往候鸟重要栖息地，生物多样性丰富，国家一、二级保护鸟类分别有 7 种、20 种。每年，有近 8 万只水鸟在该市 5 个湿地自然保护区越冬，重点珍禽有东方白鹳、灰鹤、白琵鹭、小天鹅等。

2009 年 12 月，《武汉市湿地自然保护区条例》（以下简称《条例》）已经武汉市第十二届人大常委会第十九次会议审议通过。这类政策都足以说明，武汉市对湿地保护利用程度越来越重视。

2010 年 3 月 22 日，武汉市发布了首份《水土保持公报》，据最近一次遥感普查显示，2006 年全市水土流失面积为 $1.964 \times 10^7 \ hm^2$，占全市国土面积的 23.1%，相当于东湖水面面积的 60 倍。同时，武汉市还发布了《2009 年武汉市水资源公报》，报告结果显示，全市 55 个主要湖泊中，水质达到 II 类标准的湖泊仅 2 个，水质为 V 类、劣 V 类的湖泊有 28 个，占检测湖泊数的 50.9%。这两份公报的数据都可以表明，武汉市湿地保护利用政策绩效总体成绩不良，保护赶不上污染的加重。

这些事实与本研究的结果是相符的，从一定程度上可以说，上述研究中湿地政策绩效评价体系具有一定的准确性，可以应用于湿地政策绩效评价。

同时，本研究预计，随着对湿地重视程度的加大，湿地绩效会持续上升。但是，由于对湿地资源不断的开发利用，湿地保护将是一个越来越复杂的过程，因而效用值会上升得趋于平缓。

10.5 湿地保护利用政策的绩效改进

绩效评价的目的是为了找出差距、分析原因、加以改进，以期达到改善绩效的目的。根据湖北省对于武汉市湿地政策的制定及实施情况来研究我国的湿地政策绩效状况，以武汉市为例来分析湿地政策绩效不良的原因及改进的措施。

10.5.1 武汉市湿地管理现状

10.5.1.1 政府管理方面

武汉市在湿地管理工作方面，起步较晚，管理能力也相应地滞后。但是，近些年，特别是近 10 年来，由于各级政府的广泛关注，湿地管理工作又有了较快的发展。

在国家层面上，湿地管理工作是由国家林业局负责的。局属野生动植物保护司管理省级林业部门的野生生物保护，这里面也包括其主要栖息地——湿地，至今，中国 70% 以上的湿地保护区是由国家林业局管理的。而且国家林业局在颁布相关的国家和省级法律法规中起着主要的作用，同时负责签订与湿地相关的国际条约和协定，协调负责《中国湿地保护行动计划》的实施。

除国家林业局以外，与湿地有关的主要管理部门还有农业部、水利部、国土资源部和环保部。农业部负责宜农湿地、宜农滩涂的开发利用以及海洋渔业资源的管理；水利部统一管理水资源；环保部主要监督检查湿地的环境保护工作；国土资源部负责组织编制和实施国土规划、土地利用总体规划以及海洋资源行政管理。此外，湿地的保护与合理利用还与教育、科技、公安、财政、建设、交通、发展和改革、对外经贸合作等部门有着联系。

在各省，根据各地区所建立的湿地自然保护区的数量，地方各级人民政府也设立了相应的湿地管理机构。就湖北省来说，湖北省各地（包括武汉市在内）由省农业厅、省环保厅、省林业局这三个部门负责湿地的保护及日常管理工作。

目前，湖北省林业局已建立了相应的湿地管理机构。2000 年，省政府批准省林业局新设立了野生动植物保护处，同时直辖省野生动物救护研究开发中心和野生动植物保护总站，在省野生动植物保护总站内设立自然保护区和湿地管理科，加强和指导全省湿地保护管理工作。在全省 18 个湿地自然保护区中，林业系统主管洪湖、梁子湖、丹江口水库、涨渡湖、木兰湖等 12 个湿地自然保护区，共 3.35×10^5 hm^2，占湖北省湿地自然保护区面积的 87.9%。

湖北省水产局内设渔政处，专门负责湿地自然保护区和水生动植物的管理工作。目前农业系统管理的湿地自然保护区有 5 个，面积 4.46×10^4 hm^2，占整个湖北省湿地自然保护区总面积的 11.7%。

湖北省环保局主要负责监督检查湿地环境保护（包括湿地环境影响评价）以及湿地自然保护区的综合管理工作，同时该局还设有自然生态保护处。

除以上三个与湿地相关的主要部门外，湖北省还有省发展和改革委员会、省水利厅、省国土资源厅等部门在湿地保护管理中也发挥着相应的重要作用。

10.5.1.2 政策方面

目前，湿地保护与利用工作已经引起全省各级政府的高度重视，同时制定了相关的湿地保护利用规划。根据《全国野生动植物保护及自然保护区建设工程总体规划》的规定，2001 年 4 月，由湖北省林业局组织编制了《湖北省野生动植物和自然保护区建设工程总体规划（2001～2005 年）》；2001 年 8 月，根据《中国湿地保护行动计划》的要求，由湖北省人民政府批准，经湖北省林业局委托，湖北省野生动植物保护总站负责编制了《湖北省湿地保护和恢复建设工程总体规划（2001～2010 年）》。

2002 年，湖北省林业局申请将包括湿地保护在内的自然保护区管理列入省政府立法计划；2003 年，湖北省林业局起草了《湖北省森林和野生动物类型自然保护区管理办法》，2003 年 8 月 1 日得到省政府的批准并颁布实施，这成为第一个涉及湿地保护管理的省政府规章。2004 年 11 月，为贯彻落实《国务院办公厅关于加强湿地保护管理的通知》精神，湖北省人民政府办公厅就加强湖北省湿地保护与合理利用方面的管理工作下发了《关于加强湿地保护管理的通知》，对湿地工作提出了明确的要求。2009 年 11 月，湖北省又颁布了《武汉市湿地自然保护区条例》，2010 年 1 月 15 日湖北省第十一届人民代表大会常务委员会第十四次会议批准，于 2010 年 3 月 1 日正式施行。

10.5.2 湿地保护利用政策绩效不良的原因

首先以石首麋鹿国家级自然保护区为例来看湖北省湿地的现实处境。石首麋鹿国家级自然保护区属于野生生物类中的野生动物类型自然保护区，主要保护对象为国家 I 级保护动物野生麋鹿及其栖息的湿地生态系统，该保护区是长江天鹅洲故道边的一块湿地，面积共 1567 hm^2，一直由环保部门主管。

1991 年 11 月 18 日，湖北省人民政府批准建立了该保护区；1998 年 8 月 19 日，国务院批准其升级为国家级的自然保护区，由省环保局和石首市人民政府双重领导，在省环保局的指导下，具体由石首市环保局管理，设立石首市麋鹿自然保护区管理处。1993 年石首市人民政府颁布了《关于加强麋鹿自然保护区管理的公告》。

在这些政策的管理保护之下，石首麋鹿国家级自然保护区本应收到良好的绩效，成为一个湿地生态环境良好、湿地区域内动植物协调发展的良性循环系统。但是，目前保护区却出现了湿地生态维护和麋鹿安全之间的矛盾。1998 年，保护区受到洪水的威胁，随着洪水上涨，保护区内的草场逐渐被洪水淹没，麋鹿觅食和活动场所逐渐缩小，麋鹿向周围扩散，出于对麋鹿的安全考虑，1998 年修建了一条故道防洪拦江大坝。这种措施，虽然保护了堤坝内麋鹿的安全，但故道河漫滩湿地区域就大大缩小了，加速了河漫滩湿地向内陆地演化的过程，湿地生态系统遭到了破坏。同时，益母草面积逐年扩大，芦苇面积因此不断缩小，减少了麋鹿的栖息地面积。

虽然该保护区一直受到国家的重视，但是此保护区的湿地状况并不佳，在湿地自然保护区范围内的湿地系统受到较大威胁，其他湿地生态系统的处境已经可想而知了。

因此，在湿地政策绩效方面，导致湿地政策绩效不良的原因是多方面的，必须详细分析。主要问题出现在公众湿地保护意识不高，法制体系不完善，管理体制不顺、多头管理，资金缺乏，执法不严，科研监测不够等方面。

10.5.2.1　法制体系不完善

2000 年，我国才正式公布了《中国湿地行动保护计划》，相对于较发达国家来说，起步较晚；1995～2003 年开始了全国性的湿地资源调查，2003 年湿地监测试点工程项目开始实施，同时国务院批准了《全国湿地保护工程规划》；黑龙江、甘肃、广东等地相继制定了湿地保护地方法规，鄱阳湖等湿地自然保护区也制定了湿地保护的地方法规或政府规章。但是此时，我国湿地生态系统（包括湖北省）已经遭到了不同程度的恶化，而政策的颁布到执行再到见效是一个很长的过程，在这个过程中还有很多无法预计的问题会出现，实施的程度是否能及时起到保护和改善湿地生态环境的作用，还有待考证。

就湖北省来说，对湿地保护与合理利用政策制定和实施方面都不够重视，2009 年武汉市才颁布了《武汉市湿地自然保护区条例》，这与湖北省丰富的湿地资源极不相称，通过湿地保护利用政策来改善湿地环境已刻不容缓。湿地生态环境的不断恶化已经向我们敲响了警钟，要求尽量完善我国的关于湿地管理的法制体系，最大限度地通过立法来保护湿地生态环境。

10.5.2.2　管理体制不顺

在经济飞速发展的今天，各项非农建设项目占用耕地的需求量越来越大，并且可以预计，这种规模和速度在今后相当长的一段时期内会持续存在。而由于历史的原因及湿地系统本身的复杂性，湿地保护管理、开发利用和科学研究等涉及林业、农业、国土、环保、交通、建设、旅游、水利等部门和单位，甚至社会各界和各个行业，非常复杂。然而，至今还没有一个系统的湿地管理体制，各部门在湿地的保护和开发利用上，各行其是，各取所需，矛盾突出，严重影响湿地资源的保护和合理的开发利用。

湿地生态和生物多样性变化的监测是湿地管理的基础，但全省至今尚未建立完整的湿地资源监测网络和定量评估的机构。对于污染监测，布点的数量、测定时间等方面均未达到要求，而且不同部门使用的设备、监测方法和监测标准也没有统一；湿地生态系统及生物多样性的监测、评估也没有一个统一的规划和标准；各单位、各部门之间没有建立信息资料的共享机制，影响了工作的效率和效益，造成信息、资源及人力、财力、物力的浪费，对湿地功能和效益的评价只是以定性评价为主，而无法达到经济发展与生态保护的统一。

就湖北省目前从事湿地研究的机构来说，虽然与湿地保护利用相关联的机构很多，但却没有一个专门的湿地科研机构，同时，对湖北省湿地资源的价值和作用缺乏系统更深入的研究，湿地保护、管理的技术也比较落后。

10.5.2.3　公众保护意识薄弱

随着可持续发展观和低碳经济的提出，环境保护受到了重视，湿地保护利用是近年来受到特别重视的一项事业，但由于政府的宣传力度不够，对湿地重要性及如何保护的宣传不够，人们对"湿地"概念仍然比较陌生，更加无法认识到保护湿地的重要性和迫切性。

此外，由于经济利益的驱使，一些地方政府不能正确处理好眼前利益和长远利益的关系，重开发轻保护、填湖修路、围湖建厂建房、破坏湿地生态环境的现象还普遍存在，就这点来说，湖北省情况非常严重，武汉市湿地生态系统从质到量一直都在严重恶化。

10.5.2.4　资金匮乏

长期以来，人们对湿地一味索取，保护湿地的投入很少，很少建立保护湿地的专项经费。目前，湖北只有林业、环保、水利等部门从其经费中拿出很少一部分用于水土流失治理、水污染防治和湿地自然保护区的建设，而在开展湿地自然保护区建设、监测、研究和人员培训方面资金匮乏，导致大部分湿地自然保护区因缺少资金投入而不能正常发挥其功能。近年来，湖北省已逐步加大对湿地保护利用管理资金的投入力度，将自然保护区建设资金和包括湿地自然保护区在内的野生动植物列入了省财政预算，每年拨款 100 万～200 万元用于湿地的保护和管理，但与湿地产生的巨大效益和目前所面临的危机相比相距甚大。

同时，政府干预失灵也会使得湿地生态环境进一步恶化。在市场失灵情况下，政府干预的主要目的在于通过法律法规、税收、许可证管理、奖励等方式纠正市场失灵，因而政府干预是一种可能的解决办法。例如，通过授予地契的方式来保证湿地产权的安全等。但是，政府干预也不能彻底扭转市场失灵的局面，特别是在部门管理、宏观政策与项目政策方面的失误会进一步扭曲市场，因此需要建立湿地保护利用政策绩效评价体系来判断政策的绩效，不断完善使之达到有效保护湿地生态环境的作用。

10.5.2.5　国际合作与交流不够

湖北省内湿地资源丰富，有其重要的科研价值，如湖北省利川市的小河水杉湿地是目前世界上唯一分布的天然湿地，湿地生态区域内有中华鲟等珍稀动物，有着极其重要科研价值和国际影响。但是至今为止，由于种种原因，湖北省在这些方面争取到的国际援助与合作项目还非常少，关于湿地保护利用的技术引进方面也做得很不够，当湿地遭到了一定程度的破坏时，无法采用高新技术对其进行管理，放任不管，结果只会导致湿地生态环境的进一步恶化以致难以扭转被破坏甚至消失的局面。

10.5.3　改善武汉市湿地保护利用政策绩效的建议

过去，人们单一地追求湿地生态系统最大经济利益化，不懂得保护；现在，需要牢固地树立湿地生态系统可持续发展的观点，湿地资源的管理也要从单一转向系统性的资源管理。因此，就如何改进湖北省乃至全国的湿地政策绩效方面，本文提出几点建议。

10.5.3.1　确定湿地产权和监管权

湿地资源复杂性也决定了其产权的复杂性，湿地资源长期的产权不明，这是一直以来湿地资源遭到无序开发，遭到人类无序地大量免费索取的一个根本原因。至今为止，无论是耕地、林地，还是各类矿产资源都有明确的产权界定和相关的立法措施及管理制度，但作为"地球之肾"的湿地资源却至今尚未建立明确的产权制度和管理秩序。

鉴于湿地生态、经济和社会价值重大，地域性强的特点，保护湿地系统首先就要确定湿地资源归国家所有，若单位或者个人要对湿地资源进行开发建设，必须经过一系列合法程序并确定此项开发不会对湿地生态资源造成破坏，否则，均不能被批准，必须从根源上来保护湿地资源。

10.5.3.2　完善湿地科学管理系统

在我国，湿地管理尚在探索之中，就现在情况来看，普遍存在着秩序不健全、管理权责不明、缺乏有效的管理机制等问题。

早在2004年，《国务院办公厅关于加强湿地保护管理的通知》就强调了做好湿地保护管理工作是政府的职能，并要求各级林业部门作为湿地管理的组织协调部门。但是，湿地保护与开发利用的管理复杂，湿地功能多种多样，各地区、各部门之间在湿地管理上的权利和义务均没有明确的规定，因此需要建立科学的湿地管理系统。

首先，由于湿地和水的关系，湿地的保护管理就要与水资源及河流流域综合管理相结合，但具体到管理机构上则要分别明确其职权。例如，由于不合理的流域湿地开发，会导致自然水文系统的混乱，造成湿地及其生物多样性的退化或消失。而我国湿地和水资源是由不同的部门管理的，互相间又有着不同的目标和运作模式，在管理时偶尔还会起到冲突，因此，需要协调这两个管理机构，建立综合的管理机制，而且还要建立湿地保护管理与其他各个相关部门协调合作的机制。要细致划分职责，建立湿地保护管理与农业、林业、国土资源、水资源、环保等部门协调合作共管机制，建立一个完善的湿地保护管理框架，把与湿地保护有密切关系的都纳入到这个管理框架里面来，各司其职而又互相协调管理。

其次，对水资源的调配及评估也要考虑其对湿地生态系统的影响。必须减少各类项目对湿地环境及其生物多样性的负面影响，决不能以牺牲湿地生态和环境为代价。因此，在项目的可行性研究阶段，要把水资源开发项目的影响减至最低，并以此作为确定立项的必备条件，同时要科学地评估和提出减缓替代方案，制定"谁开发谁保护"的制度，并保证生态用水，维护湿地生态系统的健康。

目前很多地区尚未建立统一完善的湿地评估、监测和预警制度，也无法为湿地管理提供科学的决策依据。湖北省应早日建立并完善"湖北省湿地研究与监测中心"，对重要的湿地进行评估，确定其生态功能和经济价值，同时，对这些湿地进行以环境、生物多样性等为重点的长期性的定位监测，并启动相关预警行动，在省政府的统一协调下，制订计划，利用 1~2 年时间对重要湿地进行划界、确权、登记和公示，并利用 3S 技术对全省湿地进行动态监测，及时调整和完善湿地管理的规划和政策。

10.5.3.3 合理利用湿地资源

湿地保护最终目的是为了利用，加强湿地政策绩效研究也还是为了更好地利用湿地资源，要为利用而保护，形成一个保护—利用—保护的湿地良性循环系统，这也是改善武汉市湿地政策绩效一个重要的方面。在湿地利用方面，对湿地资源开发利用要制定科学的规划，并实行统一规划指导下的湿地资源保护与合理利用的分类管理。尽量选择具有开发潜力、具有示范意义的项目，可以开展湿地资源可持续利用示范区建设，按照湿地资源的特点，因地制宜地发展湿地农业、湿地旅游等。

首先，可以将湿地，尤其是重要的湿地自然保护区内的湿地纳入土地利用总体规划，从数量上保护湿地资源。在土地利用总体规划内容中，可以设立"生态保护用地"专项规划，建立用途变更管理制度，特别是把自然湿地从"荒地"、"荒滩"、"未利用地"等地类中脱离出来，纳入土地利用总体规划内容。特别是在生态系统薄弱地区和生态战略重要地区，应将保护自然湿地及其生物多样性纳入当地规划，保障生态建设用地。同时，各地还要研究制定并实行自然湿地保护规划和湿地综合管理规划。要实行生态战略安全布局规划，严格限制生态安全区域的开发，对于湿地自然保护区范围内的湿地资源，严禁开垦、开采、放牧、猎捕、爆破和烧荒等；对于非保护区域的湿地资源，未经湿地管理部门批准，严厉禁止围垦、填埋、排干非保护区域的自然湿地，不得采挖、爆破、倾倒固体废弃物等，也要控制放牧、割苇、捕鱼等行为，维护野生生物栖息环境，以保持湿地资源旺盛的再生能力。在湿地保护范围内搞建设，应事先向湿地管理部门提出申请，同时递交建设项目的环境影响报告书，经审核、批准后方可开工。

其次，要研究制定并实行天然湿地用途转变行政许可制度。强化对天然湿地开发的监督，将湿地开发的生态影响评价纳入环境影响评价制度，研究建立开发利用行政许可制度；有关部门应抓紧制定湿地开发的生态影响评价规范和细则，实行生态环境影响评价与审批制度；开发项目占用自然湿地的，必须进行可行性研究、专项评估、预审并实施监管。要逐步建立补偿和有偿使用机制。各级政府和相关部门应严格履行保护湿地的义务，采取有效措施制止破坏湿地的行为；建立合理的湿地补偿制度，措施可采取财政补贴、税收减免和资源优先准入等方法，从而消除湿地保护给相关利益者造成的损失，实现湿地保护与利用的良性循环；收缴上来的湿地占用和生态补偿费由省湿地保护基金统一管理，有计划地用于重要湿地的保护与恢复工作。对于重要自然湿地，政府要实行完全控制。实行自然湿地及其土地利用经营方式的调整，建立在保护自然湿地生态功能基础上合理利用湿地的模式；对于生态脆弱、高风险区的重要湿地的使用权，政府要实行完全控制；各级政府和有关部门应在新农村、小城镇、开发区、卫星城等规划中明确写明湿地保护，规定恢复或建设相应面积的人工湿地，并纳入基础设施规划，以满足和保障生态建设、生态安全以及社区公众利益的需要。

最后，武汉处于长江流域中游，武汉市甚至整个湖北省的湿地环境都与长江流域息息相关，因此必须建立湿地生态与环境用水的保障机制。近几年来随着生态与环境问题的日益恶化，不合理的水资源利用会导致下游生态与环境恶化，特别是自然湿地的丧失和湿地生态的退化，这些问题也日益受到政府和社会的关注。一些省市区水资源部门已经开始运用水量调配手段抢救性地进行区域生态恢复和环境治理，取得了明显的成效。随着认识的深入，需要研究制定一套系统、完整的需水标准。在现阶段乃至以后很长时间内，在流域水资源的调配中，应注重水资源的优化配置，要充分考虑生态与环境的用水需求，将湿地生态与环境用水问题纳入水资源、环境保护和生态建设发展战略。

10.5.3.4　加强湿地保护意识宣传

对于人类来说，湿地是尤为重要的生态环境资源。但至今为止，在土地调查和土地利用规划时，仍被列为荒地、荒滩等未利用地类。对公众来说，湿地更是个新鲜事物，大部分人没听说过，更不清楚湿地的概念、作用以及怎样保护湿地资源。政府应该广泛开展湿地保护与合理利用方面的宣传教育，提高公众的湿地保护意识，参与到湿地保护中来，这对保护湿地环境来说是非常重要的。

湖北省湿地保护意识的宣传重点在各级政府和各个部门，特别是管理决策者和各级领导干部、湿地保护管理人员和湿地开发利用者、各地社区和行政执法人员方面。紧密结合国家和湖北省的生态建设形势，有针对性地进行宣传，新闻媒体、文化宣传部门要发挥大众传媒的作用，开展形式内容多样、讲求实效的关于湿地保护与合理利用的宣传教育，逐步地将如何进行湿地保护与合理利用的知识普及到乡村、每家每户；教育部门通过教育计划、野外实践活动等，开展湿地基本常识教育。要在全社会形成一个保护与合理利用湿地的良好氛围，保护湿地环境的健康发展。

10.5.3.5　建立湿地保护资金

湿地保护管理和生态恢复的投入不足是制约湿地管理的一个重要因素。湿地的基本功能是维护水资源的循环、补充地下水、改善生态环境和保障生态安全，因此湿地保护是一项重要的社会公益事业，国家和各级政府是湿地保护的主管，也是湿地保护资金投入的主渠道。政府预算内的基本建设投资、财政资金等，应将湿地保护与生态建设作为一项重要内容，进行统筹安排；政府应设立湿地生态保护基金；为进一步拓宽融资渠道，广泛吸引社会力量参与，按照"谁投资、谁保护，谁经营、谁受益、谁负责"的原则，引导和鼓励社会各界和个人投资到保护与合理开发利用中来。湿地自然保护区的实验室、湿地公园外围保护带的开发建设，在不破坏湿地和有利于保护湿地的基础上，可以实行多样的经营形式，实行市场化运作，增强湿地保护与合理利用的活力。

当前阶段需要建立的专项湿地保护资金还有：关于国家公共财政开支的湿地管理专项资金；地方性的湿地保护基金，如建立湖北省湿地保护基金。

湿地资源是生态资源，又是经济资源。湿地保护利用的政策设计，可首先研究制定鼓励性的经济措施，通过税费优惠、补贴、财政投入和转移支付等形式，鼓励对湿地保护有力的单位和个人。对破坏湿地的行为也应处罚，做到奖罚分明。充分发挥市场机制作用，提高湿地保护利用政策的绩效。

10.5.3.6　加强湿地自然保护区的建设

湿地自然保护区的建设是湿地政策绩效改进的又一重点，如何制定有力措施并在湿地管理中起到保护湿地的实际成效是政府必须考虑的问题。在已经建立的湿地自然保护区基础上，对于实行一般性保护不能达到效果的天然重要湿地或其核心地域，可以抢救性地划分自然保护区小区，鼓励政府各部门参与到湿地自然保护区的建设和管理工作中来，还要鼓励公众对湿地自然保护区的建设提供意见和建议，并欢迎公众对政府的管理进行监督。

同时，要加强对现有湿地自然保护区的建设和提高管理水平，积极组织申报国家级自然保护区和国际重要湿地，加强地区间和国际间的交流合作，不断提高湿地自然保护区的知名度，充分发挥湿地自然保护区的生态、经济和社会功能。

10.5.3.7　减缓湿地退化

在缓减湿地退化方面，湖北省的相关湿地管理部门，应根据湿地资源保护现状，采取有效措施，减缓人为因素造成的湿地退化，尽可能地恢复或重建已退化的湿地生态系统，制定湿地恢复和重建的优惠政策，促进湿地的环保利用，这也是湖北湿地保护工作的当务之急。

在恢复湿地植被方面，优先发展两栖林业，种草植灌，控制水土流失；根据湿地退化的过程与原因，采用湿地恢复与重建的新技术新方法；继续进行小流域综合治理，加大退耕还湿的力度，落实各项湿地保护与利用的政策、规章，加快湿地生态重建步伐。

10.6　研　究　展　望

10.6.1　研究不足

湿地保护利用政策是由国家及各级政府制定的，是人为保护湿地举措的一个最重要的方面，本文尝试着对我国湿地保护利用政策绩效进行研究，通过构建绩效评价指标体系，采用定量分析方法，以武汉市为例，对湿地政策绩效进行评价。结论认为武汉市湿地保护利用政策绩效确实不高，这与武汉市的事实是相符的，令人担忧。

鉴于湿地生态系统的复杂性，以及政策绩效研究难以量化的现实，本文只是初步地评价湿地保护利用政策的绩效，还有许多深层次的问题需进一步探讨。对于制约湿地保护利用制度相关的社会经济因素，本文也只是稍微涉及了一点，未作进一步分析。

10.6.2　需要进一步探讨的问题

第一，目前理论界关于湿地政策保护问题的讨论主要停留在表层机理的研究上，仅对目前制度框架下存在的外因障碍进行分析，没有进行综合考察。

第二，研究的内容多集中在制度建设、制度安排层面，而关于湿地政策绩效方面的研究，如湿地保护利用绩效评价、湿地保护利用的成本、湿地保护利用的效率、湿地保护利用绩效改进的措施等方面很少涉及，因此本文可以借鉴的资料很少。

第三，进行湿地保护利用政策绩效指标的筛选，并求出每个指标的权重，方法选取是否得当，在很大程度上决定了最后的评价体系的准确度。同时，政策绩效评价容易受到个人主观因素的影响，如何得出一个客观的结论是本文研究过程中需要思考的问题。

第四，就我国的湿地保护利用而言，政策绩效研究是一个崭新的领域，而且制度效果难以量化，还需深入探讨其评价方法的适宜性。还有，国家各种制度之间存在着种种联系，管理范围之间也无法明确划界，湿地又是一个不断运动着的系统，如湿地中的水源、动植物等，这些都影响到湿地政策是否能发挥作用以及在多大程度上发挥作用，从而影响湿地保护利用政策的绩效，准确地量化这些指标还需进一步探讨。

李　婷[1,2]　黄朝禧[2]（1. 武汉大学珞珈学院
2. 华中农业大学经济管理学院和土地管理学院）

参 考 文 献

安胜利，陈平雁，黄爽 . 2002. 三个内部一致性信度评价指标的比较 . 数理医药学，15（1）：18-20.

操丹丹 . 2007. 武汉发展总部经济的条件及战略研究 . 武汉：武汉理工大学 .

曹克驹，郑光明，周模楷，等 . 1990. 丹江口水库消落区湿地的变动特点及其渔业利用的探讨 . 水利渔业，1990，（2）：17-20.

曹新向，翟秋敏，郭志永 . 2005. 城市湿地生态系统服务功能及其保护 . 水土保持研究，（2）：145-148.

潮洛蒙，李小凌，俞孔坚 . 2003. 城市湿地的生态功能 . 城市问题，（3）：9-12.

陈丹红 . 2007. 辽河三角洲湿地旅游资源生态开发模式的选择 . 产业观察，（3）：236-239.

陈凤翔，钟永德，张合平，等 . 1999. 南洞庭湖生态旅游资源开发与利用研究 . 中南林学院学报，19（4）：67-70.

陈建军，黄朝禧 . 2009. 湖库湿地两栖林业试验及推广价值分析 . 湖北农业科学，（9）：2110-2113.

陈建西，何明章 . 2006. 大型水库后靠安置农村移民后期扶持的库区资源开发利用对策 . 西昌学院学报（自然科学版），（3）：110-112，119.

陈金华 . 2004. 试论闽南沿海湿地生态旅游资源可持续利用——以泉州湾为例 . 福建水土保持，16（1）：10-12.

陈莹，陈彦伟 . 2008. 如何理解控制生产用地、保障生活用地、提高生态用地比例 . http://www.mlr.gov.cn/xwdt/jrxw/200812/t20081201_ 112632.htm［2008-12-01］.

陈志平，熊汉峰，黄世宽，等 . 2009. 梁子湖湿地生态系统服务功能价值评估研究 . 水土保持研究，16（2）：231-233，238.

陈仲新，张新时 . 2000. 中国生态系统效益的价值 . 科学通报，45（1）：17-22.

程志光 . 2007. 中国土地可持续利用与人地系统调控 . 北京：科学出版社 .

崔丽娟 . 2000. 湿地价值评价研究 . 北京：科学出版社 .

崔丽娟 . 2002. 扎龙湿地价值货币化评价 . 自然资源学报，17（4）：451-456.

崔丽娟 . 2004a. 鄱阳湖湿地生态系统服务功能价值评估研究 . 生态学杂志，23（4）：47-51.

崔丽娟 . 2004b. 鄱阳湖湿地生态系统服务功能研究 . 水土保持学报，（2）：109-113.

崔丽娟，张曼胤，王义飞 . 2006. 湿地功能研究进展 . 世界林业研究，（19）：18-21.

邓红兵，陈春娣，刘昕．2009．区域生态用地的概念及分类．生态学报，29（3）：1519-1524．

刁承泰，黄京鸿．1999．三峡水库水位涨落带土地资源的初步研究．长江流域资源与环境，8（1）：75-80．

董国政，阎浩．2006．湿地公园建设对城市可持续发展的积极作用．经济研究参考，77：40-44．

范小华，谢德体，魏朝富．2006．三峡水库消落区生态环境保护与利用对策研究．水土保持学报，20（2）：165-169．

冯义龙，先旭东，刁伟．2009．重庆主城段两江消落带植被生态恢复初探．http：//www．cqla．cn/chinese/news/news_view．asp？id＝9751［2009-09-02］．

符小洪．2003．基于 Delphi 和 AHP 的区域城镇体系发展条件评价研究．闽江学院学报，24（5）：66-71．

傅娇艳，丁振华．2007．湿地生态系统服务、功能和价值评价研究进展，应用生态学报，18（3）：681-68．

高宇，赵斌．2006．上海湿地生态系统的效益分析．世界科技研究与发展，8（4）：58-64．

葛继稳．2007．湿地资源及管理实证研究——以"千湖之省"湖北省为例．北京：科学出版社．

葛向东．2005．芍陂环境资源调查与综合开发对策．资源开发与市场，21（4）：336-338．

耿英姿，张鸿鸣，刘昱．2005．杭州西溪湿地文化生态旅游开发研究．浙江树人大学学报，5（5）：44-48．

顾茂华，李红．2002．水库移民遗留问题处理投资政策研究．水利经济，（1）：61-64．

韩冬梅．2007．临沂市生态用地规划布局研究．石家庄：河北师范大学．

侯元召，王琦．1995．中国森林资源核算研究．世界林业研究，（3）：51-56．

胡远东．2005．杜尔伯特蒙古族自治县湿地生态旅游可持续发展对策的研究．哈尔滨：东北林业大学．

黄朝禧．1999．论鄂东南库区贫困根源与发展对策．华中农业大学学报（社科版），（2）：25-26．

黄晓玲．2003．自然保护区生态旅游开发与管理研究．福州：福建农林大学．

黄朝禧．2006．鄂域水库消落区土地资源的健康开发与利用模式研究．武汉：华中农业大学．

黄朝禧，张波清．2004．水库消落区土地资源的健康开发与库区经济的可持续发展．见：张建仁．树立科学发展观提高土地资源的保障能力研究．武汉：湖北科技出版社：249-257．

黄朝禧，张波清，郭朝霞．2006．发展库区消落区两栖林业的探讨——以湖北富水库区为例．安徽农业科学，34（2）：238-239，246．

黄朝禧，赵绪福，韩桐魁．2005．富水水库消落区土地开发试验及其效果．长江流域资源与环境，14（4）：435-439．

黄秀兰 . 2008. 基于多智能体与元胞自动机的城市生态用地演变研究 . 长沙：中南大学 .

黄震方，黄金文，袁林旺，等 . 2007. 海滨湿地生态旅游可持续开发模式研究——以江苏盐城海滨湿地为例 . 人文地理，(5)：118-123.

姬东风 . 2008. 中国耕地保护政策的绩效研究 . 河南：河南大学 .

江刘其，陈煜初 . 1992. 新安江水库消落区湿地种植挺水树木林研究初报 . 浙江林业科技，12 (1)：40-43.

蒋科毅，吴明，丁平，等 . 2008. 杭州西溪国家湿地公园可持续综合利用 . 城镇绿化，(4)：20-24.

金贤锋，董锁城，周长进，等 . 2009. 中国城市的生态环境问题 . 城市问题，(9)：5-23.

李殿球，孙春霞，蒋建东 . 1999. 三峡水库消落区湿地防护利用规划及其评价 . 人民长江，30 (11)：18-20.

李红伟，曾永年，陈安平 . 2008. 土地利用规划中建设用地预测模型的比较研究 . 水土保持研究，15 (2)：56-58.

李加林，张正龙，曾昭鹏 . 2003. 江苏环境经济系统的能值分析与可持续发展对策研究 . 中国人口 . 资源与环境 . 13 (2)：73-78.

李健娜 . 2006. 杭州西溪湿地生态系统服务功能研究 . 重庆：西南大学 .

李金昌 . 1999. 生态价值论 . 重庆：重庆大学出版社 .

李科云 . 2002. 水库消落区湿地种草养鱼防淤减积综合效益分析 . 草地学报，(1)：53-58.

李立银，倪朝辉，陈大庆，等 . 2004. 涨渡湖渔业现状与水资源利用调查报告 . 水系污染与保护，(2)：27-32.

李立银，倪朝辉，李云峰，等 . 2006. 涨渡湖湿地保护与渔业生产优化模式探讨 . 长江流域资源与环境，15 (3)：366-371.

李敏 . 2002. 自然保护区生态旅游景观规划研究———以目平湖湿地自然保护区为例 . 旅游学刊，17 (5)：62-65.

李平，李艳，李万立，等 . 2004. 黄河三角洲湿地资源生态旅游开发利用研究 . 海洋科学，28 (11)：33-38.

梁留科 . 2006. 土地生态利用理论研究与案例分析 . 北京：科学出版社 .

林鹏 . 2003. 中国红树林湿地与生态工程的几个问题 . 中国工程科学，5 (6)：33-38.

林清弟，李铭侃 . 1997. 水库消落区湿地种草养鱼试验 . 水利渔业，(6)：36-37.

刘斌，石海峰 . 1998. 浅议小浪底水库库区资源的有效利用 . 水力发电，(12)：8-10.

刘斌，邵东国，刘刚 . 2000. 水库消落区湿地利用优化方法研究 . 武汉水利电力学院学报，33 (2)：34-36.

刘红丽 . 2007. 湖北省人口城市化与耕地数量动态变化趋势预测研究 . 武汉：华中农业大学 .

刘红玉，吕宪国，刘振乾，等 . 2000. 辽河三角洲湿地资源与区域持续发展 . 地理科学，20 (6)：545-551.

刘俊，董平 . 2009. 1996 年以来苏锡常地区土地利用结构时空演变研究 . 地域研究与开发，

28（2）：79-84.

刘琼，欧名豪，彭晓英．2005.基于马尔柯夫过程的区域土地利用结构预测研究——以江苏省昆山市为例.南京农业大学学报，28（3）：107-112.

刘韬，陈斌，杜耘，等.2007.洪湖湿地生态系统服务价值评估研究.华中师范大学学报（自然科学版），41（2）：304-308.

刘希玉，刘弘.2008.人工神经网络与微粒群优化.北京：北京邮电大学出版社.

刘晓莉.2006.湿地旅游产业可持续发展模式研究——以黄河洽川风景区为例.西安：陕西师范大学硕士学位论文.

刘增进，张钰婧，常凤兰，等.2008.湿地生态系统价值评价方法研究.安徽农业科学，36（34）：15147-15148.

卢会娟，刘浩，董莹，等.2010.武汉城市圈湿地资源现状与保护对策.湿地科学与管理.（2）：40-42.

鲁铭.2002.湿地旅游可持续发展研究.武汉：华中师范大学.

鲁铭，龚胜生.2002.湿地旅游可持续发展研究.世界地理研究，11（2）：72-79.

吕宪国.2002.湿地科学研究进展及研究方向.中国科学院院刊，（3）：170-172.

马继雄，王文颖，杜军华.2001.草地在陆地生态系统中的作用分析.青海草业，1：29-32.

马振兴.1998.天津滨海湿地资源与农业湿地生态建设.农业环境与发展，（4）：7-9.

毛笑文，巴爱军.2006.甘肃省自然保护区生态旅游开发对策.甘肃省经济管理干部学院学报，19（1）：30-32.

宁龙梅.2004.武汉市湿地功能评价与景观格局动态变化研究.中国科学院测量与地球物理研究所.武汉：中国科学院测量与地球物理研究所.

宁龙梅，王学雷，胡望斌.2004.利用马尔科夫过程模拟和预测武汉市湿地景观的动态演变.华中师范大学学报（自然科学版），38（2）：255-258.

牛志明，解明曙.1998.三峡库区水库消落区湿地水土资源开发利用的前期思考.科技导报，（4）：61-62，6.

欧阳志云，李文华.2002.生态服务功能内涵与研究进展//李文华，欧阳志云，赵景柱，等.生态系统服务功能研究.北京：气象出版社.

欧阳志云，王如松，赵景柱.1999a.生态系统服务功能及其生态经济价值评价.应用生态学报，10（5）：635-640.

欧阳志云，王效科，苗鸿.1999b.中国陆地生态系统服务功能及其生态经济价值的初步研究.生态学报，19（5）：608-613.

彭国甫，李树丞，盛明科.2004.应用层次分析法确定政府绩效评估指标权重研究.中国软科学，（6）：136-139.

彭建，王仰麟，陈燕飞，等.2005.城市生态系统服务功能价值评估初探-以深圳市为例.北京大学学报（自然科学版），41（4）：594-604.

秦本均，张涛.2005.党员先进性教育：推动丹江口林业快速发展.中国林业，（03A）：13.

秦伟，刘胜祥，梅伟俊，等.2003.湖北省湿地保护研究.湖北林业科技，（2）：11-15.

邱锡成.1992. 水库消落区湿地利用浅见. 见：长江水利委员会编学会论文集：134-138.

邱锡成.1993. 小浪底水库消落区湿地利用研究. 河海科技进展，13（3）：63-67.

仇昊.2003. 江苏海滨湿地生态旅游可持续发展模式研究. 南京：南京师范大学.

任亮平.2008. 涨渡湖湿地自然保护区生态旅游开发探讨. 农业与技术，（28）：102-105.

任宪友，吴胜军，魏显虎.2006. 湿地生态旅游开发探讨——以洪湖湿地为例. 当代经济管理，28（6）：40-43.

盛正发.2006. 中国湿地生态旅游开发研究——以东洞庭湖湿地为例. 云南地理环境研究，18（4）：41-45.

施明乐.2006. 长乐闽江河口湿地生态旅游开发研究. 湿地科学与管理，2（3）：16-20.

湿地管理机构工作规范与野生动植物保护及行政监督管理实用手册. 北京：中国林业出版社.

石道良，朱兆泉，肖宇，等.2004. 湖北湿地资源特点及保护管理对策研究. 湖北林业科技，1（5）：38-40.

世界银行.1996. 贫困与对策. 陈胜华，杜晓山，周慧缓译. 北京：经济管理出版社.

舒东脊，等.2003. 库塘消落区湿地耐水浸型池杉优树选择技术研究. 湖南林业科技，（2）：23-25.

隋晓丽，李仁东，朱超洪.2005. 湖北省土地利用变化格局的区域分异研究. 长江流域资源与环境，14（1）：55-59.

孙丽，王升忠.2004. 基于社区共管的向海湿地生态旅游. 吉林林业科技，33（2）：39-42.

谭庆，余曼，何俊.2007. 城郊湿地生态游开发研究——以涨渡湖湿地自然保护区为例. 和谐发展论坛，（7）：196-197.

汤景明，范柏林，张胜三，等.2008. 湖北森林恢复的途径与技术策略. 湖北林业科技，4：42-43，61.

唐双娥.2009. 法学视角下生态用地的内涵与外延. 生态经济，7：189-193.

唐卫东，李萍萍，蒋洁，等.2006. 长江中下游城市湿地生态建设研究——以镇江市北固山湿地为例. 农业现代化研究，27（1）：17-21.

童春富，陆健键，何文珊，等.2000. 湿地功能及生态经济价值评估研究. 生态经济，（11）：31-33.

涂方祥，杨瑶青，管仲连.2004. 营林企业 ISO 14001 认证操作指南. 北京：化学工业出版社.

涂建军，陈冶谏，陈国阶，等.2002. 三峡库区消落带土地整理利用——以重庆市开县为例. 山地学报，20（6）：712-717.

庹德政，刘胜祥.2006. 湖北湿地. 武汉：湖北科学技术出版社.

王海.1999. 湖区实施避洪农业的探讨. 江西气象科技. 22（s1）：48-50.

王建华，吕宪国.2007. 城市湿地概念和功能及中国城市湿地保护. 生态学杂志，（4）：555-560.

王建军，李水凤.2007. 水坝的建设与运营对美国经济社会发展的贡献分析. 经济问题探索，（8）：66-69.

王健，丁武军，刘运珍.2004. 鄱阳湖西部湿地保护与生态旅游互动开发研究.华东交通大学学报，21（3）：25-28.

王连芬，许树柏.1990. 层次分析法引论.北京：中国人民大学出版社.

王述华，史玉虎，石道良.2007. 湖北省湿地资源保护与研究进展.湖北林业科技，6：37-41.

王伟，陆健键.2005. 生态系统服务功能分类与价值评估探讨.生态学杂志，24（11）：1314-1316.

王晓，夏斌，方元，等.2009. 珠江口两岸耕地变化驱动机制分析.安徽农业科学，37（22）：10601-10602.

王学雷，蔡述明，曾艳红.2002. 湖北省湿地的保护与利用.长江流域资源与环境，（11）：437-441.

王永洁，李伟晔，邓伟.2003. 扎龙湿地旅游资源的开发和保护.高师理科学刊，23（2）：63-65.

王政.2009. 龙感湖晋升国家级自然保护区.荆楚网——楚天都市报［2009-10-02］.

魏先超，吴壮海，董静娟，等.2010. 水库移民遗留问题及处理措施初探.人民珠江，（4）：45-47.

魏星.2003. 三峡库区消落区生态环境问题及对策研究加速.http://www.people.com.cn/GB/jinji/32/180/20030612/1015790.html［2003-06-12］.

吴玲玲，陆健键，童春富，等.2003. 长江口湿地生态系统服务功能价值评估.长江流域资源与环境，（5）：411-416.

武汉市统计局.2000～2010. 武汉统计年鉴2000～2010.武汉：武汉出版社.

向闰，刘苏，刘胜祥.2006. 武汉市湿地分布现状调查与分析.湿地科学，4（2）：155-159.

肖扬，杨瑞卿.2001. 生态旅游的定义、产生背景及发展现状.忻州师范学院学报，17（3）：54-56，86.

肖玉，谢高地，安凯.2003. 莽措湖流域生态系统服务功能经济价值变化研究.应用生态学报，14（5）：676-680.

谢高地，鲁春霞，成升魁.2001. 全球生态系统服务价值评估研究进展.资源科学，23（6）：5-9.

熊朝环，黄朝禧.1994. 中国水产科技要览.武汉：湖北科学技术出版社.

熊利亚，夏朝宗，刘喜云，等.2004. 基于RS和GIS的土地生产力与人口承载量：以向家坝库区为例.地理研究，23（1）：10-18.

熊鹰，王克林，许联芳，等.2003. 东洞庭湖湿地生态旅游开发模式研究.国土资源科技管理，（4）：34-37.

徐守国，郭辉军，田昆.2006. 湿地功能研究进展.环境与可持续发展，（5）：12-14.

徐易.2008. 武汉市湖库湿地的环保利用研究.华中农业大学硕士学位论文，武汉：华中农业大学.

许川, 舒为群, 曹佳, 等. 2005. 三峡库区消落带富营养化及其危害预测和防治. 长江流域资源与环境, 14 (4): 440-443.

薛达元, 包浩生. 1999. 长白山自然保护区生物多样性旅游价值评估研究. 自然资源学报, 14 (2): 140-145.

薛治泉. 1994. 三峡库区渔业利用与10万移民安置. 重庆水产, (4): 18-20.

鄢帮有. 2004. 鄱阳湖湿地生态系统服务功能价值评估. 资源科学, 26 (3): 61-68.

阎水玉, 王祥荣. 1999. 城市河流在城市生态建设中的意义和应用方法. 城市环境与城市生态, 12 (6): 36-38.

杨沁芳. 1992. 坝拦库湾养鱼技术及其推广应用. 水利渔业, (4): 32-33.

杨锡臣, 窦鸿身, 汪宪栖. 1982. 长江中下游地区湖泊的水文特点与资源利用问题. 资源科学, (1): 47-54.

杨永兴. 2002. 国际湿地科学研究的主要特点、进展与展望. 地理科学进展, (21): 111-120.

叶磊, 罗明强. 2002. 水库消落区湿地的开发利用规划的编制. 安徽水利水电职业技术学院学报, 2 (4): 31-33.

俞孔坚, 乔青, 李迪华, 等. 2009. 基于景观安全格局分析的生态用地研究——以北京市东三乡为例. 应用生态学报, 20 (8): 1932-1939.

袁弘任, 魏开湄. 1997. 三峡库区移民环境容量分析. 应用生态学报, 8 (5): 557-561.

苑希民, 李鸿雁, 刘树坤, 等. 2002. 神经网络和遗传算法在水科学领域的应用. 北京: 中国水利水电出版社.

岳健, 张雪梅. 2003. 关于我国土地利用分类问题的讨论. 干旱区地理, 26 (1): 80-87.

恽如伟, 张绍良, 阮井晶, 等. 2009. 城市生态——土地价值研究新领域. 中国土地, (5): 58-59.

臧淑英, 倪宏伟, 李艳红, 等. 2004. 资源性城市土地利用变化与湿地生态安全响应——以黑龙江省大庆市为例. 地理科学进展, 23 (5): 33-41.

曾贤刚. (美国) A. 迈里克·弗里曼. 2002. 环境与资源价值评估: 理论与方法. 北京: 中国人民大学出版社.

张红旗, 王立新, 贾宝全. 2004. 西北干旱区生态用地概念及其功能分类研究. 中国生态农业学报, 12 (2): 5-8.

张嘉宾. 1982. 关于估布森林多种功能系统的基本原理和技术方法的探讨. 南京林业大学学报 (自然科学版), (3): 5-18.

张杰, 那守海. 2004. 黑龙江省湿地旅游资源与开发对策. 东北林业大学学报, 32 (3): 91-93.

张金洋, 王定勇, 石孝洪. 2004. 三峡水库消落区湿地淹水后土壤性质变化的模拟研究. 水土保持学报, 18 (6): 120-123.

张培. 2008. 白洋淀湿地价值评价. 保定: 河北农业大学.

生态用地结构优化与湿地保护利用

张颖，王群，李边疆，等．2007．应用碳氧平衡法测算生态用地需求量实证研究．中国土地科学，21（6）：23-28.

张志强，徐中民，程国栋．2001．生态系统服务与自然资本价值评估研究进展．生态学报，21（11）：226-244.

赵国军．2007．江苏海滨湿地生态旅游开发研究．扬州：扬州大学．

赵煌庚．2002．试论东洞庭湖湿地生态旅游开发．湖南商学院学报，9（5）：45-46.

赵景柱，肖寒，吴刚．2000．生态系统服务的物质量与价值量评价方法的比较分析．应用生态学报，（4）：290-292.

郑忠明，李华，周志翔，等．2009．城市化背景下近30年武汉市湿地的景观变化．生态学杂志，28（8）：1619-1623.

中华人民共和国农业部．2011．中国农业年鉴2009．北京：中国农业出版社．

周慧杰，周兴，吴良林，等．2006．广西西津库区湿地旅游资源开发与保护．云南地理环境研究，18（5）：99-103.

周亚萍，安树青．2001．生态质量与生态系统服务功能．生态科学，（20）：85-90.

周焱，蔡学成，谢元贵，等．2006．典型岩溶地区生态用地研究－以清镇市为例．中国土地科学，20（5）：38-41，62.

朱江，王利民，雷刚，等．2005．重建江湖联系　保护涨渡湖湿地．人民长江，36（11）：60-62.

庄大昌．2004．洞庭湖湿地生态系统服务功能价值评估．经济地理，（5）：391-394.

庄大昌，董明辉．2002．洞庭湖区湿地生态旅游资源开发模式研究．人文地理，17（1）：73-76.

庄秀琴．2003．洪泽湖区湿地生态旅游资源开发模式初探．淮阴师范学院学报，2（3）：255-258.

宗跃光，陈红春，郭瑞华，等．2000．地域生态系统服务功能的价值结构分析——以宁夏灵武市为例．地理研究，19（2）：148-155.

左玉辉，张涨，柏益尧．2008．土地资源调控．北京：科学出版社．

Arancibia Y. 1999. Main components involving in developing coastal tourism in sabancuy, campeche. Ocean & Coastal Management, (6)：13-16.

Christopoulou O G, Tsachalidis E. 2004. Conservation policies for protected areas（wetlands）in greece：a survey of local residents'. Water, Air, and Soil Pollution：Focus, 2004, (4)：445-457.

Ceballos Lascurain. 1987. The future of ecotourism. Mexico Journal, (1)：15-18.

Costanza R, Darge R, Groot R, et al. 1997. The value of the world's ecosystem services and natural capital. Nature, (387)：253-260.

Costanza R, d'Arge R, de Groot R, et al. 1997. The value of the world's ecosystem services and natural capital. Nature, 387：253-260.

Crowe A, Rochefort L. 2000. Quebec 2000：millennium wetland event program with abstracts. Quebec, Canada, Elizabeth Mackay, 6-12.

Daily G C. 1997. Nature's Services: Societal Dependence on Natural Ecosystems. Washington D C: Island Press.

De Groot R S. 2002. A typology for the classification and valuation of ecosystem functions, goods and services. Ecological Economics, (41): 393-408.

Gerakos A, Kiriaki K. 1998. Agricultural activities affecting the functions and values of Ramsar wetland sites of Greek. Agricultural, Ecosystems and Environment, (70): 119-128.

Wall G. 1998. Implication of global climate change for tourism and recreation In wetland areas. Climate Change, (40): 371-389

附　　录

问卷：涨渡湖湿地核心生态服务功能分析
——专家打分与 AHP 法相结合

一、涨渡湖湿地自然保护区简介

　　涨渡湖湿地自然保护区设立于 2004 年 7 月，位于武汉市新洲区，面积 185km²，占新洲区辖区面积的 9.14%，2002 年被 WWF－HSBC（世界自然基金会－汇丰银行）选定为武汉第一个"还长江生命之网"项目的示范区，2009 年 1 月升级为省级保护区，被誉为"武汉后花园"。

　　保护区属亚热带季风气候区，光照充足，雨量充沛，年平均气温 17.0℃，冬暖夏凉，各种动植物资源丰富，其中国家一级保护动物有白鹳，国家二级保护动物虎纹蛙、小鸦鹃、小灵猫等 8 种；国家二级保护植物水蕨、喜树等 5 种。珍稀物种有长江银鱼、太湖银鱼、鳗鲡、鳜、鳡、湖北金线蛙等。国家保护的有益的或者有重要经济、科学研究价值的陆生野生动物 114 种。保护区内共有渔场、农场、林场等 16 个国有企业，30 个自然村，农村人口 34 454 人，人口密度 186 人/km²，远低于新洲区平均人口密度 622 人/km²，是新洲区主要的鱼、菜、粮产区。此外，保护区不仅有西汉古墓群和乌龙镇旧址，还是武汉最完善的抗日根据地。

二、涨渡湖湿地自然保护区核心生态服务功能调查

　　以下是我们根据掌握的资料构建的涨渡湖湿地生态服务功能结构图（附图 1）：

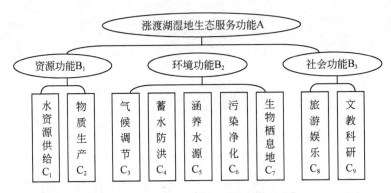

附图 1　涨渡湖湿地生态服务功能结构图

本问卷的设计目的在于定量化描述涨渡湖湿地生态服务类型中哪一些最重要，并进行重要性排序。问卷以 AHP 法形式设计，以 1、3、5、7、9 分别表示相同、稍微重要、重要、十分重要和绝对重要进行标注。请根据您的观点，参照示例，在对应方格中打"√"。

附表 1　☆示例：A - B 功能层次的重要性比较

	评价尺度									
	绝对重要	十分重要	比较重要	稍微重要	同样重要	稍微重要	比较重要	十分重要	绝对重要	
资源功能 B1	√									环境功能 B2
资源功能 B1							√			社会功能 B3
环境功能 B2					√					社会功能 B3

在左边的绝对重要对应的方格打钩表示：资源功能 B1 比环境功能 B2 绝对重要；

在右边的比较重要对应的方格打钩表示：社会功能 B3 比资源功能 B1 比较重要；

在中间的同样重要对应的方格打钩表示：环境功能 B2 和社会功能 B3 同样重要。

请您在以下表格（附表 2 ~ 附表 5）中评价，并用"√"表示：

附表2　A–B 功能层次的重要性比较

	评价尺度									
	绝对重要	十分重要	比较重要	稍微重要	同样重要	稍微重要	比较重要	十分重要	绝对重要	
资源功能 B1										环境功能 B2
资源功能 B1										社会功能 B3
环境功能 B2										社会功能 B3

附表3　B1–C 资源功能的重要性比较

	评价尺度									
	绝对重要	十分重要	比较重要	稍微重要	同样重要	稍微重要	比较重要	十分重要	绝对重要	
水资源供给 C1										物质生产 C2

附表4　B2–C 环境功能的重要性比较

	评价尺度									
	绝对重要	十分重要	比较重要	稍微重要	同样重要	稍微重要	比较重要	十分重要	绝对重要	
气候调节 C3										蓄水防洪 C4
气候调节 C3										涵养水源 C5
气候调节 C3										净化污染 C6
气候调节 C3										生物栖息地 C7
蓄水防洪 C4										涵养水源 C5
蓄水防洪 C4										净化污染 C6
蓄水防洪 C4										生物栖息地 C7
涵养水源 C5										净化污染 C6
涵养水源 C5										生物栖息地 C7
净化污染 C6										生物栖息地 C7

附表5　B3-C　社会功能的重要性比较

	评价尺度									
	绝对重要	十分重要	比较重要	稍微重要	同样重要	稍微重要	比较重要	十分重要	绝对重要	
旅游娱乐 C8										文化科研 C9

请问，您认为涨渡湖湿地还有没有其他生态服务功能呢？如果有，他们是：

1. _____ ;
2. _____ ;
3. _____ ;
4. _____ ;
5. _____ 。